从绿到金

打造企业增长与生态发展的共生模式

Green to Gold

[美] 丹尼尔·埃斯蒂
（Daniel C. Esty）
[美] 安德鲁·温斯顿
（Andrew S. Winston）
著
/
张天鸽　梁雪梅
译

中信出版集团 | 北京

图书在版编目（CIP）数据

从绿到金：打造企业增长与生态发展的共生模式 /（美）丹尼尔·埃斯蒂，（美）安德鲁·温斯顿著；张天鸽，梁雪梅译. -- 2 版. -- 北京：中信出版社，2020.6

书名原文：GREEN TO GOLD：How Smart Companies Use Environmental Strategy to Innovate, Create Value, and Build Competitive Advantage

ISBN 978-7-5217-1656-6

Ⅰ. ①从… Ⅱ. ①丹… ②安… ③张… ④梁… Ⅲ. ①企业环境管理－研究 Ⅳ. ①X322

中国版本图书馆 CIP 数据核字（2020）第 039001 号

从绿到金——打造企业增长与生态发展的共生模式

著　　者：[美] 丹尼尔·埃斯蒂 [美] 安德鲁·温斯顿
译　　者：张天鸽　梁雪梅
出版发行：中信出版集团股份有限公司
（北京市朝阳区惠新东街甲 4 号富盛大厦 2 座　邮编　100029）
承 印 者：北京楠萍印刷有限公司
开　　本：880mm × 1230mm　1/32　　印　　张：11.75　　字　　数：350 千字
版　　次：2020 年 6 月第 2 版　　印　　次：2020 年 6 月第 1 次印刷
京权图字：01-2007-3825　　广告经营许可证：京朝工商广字第 8087 号
书　　号：ISBN 978-7-5217-1656-6
定　　价：68.00 元

献给

我们的孩子

莎拉、托马斯、乔纳森（埃斯蒂）

乔舒亚和雅各布（温斯顿）

我们希望

你们受益于未来的企业，

它们既能创造利润，

也能创造一个健康和可持续发展的世界。

目　录

第四部分　落实到行动

推荐序一

绿色随想

王　石

全球金融风暴劲吹。2009 年 4 月 30 日，美国第三大汽车制造商克莱斯勒正式向法院申请破产保护。与此同时，排名第一的通用汽车在准备快速破产重组计划，老二福特也正风雨飘摇。相比之下，日本汽车制造商的日子好过得多，丰田和本田的市场份额都在增长。

说起美国汽车，人们的第一印象是大块头、耗油多。和美国车形成鲜明对比的是，日本汽车一般强调小排量、省油，借第二次石油危机的机会发展起来。今天，日本汽车制造商更强调"绿色节能"的概念，丰田的普锐斯和本田的思域，近年来一直占据世界批量生产车型省油排行榜的前两名。

仅仅从结果来看，注重环保节能的公司的日子似乎更好过，不注重环保节能的公司则面临倒闭，这很容易让人们支持这本书的观点。"从绿到金"从字面理解就是让环保节能带来经济效益。这本书开篇提到一个案例：英国石油（BP）的首席执行官约翰·布朗爵士承诺减少碳排放，为此重新审查和变革了流程，流程的改变使 BP 付出了 2000 万美元的成本，但几年后就为公司节约了 6.5 亿美元，到 2006 年共节约 15 亿美元。

事后论英雄，人们往往会忽略过程和细节，让事情看上去似乎很简单，但实际操作并非如此。对于正准备着手做事的公司管理者，摆在他们面前的却是另一种景象：在中国的超市里，最便宜的节能灯泡也在10元以上，贵的从几十元到数百元不等，而普通白炽灯泡只要2元。1.5匹的空调，能效一级的比五级的贵1000多元（33%）。这么大的差价，客户会选择环保产品吗？他们能抵抗低价的诱惑，履行自己的环保理念吗？

这本书同时提醒企业管理者：第一，不要假设对你的公司有益的事情就一定也对客户有价值；第二，别指望环保产品就能卖高价钱；第三，仅仅靠环保特征来卖产品会引起麻烦。

万科就曾面临这样的问题，我们推行的工厂化住宅相比传统施工住宅，每平方米能耗降低20%，水耗降低63%，木模板节省87%，建筑垃圾减少91%。假设住宅开发行业有10%推行工业化生产方式，就能够省下150万户家庭一年的用电量、60万户家庭一年的用水量、3万户住宅的混凝土用量，以及6000公顷森林。毫无疑问，万科的经理人意识到节能环保的住宅工厂化是未来趋势，但又觉得在目前阶段，工厂化的成本太高，市场不接受。

怎么办？《从绿到金》试图为企业管理者解答这个问题。它提供了一些策略，帮助企业管理者用市场化的方式推广环保节能，并鼓励他们从中获利。当然，一本书不可能药到病除地解决企业管理者面临的种种困惑，但是书中的很多案例和建议，颇能启发人思考，也很生动有趣。

案例一　创造定位：壳牌把天然气液化成一种无硫液体，与普通柴油混合，制造出一种新型燃料。在泰国，这种燃料定位为清洁发动机、延长发动机寿命的环保燃料，名叫Pura；在无须担心燃油质量的荷兰，它定位为改善引擎动力的环保燃料，名叫V-Power。

住宅工厂化随想：在水电比较紧张的北京，工厂化住宅定位为节能住宅？在讲究养生的岭南文化圈城市里，工厂化住宅定位为减少建筑垃圾、更加健康的环保住宅？……

案例二　价值创新：丰田的普锐斯可以利用刹车时通常被浪费的能量充电，成为价值创新的最好代表。这个产品令竞争变得无关紧要，它是无可替代的。许多客户为了买到普锐斯，甚至可以忍受预订后等待一段时间才能提车。

住宅工厂化随想：工厂化住宅在环保节能方面的优势是毋庸置疑的，但从产品设计本身来说，还没有出现无可替代的性能和特征。未来是否应该往这方面努力？

案例三　服务化：人们喜欢喝冰啤酒，但并不关心环保冰箱如何工作。空调制造商如果将供冷作为一项服务来提供，而不仅仅提供产品，那么社会提高制冷系统能效的动机就会大增。

住宅工厂化随想：那么，是不是可以为客户提供一种“包电费”的住宅呢？这样，工厂化住宅节能所带来的利益就彰显无遗。

……

这只是我释卷后兴之所至的随想。中国有句俗话——隔行如隔山。一个行业成功的绿色战略，未必就能套用到其他行业。即便能照学套用，如何操作实施也是一个难题。如果事前估计到种种策略都难以见效，企业还愿意推行绿色战略吗？这么问并非没来由，BP的布朗爵士说：“我们本想做好事，而结果竟然是取得了良好的经济效益。”这说明在推行流程改造之前，BP并没有看到“从绿到金”的可能性。

换了万科会怎么做呢？我们不能寄希望于好运气。要回答这个问题，先要看到一点——目前中国的房地产开发和建筑行业仍处于粗放经营的阶段。

1. 产品质量问题。据统计，市场渗漏投诉比高达18%。传统生产方式形成了瓶颈，难以从根本上提高产品质量。

2. 生产效率问题。例如，万科集团内部较优秀的公司，人均管理项目不到0.05个。同时，效率的低下还表现为项目周期长，全集团资产周转率只有50%。

3. 施工和使用过程的环保节能问题。全国每年产生上亿吨建筑垃圾，占城市垃圾的40%。绝大多数建筑垃圾未经任何处理，就直接填埋。另外，全国城乡建筑达到节能标准的仅占5%，住宅的建造和使用过程中直接消耗的能源占全社会总能耗的30%。

从社会、经济的层面看，经历几十年高速增长后，气候变暖、水资源稀缺、能源危机、物种灭绝等环境问题日益凸显，同时也带来贫富分化、犯罪增多、诚信缺失、人情冷漠等社会问题，成为经济进一步发展的阻碍。建立在资源的高度垄断和消耗基础之上的粗放式增长，必然难以持续，产业调整只是迟早的问题。

在这种条件下，万科如果继续高速增长到很大规模，必将为各种各样的社会和环境问题所淹没，对客户、股东、环境和社会都只能是一场灾难。所以，答案只有一个：万科将义无反顾地推进住宅工厂化/产业化进程，如果在短期内，市场不为因此增加的成本买单，则万科自己买单，自己消化。

我坚信，这将会给社会，也会给万科带来巨大的经济利益。读完这本书，我更加坚定了这种信念。

最后，如果说这本书还有什么遗憾，那就是作者丹尼尔·埃斯蒂和安德鲁·温斯顿为了在不长的篇幅里系统地阐述“从绿到金”，面面俱到，在策略、案例分析方面只能浅尝辄止，这对于注重借鉴实战经验的企业家来说，多少有点不解馋吧！

推荐序二

绿色维度的“从优秀到卓越”

吴伯凡

伏尔泰说过，一个思想者的幸运（同时也是不幸）就在于，他的独到的发现和洞察随着时间的流逝而逐渐成为人们的常识，人们想不到这种众所周知的观念还需要有人专门宣扬和倡导。“绿金”的说法在今天已相当普遍，“绿色竞争力”的观念也越来越深入人心，而很少有人知道它们源自埃斯蒂和温斯顿的这本《从绿到金》。

当然，这不是那种只提出一些概念和目标的书。两位作者并非只是兴奋地把一座高峰描绘一番，最后对你说：“看，多么雄伟的山峰，站在峰顶多么荣耀，赶紧登上去吧!”把作为外在责任的环保转化为内在的竞争力，远不是做环保秀、公益秀那么简单，本质上是事关企业全局的创新行动。经营过企业的人都知道，创新常常是一件说起来让人兴奋，做起来常常令人沮丧的事情。诱人的大目标必须被分解为一个个不仅乏味而且艰难的阶段性目标和步骤，每一个步骤都包含极易忽略但常常又十分致命的风险，只有在突破一个接一个障碍，化解种种意料之中或意料之外的风险后，才能实现目标。因此，这本书不同于常见的那种环保励志读物，而是一本指导企业实施“绿金”战略的操作指南。

在这本书问世之前，有一本商业类超级畅销书，即吉姆·柯林斯的

《从优秀到卓越》。看得出来，《从绿到金》的书名用的是同一个模式，但意义更深刻，即企业不仅有必要担负环保责任，做一家优秀的公司，而且有可能在担负责任的过程中创造巨大的商业价值，成为一家卓越的公司。

能力与责任的关系，早已是一个引起普遍关注和讨论的话题。人们普遍认为，能力是内在的，是自身的禀赋；责任是外加的，虽不愿承担，但必须承担。越来越多的人开始意识到，能力与责任不是无关的或对立的，而是相通的。不负责任既是一种道德缺陷，也是一种能力缺陷，“缺德”就是一种“无能”。背离道德的人其实是可怜的失败者，他的行为逻辑是“强盗逻辑”而非“强者逻辑”，因为强者的重要特点就是依规则行事，而不是破坏规则。“能力越大，责任越大”，蜘蛛侠的这句话可以从另一个角度来解读：与其说能力越大，责任就应当越大，不如说能力越大，责任必然越大，因为只有担负巨大责任的人，才是拥有更大能力的人。

史蒂芬·柯维认为，责任（Responsibility）其实是一种“反应能力”（Response Ability），应该从“高效能”（High Effective）的角度看待责任。一方面，不负责任常常是低能者的一种代偿性行为——因为低能，所以把不负责任作为“捷径”；另一方面，习惯性不负责任也常常导致低能，就如同习惯使用暗器的人不可能是武艺高强的大侠。

要读懂《从绿到金》，首先要理解作为其理论前提的“责任即能力”观念。迈克尔·波特说过，哪怕是让一位天使经营一家企业，也必须赢利，否则这家企业很快就会不复存在。履行环保责任是做好事，但企业做好事不是“燃烧自己，照亮别人”，必须以做好企业为前提，否则很快就会“蜡炬成灰”。如果企业倒闭，好事也就无从做起。最好、最具创新性（同时也可能是最难）的方式是通过做好事做好企业，通过做有利于环境的事获取利润。这要求具备一种比单纯做好事或单纯获取利润难得多的超能力，也就是实现从绿色（环境）到金色（利润）的能力。举例来说，做新能源汽车并不难，通过做传统的汽车获利也不难，难的是通过做新能源汽车获利，而且获得比传统汽车更快的增长速度和更多的利润。

“从绿到金”正在成为一个新的游戏规则，谁能在这个游戏规则下取得竞争优势，谁就能在下一轮竞争中赢得领先地位。绿色既是责任所系，也是商机所在。如果绿色只是一种责任，不会有多少企业参与并且持续参与。只有企业能从绿色中淘到真金，环保才会变成自觉自发的行为，越来越多的企业就会加入环保队伍。绿色竞争力早已不是一种迎合时尚的话语策略。在新的游戏规则下，如果你仍然奉老规则为圭臬，也许虽然你不会很快从市场上消失，但免不了逐渐在竞争中变得无关紧要。

值得一提的是，这本书的英文版出版不久，有两位美国人先后获得诺贝尔和平奖。美国前总统奥巴马在2009年获得诺贝尔和平奖时，很多人感到诧异。其实，奥巴马比美国前副总统戈尔（因大力提倡环保，获得2007年诺贝尔和平奖）更有资格获这个奖。奥巴马的“绿色新政”不仅包含环保诉求，也包含提升国家竞争力的用心。他说，美国很长一段时间总是为石油打仗，原因就是“我们把最重要的资源放在了敌人那里”。在今天看来，绿色新政对于美国国家竞争力的意义和效果已经相当明显。美国在能源上的“组合拳”（其中包括绿色能源）不仅已经扭转美国在能源上的被动局面，而且在并不算长的时间内，在一定程度上完成“能源的去石油化”，把石油降格为一种“正在过时的能源”，因而相当明显地打击、抑制了多个对手的实力。这些对手的重要特点就是一直在石油上拥有明显优势。作为中国人，我们虽然不会为这种做法鼓掌，但是其中的经验（绿色是一种虽不易觉察，但“杀伤力”相当巨大的竞争力）值得深思。

中文版序

2008年10月，沃尔玛邀请900家中国供应商到北京参加会议。此次会议的目的是讨论沃尔玛的环保与可持续发展战略。其实，会议的目的似乎不仅限于简单地宣布公司在环保方面新的战略方案。董事长李·斯科特以及他手下的高管明确表示，他们将会对供应商提出更多要求。供应商被要求在限定的几年之内达到一个新的社会标准，并降低他们的环境足迹，否则就将面临被沃尔玛清除出其供应链的危险。

沃尔玛的要求包括让供应商签订新的协议，声明要遵守中国的法律法规，加强公司的“突击检查”以及第三方审核程序。该协议对所有供应商设定了能效提高20%的目标，并且设立了到2012年达到问题商品返还率为零的目标，并且提出了一个新的透明度标准——所有供应商现在必须提供他们旗下为沃尔玛生产商品的所有工厂的名称和地址。这对于沃尔玛几乎所有的中国供应商来说，都将是一个挑战。然而，没有第二种选择。正如李·斯科特明确指出的，任何达不到沃尔玛可持续发展计划要求的公司都将“被禁止为沃尔玛提供产品”。

对中国公司的期望日益增多的跨国公司，远不止沃尔玛一家。中国公司在美国和欧洲（以及世界各地）的大客户现在都专注于使自己的供应链变得更加环保。为了在全球市场上保持竞争力，中国公司发现单纯在价格上竞争已经不够了，同样需要在环保和社会表现方面做到一流。这正是来自全球企业界的压力。

毋庸置疑，在过去的十几年间，中国已经成为“世界工厂”，并因此在全球经济中扮演了关键性的角色。中国成功地将上亿人带入中产阶层，这是被广泛承认的有史以来最大的发展之一。同时，中国日益增长的外汇储备也为其带来了新的经济影响力。紧随成功而来的就是责任。当世界各国投资于环境保护和推进可持续发展时，中国不能再袖手旁观了。作为经济界的一个明星，中国必须行动起来，在控制污染和自然资源管理问题上（无论是地方、地区、全国，还是全球规模的）起到带头作用。其实，想要在环保方面获得领导地位，中国还需要工商业界领袖的协助。

中国在2008年备受世界瞩目，这不仅仅是因为令人难忘的北京奥运会，而且因为它成了世界第三的经济大国。然而同时，它也超过了美国，成为世界上温室气体排放量最大的国家。这一新状况，使中国处在诸多环境问题争论的中心。这些环境问题集中在气候变化的威胁以及随之而来的其他问题，包括全球变暖、降雨模式改变、海平面上升、更强烈的台风及其他风暴灾害、农业生产力的改变。如果中国的碳排放量一直按照目前所估算的速度上升，世界上大多数国家在这方面的努力都将变得徒劳。最终的结果，不管是对于中国还是整个地球，都将是非常严峻的。所以，当世界各国召开会议协商新的气候变化方面的协议时，所有国家都把目光投向了两个工业大国——美国和中国——这两个国家向大气中排放的温室气体几乎占到全世界总量的一半。来自世界各国政府的压力将会更大，这使得中国更有必要全国上下通力合作来应对这一问题。企业界也必须做出“从绿到金”的承诺。

与此同时，中国面临国内的重大环境挑战：水资源短缺（尤其是在北方），很多河流遭到严重污染，化学污染变得更严重，几乎所有的中心城市都有威胁人们健康的空气污染。所以，中国的工商界在很多环保议题上都有理由成为一个解决方案的提供者。中国必须在解决环境问题方面成为主力。

在这方面，中国已经有了成功的基础。一些最有企业家精神的公司已经成为充满活力的“清洁科技”市场上的主要成员。像尚德电力和苏司兰能源等公司在整个亚洲倡导一个持续增长的、多元化的、高产的企业联合体，已经成为风力和太阳能、能源高效科技，以及清洁能源未来的其他要素方面的市场领先者。中国加强环保承诺（通过新的监管要求和环保投资）的一个原因就是为了推动国内企业保持前沿地位，并因此在全球清洁科技市场上保有竞争力。这方面的机会是非常多的。例如，电力交通工具和新型电池科技的突破性成果竞赛中一定有中国公司。实际上，比亚迪已经在汽车充电和开发新车型方面处于领先地位，其进展将有助于减轻全球的环境问题。中国的挑战在于：从生产型经济转型为以发明创新为中心的新经济。全世界对新型绿色技术的需求，为中国工业提供了一个完成这一转型的大好机会。

然而，如果不做出努力，没有相应的策略和资源，就无法取得成功。《从绿到金》为公司如何拥有环保视角提供了指导。一套类似的涵盖社会各界的策略方案可以帮助中国达到一个新的高度。中国政府已经开始了这方面的努力，并且制定了一些政策以求实现这一转变。在中国2009年的经济刺激方案中，有大笔资金被用于帮助建立更大的清洁环保科技市场，从而开始更广泛地重塑中国的工业和经济。那些能够响应这一绿色浪潮召唤的企业，将获得巨大的市场和渴求其产品的客户。

持续的经济增长给自然资源带来巨大的压力，全球大客户不断提出新需求，全球政坛对采取更多环保行动的呼声日益高涨，在这几方面的共同作用下，中国成为环保领袖的时机已经成熟。要完成这一转变，企业界必须扮演主要的角色。中国的企业家现在看到了环境恶化的现实，但他们同样也认识到，这是一个让自己重新思考产品是如何被制造出来的良好契机。中国的创新将会净化当地环境，帮助应对全球挑战，并满足全世界对更环保产品的需求。那些能够抓住这一机遇的中国公司必将繁荣发展，并展示一条“从绿到金”的成功之路。

丹尼尔·埃斯蒂　安德鲁·温斯顿

于美国康涅狄格州

前 言

在 1992 年的里约热内卢“地球高峰会议”筹备期间，企业的领导者们前所未有地开始关注环境问题。在瑞士亿万富翁斯蒂芬·斯密德亨尼的组织下，50 家全球顶尖企业共同组成了可持续发展企业委员会。同时，斯密德亨尼还与他的同人撰写了《改变经营之道》（*Changing Course*）一书，提出了生态效益（eco-efficiency，或称生存效益）这一概念，强调通过减少污染及更好地管理自然资源可获得潜在的经济收益。数百家企业的首席执行官参加了里约热内卢会议，数千名企业领导者被会议感召，开始询问如何让他们自己的公司成为更好的环境保护者。

丹尼尔·埃斯蒂以美国环境保护署官员的身份参与了该次会议。联合国环境与发展大会（该会议的正式名称），令人们空前地关注自然界所面临的多项威胁——从气候变化到生物多样性丧失等。会上着重讨论了社会各界应如何通力合作解决这些问题。在人们的热切期待之下，多家企业迅即承诺采取大规模行动以减少其对环境的影响。

2002 年，很多与会人员在南非约翰内斯堡再次聚首，参加世界可持续发展高峰会议。丹尼尔再次出席了会议，这次他作为耶鲁大学代表，但是这一次情况有所变化。10 年前里约热内卢会议上所提出的大多数重要问题的解决方案都进展甚微，所倡议的环保或者说“绿色”行动似乎进展乏力。过去的 10 年间，很多企业都采取了环保政策，甚至采取了比法规要求更严格的措施来控制污染，但是，人们对于企业界的环保议程以及进展前景所抱的冷眼旁观态度却日益根深蒂固。为什么会这样呢？环保任务显然还没有完成，而环保行动却似乎正在失去动力。人们最初的活力与热情到哪里去了呢？怎样才能重振企业的环保策略？

正当这些问题与其他一些问题萦绕在丹尼尔的脑海中时，安德鲁·温斯顿于 2002 年来到耶鲁大学森林与环境学院。在从事市场营销、业务拓展以及战略方面的工作 10 年之后，安德鲁决定专注于企业环境问题的解决方案。安德鲁对研究企业制胜战略与保护地球环境都有极大的热情，因此，他希望弥合这两个通常独立运行的领域之间的缝隙。

为了弄清企业环保战略的状况，我们对过去 10 年间企业在这方面的所作所为进行了回顾。我们汲取了丹尼尔 15 年间与企业合作为其改进战略的经验，以及他在耶鲁大学和位于法国枫丹白露的欧洲工商管理学院所教授的“企业环境战略与竞争优势”课程的内容。第一步，是密切关注有关绿色经济的经典文献，即讨论企业与环境关联的重要图书、文章及案例研究等。

阅读这些文献后我们感到震惊，大多数内容都在大谈“双赢”的结果。实际上，很多图书与文章都高唱鼓舞人心的调子。95% 以上的案例和实例都只讲了环保思维带来的益处——减少对环境的影响并节约资金。我们认为，这些方案当然不会总是成功。没有任何一种商业战略在任何时候都是行之有效的。这种片面并且缺乏严密分析的一边倒的看法，是否就是更多承诺环保的商业举措仍未真正履行的原因之一呢？普通的商业人士是不是对绿色环保运动大师们滔滔不绝的正面宣传持怀疑态度呢？既有效又中肯的建议在哪里？

为了了解企业环保举措的实际情况，过去的 4 年时间里，我们和企业、行业协会及环保团体中的数百人进行交流，并研读了大量资料。受访者给我们讲了大量成功案例，我们对此并没有刻意回避。但是，我们也研究了那些不奏效的案例，并探究了为何经常有一些在纸面上看起来很不错的方案在实践中却遭到失败。我们希望开始采取环保举措的企业不会重蹈覆辙。

我们希望对哪些做法是奏效的、哪些是不可行的进行全面分析，得出结论，以供企业在将环保考量纳入企业战略时参考。正如我们将要展示的，环保议题关系重大——环境问题切实存在，环境压力持续增加。越来越多的“利益相关方”深切关注企业所采取的措施，而且不吝于对企业施加压力，令其付出更多努力。当然，这项事业的潜在回报也是相当巨大的。我们希望以《从绿到金》这本书，帮助经理人和企业高管开辟一条道路，在令企业更强大的同时，令我们生存的星球更美好。

丹尼尔·埃斯蒂

安德鲁·温斯顿

分别写于

美国康涅狄格州纽黑文市

美国纽约州纽约市

导　言

环保视点

索尼昂贵的圣诞节

2001 年圣诞节的前几周，索尼公司遭遇了一场噩梦。荷兰政府查封了它运往欧洲的整批 PlayStation 游戏机，超过 130 万台游戏机被堆放在仓库中，不能运到商店上架销售。这是贸易战，还是针对暴力视频游戏的禁运？也许索尼公司的高管倒希望是这类容易解决的问题。

那么，到底是什么原因令索尼公司面临失去假日热销这一重要商机的风险？答案是，荷兰政府在游戏控制器的电线中发现了虽然很少，但已超过法律限制量的有毒元素——镉。索尼公司紧急更换了被污染的电线，并设法追踪问题的源头。索尼的追踪耗时 18 个月之久，检查了 6000 余家工厂，最后采用了新的供应商管理系统。为解决这个“小小的”环保问题，索尼付出的代价超过 1.3 亿美元。

那么，我们能从这一事件中学到什么呢？环境杀手罪有应得？并非如此。索尼公司多年来一直是叱咤风云的知名企业，尽管出过一点纰漏，但一般来说还是公认的环保领军者。事实上，PlayStation 这个跟头栽得毫无征兆，但它还是发生了。为什么？从索尼的痛苦经历中我们可以得出以下三点启示：

- 即便是最好的企业，也会遇到突如其来的环保问题；
- 环保问题并不是可有可无的附加议题，它会令企业实实在在地付出经济代价；
- 以全新视角观察事物，会带来实际收益。

英国石油的 “找碳计划”

当索尼公司的游戏机受困于仓库时，另一家与其截然不同的大企业却由于提高对环保问题的关注度，并开始以新的方式审视其业务，正满怀欣喜地计算其因之节约的资金。

英国石油的首席执行官约翰·布朗爵士承诺，公司将减少对导致全球变暖的温室气体，尤其是二氧化碳的排放。布朗要求英国石油的所有下属商业机构都想办法减少此类气体的排放。它们做到了。被英国石油公司内部人士称为“找碳计划”的行动进行三年之后，它发现了多种方法，可以减少排放、提高效率并节约资金——大笔资金。

在最初的阶段，流程的改变使英国石油付出了 2000 万美元的成本，但在计划执行的头几年，所节约的费用就高达惊人的 6.5 亿美元。到 2006 年，节约的资金总额已经高达 15 亿美元。以英国人特有的低调方式，英国石油的高层管理人员告诉我们，就连他们都为出乎预料的结果惊愕不已。在此之前，没有人敢大胆地设想投资回报竟有如此之高。正像布朗所说的，“我们本只想做好事……而结果竟然是取得了良好的经济效益”。

那么英国石油公司在执行此计划前效率很低吗？事实远非如此。其管理层只是在审视公司运营的时候从未考虑过减少温室气体排放的问题。一旦他们做到这一点，各种创新便遍地开花，令公司发展大大受益。

观察环保问题对企业的各种影响，可以建立新的思维与战略框架。通过借助环保“镜头”审视业务，经理人可以避免代价高昂的问题发生，并创造可观的价值。因此，在从索尼的教训中得出的三点启示外，我们还要加上第四条，也是最基本的一条：

- 聪明的企业会通过对环保挑战的战略管理取得竞争优势。

英国石油和索尼学到了一些公司已经知道的一点：企业界与自然界的联系是密不可分的。我们的经济和社会都依赖自然资源。简单来说，我们所知的每件产品都来自自然界中生长或埋藏的物质。你正在读的这本书，曾经是一棵树；印刷这些文字的油墨，最初是大豆。自然环境为我们的经济体系提供着至关重要的支持——不是金融资本，而是自然资本。越来越多的事实表明，我们正在系统化地破坏我们的资本基础，削弱着某些对我们来说生死攸关的支持体系。

换句话说，环保视点并不只是一件好用的战略工具，也不是为了营造远离企业实际工作的良好感觉。在现代社会中，它是企业战略不可或缺的组成部分。它为企业提供应对污染和自然资源管理等实际问题的方法，这些问题如果处理不当，会使企业价值迅速流失，并对用数十年时间精心培育起来的品牌信誉造成伤害。这也就是为什么顶尖企业都已学着像管理其他风险与成本那样，对环保风险与成本进行严格管理。这样做的结果就是降低企业的整体风险。

潜在的赢利可能也同样重要。在接下来的章节中，我们将探索顶尖企业如何将环保（通常被称为“绿色”）因素融入公司战略，激励创新，创造价值并构建竞争优势。这些行业领军者以一种全新的方式审视自己的业务，创造新的产品满足环保需求。它们在审视价值链的上下游时，会时刻不忘考虑其运营对环境的影响。它们知道致力于保护地球环境就是保护自己，因为借此它们可以保护公司资产，激励现有员工，并吸引有价值的、新的、以价值为导向的人加入公司——这些人所看重的可不仅仅是薪水。

在《从绿到金》一书中，我们将带你深入全球各行各业的顶尖企业，为你展示当它们将环保思维纳入企业核心战略时所面临的真实成本、艰难选择以及利弊得失。那些无视自然界问题的学者，或者低估企业在执行环境战略时所面临的困难的评论家，无论是对企业界还是自然界都毫无助益。

通过系统化地分析数十家企业的经验，我们已经能够提炼创建以环保为基础的竞争优势所需的关键战略、技巧及工具。在其他竞争差异要素，如资金成本和劳动力成本等影响力日渐削弱的市场上，环保优势作为企业战略的决定性因素显得尤为突出。事实上，没有任何一家企业能承担忽视环保问题的后果。那些以高超技巧解决这些问题的管理者能够打造更加强大、利润更高、更长盛不衰的企业，以及更健康、更宜居的地球。

第一部分

为新世界做好准备

在本书最初的几章中，我们将介绍本书的脉络，说明环保挑战如何成为企业结构的重要一环。第一章介绍了席卷企业界的“绿色浪潮”，并说明了令环保思维成为企业战略核心的逻辑概念。我们还分析了让新环保要务的重要性日益突出的一些强大力量，例如全球化等。最后，概述了我们是如何进行研究，如何挑选本书中着重关注的企业的。

第二章和第三章介绍了企业所要承担的，来自自然界和人类自身的新的压力。这些压力使人们关注企业成功所不可或缺的环境战略。在第二章的开始，我们强调每个人、每家企业都面临环境问题，如全球变暖和水资源短缺等。针对每个基础环保问题，我们都进行了简要总结，评价其可能的影响范围，并分析其将对企业造成何种影响。

在第三章中，我们考察了市场上越来越多的环保导向型“选手”，整理了20种不同类别的相关利益团体，从传统的政府监管机构，到强有力的非政府组织（NGO），再到越来越注重环保问题的各家银行。我们列出了这些群体对企业的运营方式提出的问题。

简而言之，这部分说明环保为什么会成为各种企业（无论规模大小）的关键性战略问题，为后面讨论企业环保战略的关键元素提供了依据。同时，本部分还彰显出，关心环境问题会成为企业获得竞争优势的新基础。

第一章

环保优势

美国华盛顿特区：通用电气公司首席执行官杰夫·伊梅尔特宣布了“绿色创想”新计划，承诺作为大型制造企业，通用电气在环保产品方面的投资将增加一倍，包括节能灯泡、工业规模的水净化系统以及更高效的喷气式引擎等。以数百万美元投入的系列广告作为支持，伊梅尔特把通用电气定位为治疗世界上多种环境问题的良药。

美国阿肯色州本顿维尔：在对股东的一次演说中，沃尔玛公司首席执行官李·斯科特陈述了他对“21 世纪的领导力”的定义。他的新宣言的核心是对提升公司环保绩效的一些承诺。沃尔玛将削减 30% 的能源使用，最终目标是使用 100% 的可再生能源（如风能和太阳能），并使其大型运输队的燃油效率提高一倍。公司每年在这些能源改进项目上的总投资额将达到 5 亿美元。此外，在一项可能引起业界连锁反应的举措中，沃尔玛将要求供应商提供更加环保的产品：沃尔玛销售的某些鱼类产品将必须产自可持续发展的渔场，服饰供应商将使用有机棉之类的材料。“我们相信这些举措将使我们成为更具竞争力和创新力的企业。”斯科特强调。

无论从市值还是销售额来说，通用电气和沃尔玛都是人类历史上最大的企业之一。当有人提及“绿色”这个词时，立即进入脑海的不会是这两家公司。除了这两家公司，高盛和蒂芙尼这样业务相去甚远的公司也都宣布了与环保相关的动议。《华盛顿邮报》评论说，通用电气的行动是“正在悄无声息地改变全球企业的绿色革命中，迄今为止最为引人注目的实例”。

究竟发生了什么？为什么这些世界上最大、最强、最追逐利润的企业都在谈环境保护？简而言之，因为它们不得不这样做。公司所面临的压力是切实存在而且不断增长的，各个产业集群几乎毫无例外地面临一系列无可避免的由环境带来的新问题。像所有变革一样，这一新的绿色浪潮会带来前所未有的挑战。

新的压力

在这股绿色浪潮背后，有两个密不可分的压力来源。

第一，自然资源的有限性会限制企业运营、市场重组，甚至有可能威胁到地球的安宁。

第二，企业所面对的关心环境的利益相关方越来越多。

全球变暖、缺水、物种灭绝（或者说生物多样性被破坏）、越来越多的迹象表明人体及动物体内存有有毒化学物质，这些问题和众多其他问题越来越影响企业乃至社会的运作方式。谁能更好地迎接挑战并找到解决方案，谁就将站在竞争的顶峰。

我们要强调的是，所有这些问题在科学上并不是非黑即白。有些问题，如臭氧层空洞或缺水，是非常明显的，其趋势显而易见。而对于其他问题，尤其是气候变化问题，仍有人持怀疑态度。但是已有足够明确的证据，而且也有足够的科学共识要求我们立刻采取一些措施。

目前，各界广泛认为应该对这些问题提起注意。作为影响企业行为的传统超级力量，政府从未放手。推动力量远不止于此，世界各国的监管部门也不再对污染问题视而不见。民众绝不会允许这种情况发生。社会各界也都付出很多努力，控制污染物的排放，并让污染制造者为他们给环境造成的危害付出代价。在商业领域，现在有其他一些方面的力量在环保问题上起着更突出的作用。非政府组织、用户以及员工，越来越多地对形形色色的此类问题提出尖锐的质疑，并呼吁采取行动。仅举一例，惠普表示，在 2004 年，有 60 亿美元的新生意就是部分依赖如何应答客户关于公司在环境和社会效益方面的要求，这个金额比 2002 年提高了 660%。这些需求开始重塑市场，带来了新的商业风险，也为准备好回应此类需求的企业创造了机会。

不断演变的挑战

环境问题，过去集中表现为人们对“增长的极限”和主要自然资源（例如石油和工业金属）将慢慢耗尽的前景的担忧。其实，这些担心往往有些过度夸张。人们的担心还集中在污染方面，现已证明这种担心更为持久。我们知道人类能够征服自然——小到地方水道，大到全球大气、吸收污染物、提供我们所需要的基本生态系统服务，诸如干净的水、可呼吸的空气、稳定的气候，以及肥沃的土地等。

环保阵线上出现了一批新的利益相关方，包括银行和保险公司。连一直像激光一样只紧紧盯住投资回报的金融服务业都开始为环境问题担心了，你就知道有大事发生了。华尔街巨擘高盛公司宣布将要“推进保护森林和防范气候变化的行动”。高盛宣称，将“鼓励”其客户更重视环保问题，它许诺将在替代性能源开发方面投资 10 亿美元，并已购买了一家建造风力发电厂的公司。即使是对高盛而言，10 亿美元也不是一个仅用来做个姿态的小数目。J. P. 摩根、花旗集团，以及其他知名大公司也做出了类似的承诺，并且已经纷纷签署“赤道原则”（要求对大宗贷款进行环保方面的评估）。

如果你想了解自然的力量和新出现的利益相关方联手打出的组合拳会给一个企业造成怎样的重击，只需要问问可口可乐的两位前任首席执行官——道格·艾维斯特和道格·达夫特就知道了。仅仅在过去的 5 年内，这个全世界最大的软饮料生产商就因为水资源耗费的问题遭受了来自印度的愤怒声讨，而且迫于压力不得不停止使用会破坏臭氧层的制冷剂。此外，可口可乐还由于其达萨尼瓶装水未能通过欧盟的纯净水质量检测，被迫将这款旗舰产品撤出英国市场。现在，可口可乐公司有了专职负责环境和水资源问题的副总裁杰夫·希伯莱特和新任首席执行官内维尔·艾斯戴尔（于 2008 年 7 月辞去首席执行官一职），他们与公司的环境顾问委员会密切合作，本书的作者之一丹尼尔正是这个顾问委员会的成员之一。

环保思维的商业案例

我们认为，在核心战略中添加环保视角有三个基本原因：潜在赢利机会，对潜在亏损风险的管理，以及基于道德价值对环保职责的考虑。

潜在赢利机会

没有人能够预测丰田的油电混合动力汽车普锐斯的成功，包括熟知汽车市场的丰田。鉴于电动车以往糟糕的业绩记录，这一冒险看起来绝不是一条通向赢利的坦途。

在环境方面举措失当对企业公共关系来说是一场噩梦，它会毁掉市场和公司的前程，使公司的价值蒸发数十亿美元。那些没有将环保思维纳入企业战略的公司，将面临风险，丧失环境因素带来的潜在赢利机会。

然而丰田的高层却看到了这条路的潜在价值。他们真是太正确了。经过长达10年之久的研发，普锐斯在2004年荣获《汽车族》杂志评选出的“年度汽车”称号。在那时，客户要等待6个月之久才能提到他们所购置的混合动力车。当底特律的汽车企业濒临破产，数万工人下岗，并且对所有人提供“员工折扣价”时，丰田却在提高售价，扩大生产。2006年，其利润达到创纪录的118亿美元，离全球头号汽车制造商的桂冠更近了一步。

丰田致力于环保并不是偶然的。早在20世纪90年代初期，当丰田计划设计21世纪的汽车时，就已经把环保作为一个重大的主题，将其看得比汽车制造商一贯重视的所有卖点，诸如车的大小、速度、性能，甚至吸引靓女帅哥的能力等更为重要。这真是明智之举。

同样，英国石油公司把自己重新塑造为一个能源品牌，准备向石油之外的领域进军，开始投资可再生能源。这些企业已经认识到，最好主动改造自己的市场环境，捍卫自己的地盘，以防他人来分一杯羹。

我们的研究表明，那些用环保视角看问题的企业往往比竞争对手更具创新性和进取性，比大多数企业更早地发现新出现的问题，从而为应对影响市场的不可预测的力量做好更充分的准备。它们也更擅长发现新的机会，帮助客户降低成本并减轻环保方面的负担。它们重新改造产品和服务，以响应客户的需求，从而获得更高的利润，并提高客户的忠诚度。

这些聪明的企业从环保节能方面挖掘出来的“黄金”包括更高的利润、更低的运作成本，甚至可以从某些银行获得更低的贷款利率，因为这些银行认为，认真构建环保管理系统的企业所面临的风险相对较低。它们同时也收获了软效益，包括更富创新性的企业文化、更高的“无形”价值，以及企业诚信度和品牌信任度的提高等。

专家学者们发现，如今企业面对的是一个新世界：竞争优势的传统构成元素，如获得更廉价的原料和较低的资金成本等，由于商业化的加剧已被削弱殆尽。在这个已经改变了的竞技场中，重视绿色环保为企业创新及创造持久价值并建立竞争优势提供了一个至关重要的新途径。耐克公司的高层管理人员菲尔·贝里对此进行了简要说明：“我们有两个信条，第一，创新是我们的本性；第二，做正确的事。但是我们围绕可持续发展所做的任何事情，其实都基于第一点，也就是创新。”

潜在的亏损风险

在石油巨擘壳牌公司内部，经理人使用TINA——There Is No Alternative（我们别无选择）这个缩写，解释他们为什么要做某件事。

对于他们来说，考虑气候的变化对公司的影响，或者关心利益相关方对公司的看法，已经不再是一个可有可无的选择，而是理所当然的事情了。即使在尼日利亚这样的地方，在处理与地方政府和社会团体之间备受瞩目的问题时，壳牌仍会持续改善与其利益相关方的关系。公司花费了数百万美元，用于与主要油气田项目（例如，加拿大艾伯塔省的阿萨巴斯卡巨型油砂矿）附近的居民合作。

作为壳牌著名的方案规划团队的领导者，阿尔伯特·布雷桑德帮助公司高管思考哪些问题会长期危害公司利益。

正如他告诉我们的，“我们是市场的囚徒……有人可以随时吊销我们的营业执照”。所谓营业执照，其暗含的意思很简单：基本上来说，社会允许公司存在，并给予它们一定的活动余地；但如果你的公司逾越了界限，社会可能做出极为严厉的回应，严重的时候甚至会毁掉公司。当会计师事务所巨头安达信随着安然丑闻瞬间灰飞烟灭时，曾在安达信任职的各位合伙人才从巨大的损失中吸取了教训。或者，你还记得化工业巨头美国联合碳化物公司的例子吗？1984 年，它在印度博帕尔造成了毒气泄漏事件，致使3000 多人丧生。从此之后，联合碳化物公司分崩离析，最终被陶氏化学公司兼并。

更为严重的是，社会对企业行为的期望正在改变。滥用地方环境的企业会发现其扩大运营的计划无法得到批准。监管部门、政治家以及地方团体，对友好的邻居设置的障碍会相对少一些。

重工业企业会特别注意这一社会许可证问题，但其他企业也能感受到它的威力。经过多年无拘无束的自由扩张之后，沃尔玛也遭遇了来自抗议者的强烈抨击。他们指出沃尔玛的店铺无计划地过快增长，四处蔓延，破坏了湿地，并且威胁了水资源供给。在一些社区，监管者也加入抨击的声浪，开始抨击这个零售大鳄的扩张计划。在内部会议上，沃尔玛的首席执行官李·斯科特告诉他的高管，他们在可持续发展方面所做的努力将会保护公司不至于失去其“发展许可证”。

环境方面的挑战可以看作供水管道上的一连串小漏洞，它们会令企业的价值慢慢流失。它们也可能突然出现，就像大坝上的一个大裂缝，能够危及整个企业的生存。或许，问题在于，对于用来控制和消除污染的超出预料的成本，没有人为其做出预算，就像埃克森瓦尔迪兹号油轮泄漏事件那样举世震惊的大灾难一样。另一些情况下，对这些问题管理失当所造成的损失可能危及个人，比如对不当处理有毒废弃物负有责任的高管可能会遭受牢狱之灾。

聪明的企业走在绿色浪潮的前列，降低了财务和运营两方面的风险。它们的环保战略使企业在运营、赢利和发展成长上拥有更多的自由。

在减少废弃物和节约资源方面做出的努力，通常被称为“环保效益”，节约的资金几乎可以立竿见影地表现在企业的净利润上。重新设计一个节能程序，将会降低燃油和天然气价格波动对你的影响。重新设计你的产品，使它不含有毒物质，这样你就能减轻监管方面的负担，并可能避免未来发生损害企业价值的事故。这些努力可以降低商业风险，同时保护企业一直以来辛辛苦苦收获的“黄金”——可靠的现金流、品牌价值，以及客户忠诚度等。

做正确的事

在研究过程中，我们不断地询问企业高管，为什么他们的公司会启动环保计划，其中一些计划会预先耗费不菲的资金，并且还不确定能否得到回报。超出你的想象，并且大大超出我们预期的是，他们说这是该做的正确的事。

他们的环保思维和行动是以价值为基础的吗？显然，价值并不是主要影响因素。至少在我们访问企业高管时，所听到的并非如此。对他们中的大多数人来说，道义需求并非唯一要务，它还与业务需求密切相关。构建有公认价值的企业已经成为竞争优势的重要因素，无论企业的员工数量是两名还是两万名。这些公司致力于做正确的事，吸引最优秀的人才，增加品牌价值，并与客户及其他利益相关方建立信任关系。事实上，很难想象一家企业对长期成功的重视程度胜过利益相关方之间的相互信任——这种信任更容易失去。投资界的传奇人物沃伦·巴菲特曾经说过："建立良好的信誉要用20年，而毁掉它只需要5分钟。如果考虑到这一点，你的行事方法就会有所不同。"

诺贝尔奖获得者、经济学家米尔顿·弗里德曼认为，"企业的主要社会责任就是增加利润"，但即便是同意他这个观点的人，也无法忽视越来越多的各阶层人士认为企业有责任做出更多努力。企业环保职责的理论，不一定源于认为关怀自然是应做的正确之事的个人信念。如果关键的利益相关方认为环保问题很重要，那么环保就是你的企业要做的正确的事。

扩大中的力量

伴随着威胁与机遇，绿色浪潮正在经受剧烈变革阵痛的商圈中兴起。企业正面临一个又一个大潮流，它们与绿色浪潮效应交互作用，加速变革，并扩大环保风潮的影响和范围。

全球化与本土化

正如作家托马斯·弗里德曼描述的，外包服务只不过是冰山一角。全球商品与服务市场的"扁平化"会对所有行业造成冲击。中国和印度经济的持续增长可能对全世界，尤其是北美和欧洲的企业带来深远影响。

环保事业的领导者们通过环保视角来观察其企业，寻找机会来削减成本、降低风险、增加收入，并强化无形价值。他们与客户、员工以及其他利益相关方建立更深入的联系。他们的策略揭示了一种全新且持久的竞争优势，我们称其为"环保优势"。

经济一体化和贸易自由化更加剧了竞争。全球化为很多人创造了机会，但基本上还是令规模大的经济体受益。不过，规模也令人们对企业过大的权力产生怀疑。大企业的商业行为，包括它们对环境的影响，也承受着更多目光的严格审视。

与此同时，我们的世界正在分化，利基市场需要的是量身定制的产品和服务。例如，麦当劳在其印度的很多店里提供咖喱饭，而不是它的招牌产品汉堡包。企业以满足本地需求和偏好的方式运营已经越来越有必要。而各种规模的环保问题，从本地性的小问题，到无法逃避的全球性大问题，令已经让人望而生畏的管理挑战更添了复杂性。

不安全感

“9·11”事件之后，对安全问题的紧张情绪席卷美国和世界很多地区，改变了公众的态度和政治格局。除了对恐怖主义的恐惧外，对中东石油的过度依赖，也令公众越发忧心忡忡。越来越多的人表示，愿意支付更多的费用购买离家更近的能源，包括风能和太阳能等替代能源。因此，能源业的未来与过去迥异，这对环境会产生深远影响。

小政府，大企业

随着大政府时代的结束，公众对企业承担满足社会需求的角色的期望日趋增加。很多人会说美国的监管系统正变得日益松散，但是，在欧洲，似乎各项法规正在对企业施加更大的压力。在全世界，普遍的共识是企业应自发地做更多工作，不仅限于环保，还应关注众多其他社会问题，包括扶贫、教育以及医疗保健等。对于这些期望是否适当的争议日趋激烈，但当前的趋势显而易见，对企业社会责任（CSR）的日益关注已是普遍情况。

大企业所背负的期望则更高。各大跨国公司，因其全球触角和无处不在的影响力，受到了比小公司更高标准的要求。获利更多者，大众对其期望也就更多。在其他国家开展经营时，企业必须对将受到的特别严格的审查有所预见。可口可乐的例子对此做出了有力的说明。因为其位于印度喀拉拉邦的工厂的用水问题，可口可乐不得不面对印度国内一波又一波的抗议。而与其相距不远的印度本土酿酒厂商翠鸟公司（Kingfisher），尽管所耗用的水量远高于可口可乐，但是并未招致任何责难。

新兴经济体中中产阶级的崛起

仅以一项统计为例：预计到 2050 年，中国和印度的汽车数量将增加到 11 亿辆（没错，超过 10 亿）。在发展中国家，新增的数以亿计的中产阶级都在追求西方式的生活质量，他们几乎在每个行业都会引起震动。对那些对此已经做好准备的企业来说，这个新市场将带给它们极为可观的商机。但是，消费增长同样也会带来威胁——破坏自然资源，并以前所未有的规模造成地球污染。实际上，2008 年，中国超过美国。

持续不断的贫困压力

尽管中产阶级人口有了大幅增长，在亚洲尤为显著，但很多发展中地区仍在继续与持久的贫困做斗争。人口的扩张使有限的资源更加紧张。贫困催生了当地的短视行为，进而转化为对环境的破坏。比如，人们砍伐树木作为燃料，而无视这种行为带来的水土流失和其他负面后果。

因此，在中产阶级扩大消费引发了一系列环保威胁的同时，持久的贫困问题也带来了同样严重的社会与生态方面的挑战，这都是企业界甘冒风险努力想避免的。正如荷兰银行驻巴西的分支机构——荷兰银行里约分行的一位高管所评述的，“在失败的社会中，企业是无法成功的”。

更先进的科学和技术

很多环境问题隐含的科学原理正变得日益清晰。但是，伴随这种透明度而来的，是应对这些问题的必要性的凸显。“生物监测”以及其他更灵敏的测量工具，现在几乎可以识别出环境中的每种微量化学物或排放物，不论其存在于北极圈的北极熊体内，抑或存在于美国俄亥俄州妇女的乳汁中。即便是让人们暴露在十亿分之几级别的污染物下，也有可能触发日益扩张的环境拥护者团体的抗议行动。从积极的角度来看，纳米技术等新开发的技术能够为环境问题提供解决方案，并为那些有进取精神的企业创造商机。

透明度与责任

“网络改变一切”似乎已经是过时的新闻，但数字时代泛起的涟漪依然持续影响我们的经济与社会。著名的摩尔定律预测，微芯片上晶体管的密度每过 18 个月就会增加一倍。这一趋势已经应验了 40 年，毫不留情地不断驱使计算能力的提高和数码科技成本的下降。对于地球上的几十亿人来说，要获得无穷无尽的各种信息——当然其中可能还有一定数量的虚假信息——仅仅需要点击一下鼠标。

互联网提供的前所未有的透明度，正在改变商业世界。在博客遍地开花，连公司里也不例外的情况下，企业或者企业供应商的运营中若有任何地方出现任何错误，都有可能几乎同步地暴露在网络上。正如《纽约时报》所说，互联网“给愤怒的声音提供了一个更公开的释放渠道。博客圈里到处都是严厉批评可口可乐、沃尔玛以及其他大公司的帖子，内容从水资源消耗到不公平的雇用行为以及危险的废气排放等，无所不包”。而这些并不是科技发烧友的无聊闲谈。博主们开启的话题可能在眨眼之间就从网络上传播到大众中间。

在这个透明度越来越高、获得信息的成本越来越低的世界中，何人应为何事负责变得越来越明晰。由于越来越容易追溯到污染和有毒化学物的源头，我们将会知道是哪些人制造、运输、使用并弃置了这些有害物质。毋庸置疑，担负全责是新的标准。

谁应关注

对于一些企业来说，新的环保视点是一种变革，将带来崭新的思路、全新的市场、更多的盈利，并增加价值。而对于其他企业来说，环保视点会以更为谨慎的渐进方式浮现出来，成为企业战略的另一个重要元素。这些企业不会即刻就从环保行为中获得可观的收益，而是随着时间的推移，从中获得长期且持久的优势。对于大型重工业企业而言，从环保中获益简直是板上钉钉的事情。但是，较小、较“干净”的企业，也会获得意料之外的收益。

在当今的世界里，任何企业，无论大小，无论是在本地经营还是跨国经营，无论是从事制造业还是服务业，如果漠视环保问题，都将无法承受其后果。当然，这股绿色浪潮所带来的机遇和风险，对于不同企业、不同行业也有所不同。在取得环保优势时，大环境有着重要的影响。没有哪种战略或工具对所有企业、所有情况都奏效，但环保潮流的发展已经成为几乎每家机构的日常要素。躲避这股潮流，一味认为这股潮流将很快过去的企业，终将因其百折不挠地持久存在而失望。

小企业为何应该关注

那么对于小企业来说又怎样呢？它们可以对此袖手旁观吗？一句话，绝不可能。这有 5 个原因。

- 以往只针对大企业的法律也渐渐开始用来规范小企业。就连面包店和加油站现在都必须遵守《空气清洁法》。

- 谋求改变个人的消费选择从政治上来说仍存有难度，但环保组织却完全可以要求小企业控制其对环境的影响。因此，尽管个人车辆不会受到非政府组织的攻击，但出租车或货车的尾气排放却是相对来说更受关注的目标。
- 信息时代降低了跟踪小规模行动者的成本。新型传感器、信息系统和通信技术，使得追踪污染以及监控法规遵守情况的成本日益下降。即便是极小的企业，现在也难以逃脱各种监控。
- 大客户也会对其小供应商施加压力，要求其遵守环保标准。纽约一家很小的软件开发商发现，它必须回答东京一家电信公司的严苛问题，这家电信公司对其供应链有着严格的审核程序。要保持其优选供应商的身份，这家小公司必须运行环境管理系统，如此大的系统远远超过小企业的使用范畴。
- 与规模更大的竞争者相比，小企业的运作更为灵活。富有进取精神的小企业会迅速行动，利用情况变化的时机满足利基需求。Q Collection 是一家“可持续发展型”家具公司，它生产的沙发、桌椅等产品均不使用有毒漆料，所用的木材也全部取自可持续开发的林区。虽然产品定位于高端市场，价格高昂，但它找到了希望使用自然材质的室内设计师客户群。另外，夏威夷的 Kona Blue 公司也推出了环境友好型渔场，以满足消费者对无激素、无抗生素喂养的鱼类日益增长的需求。

谁最应关注

尽管我们认为本书对任何对健康的环境和健康的企业感兴趣的人，都会有所助益，但很显然，有些企业需要更加关注这些问题，而有些企业已为获得更多潜在利益做好了准备。我们认为，具有以下特点的企业将面临越来越多的风险与回报。

- **品牌曝光率高**。具有良好商誉和大量无形价值的企业，如可口可乐、宝洁以及麦当劳等，都面临特殊的挑战。
- **对环境有很大影响**。采掘业或重工业企业，如英国石油、埃克森、美国铝业、拉法基等，必须对受到越发严格的监管有所预期。
- **依赖自然资源**。销售鱼类、食品以及林产品的企业，如嘉吉、雀巢和国际纸业等在社会面临真正的自然资源限制的时候，很可能首当其冲。
- **目前受到监管**。尤其是对于要处理有害物质的企业，如杜邦，或者从事公用事业等受严格监管的行业、企业，如美国电力。对这些公司而言，环保战略扮演的角色更为重要。
- **未来受到监管的可能性更高**。汽车厂商和电子产品制造商（如福特汽车和英特尔）正面临着欧洲有关产品回收制法律的新挑战，回收制要求制造商负责对客户使用完的本公司产品进行处置。

• **对人才的竞争更加激烈**。从事服务业或“新经济”的企业，如花旗银行、英特尔、微软等，其主要资产就是人才。如果员工对公司的价值取向感到不满，他们可能拔腿离开，因此这类企业必须时刻密切关注环保问题。

• **市场势力小**。依赖于大客户的企业，可能因客户开始提出环保要求而被迫采取环保措施，大多数中小型 B2B（企业对企业）公司都属于这种类型。同时，那些处于竞争极为激烈的行业的企业，如小型废弃物处理企业，迫于巨大压力也不得不推出环保计划以领先于竞争对手，而这些计划可能会增加成本，或长期来看可能无法赢利。

- **在环保方面声誉良好**。那些有历史问题的企业将会受到更多监督。而过去有良好记录的企业则会有更大余地，而且可能会因其良好声誉而在市场上受益。其他企业开始看到做得“比监管要求更进一步”所带来的商机，其中一些已经着手于大胆的新计划，以便为世界环保问题提供解决方案。例如，通用电气计划销售可再生能源、高效发电设备和水净化设备等。

一些人已经看到“超越合规性”的商业机会。一些人开始大胆采取新举措，为全球环境问题提供解决方案，如通用电气销售可再生能源、高效发电、水净化计划等。

追求环保优势的企业有何表现

在4年的调研过程中，我们研究了数十家企业，其中有数家从20世纪70年代以来在思维方式上鲜有进步。对于法规，它们牢骚满腹，遵守起来也是勉勉强强。

掌握了环保与商业如何“对接”的企业，已经着手减少对环境的影响，即“环境足迹”，同时产生可观的利润以及持久的环保优势。这样的企业并非“千企一面”。它们规模不一，从全球性的财团到特殊用途纺织品制造商都有。不过，我们发现了某些模式。那些引领潮流的企业，其行为比仅仅遵守法规更进一步，它们减少废弃物，运营更高效。它们将环保思维贯彻于运营的方方面面。具体来说，它们会：

- 设计创新产品，帮助客户应对环境问题，甚至创造新的环保定义的市场空间。
- 推动其供应商更好地为环保服务，甚至以此为标准选择供应商。
- 收集数据以跟踪环保绩效，并建立标准评估工作流程。
- 与非政府组织及其他利益相关方合作，以了解并找出环境问题的创新解决方案。
- 通过建立富有雄心的目标、奖励、培训和各种工具，构建环保优势文化，让所有员工拥有共同愿景。

对于顶级公司来说，在开始的时候，环保管理是不得已而为之，但今天已不再如此。它们已将环保管理视为日常工作，致力于从环保战略中挖掘财富。

环保战略、可持续发展和企业社会责任

企业有很多种方式来谈论它们处理环境和社会问题的方法。有些将焦点放在“三重盈余”① 的业绩或可持续发展上，有些将工作范畴放在企业社会责任、管理职责、公民义务，或者环境、健康以及安全等方面。这些方法都可以用来激发行动并创造环保优势，而关键在于执行，包括商业运营中的环保和社会问题。但是每家企业都需要找出在自己的企业文化中能够奏效的语言和组织结构。

在运营层面上，管理可持续发展方面的问题（无论企业如何称

① 三重盈余：“triple bottom line”，即企业盈利、社会责任、环境责任三者的统一。——译者注

之)，最有效的莫过于明确重点。在考虑环保挑战时，如果同时考虑解决社会问题，诸如医疗保健、扶贫济困，以及如何服务金字塔底层的世界上最贫困人口组成的未开发市场等，将很快令人感觉困难重重，灰心丧气。我们的调研表明，管理环境问题和社会问题的技巧截然不同。例如，确保企业遵守空气污染许可制度所需的技巧，与开发完善的员工健康计划所需的技巧，两者的相似之处甚微。

此外，环保事项较为具体，而社会问题则不然。在环保领域中，法律所规范的义务通常更为明晰，例如，正确行事就有可能获得竞争优势。但这并不是说社会问题不重要。实际上，其中有些是道德要求。但是，如同哈斯商学院的戴维·沃格尔教授所阐述的那样，用商业案例来讨论社会问题是很难做到的。由于以上原因，我们把中心问题放在定义企业利用环保机遇的策略和工具上。

为什么社会问题不容忽视

虽然环境问题和社会问题带来的挑战不同，但它们都与企业声誉紧密相关。任何企业如果认为自身良好的环保表现能掩盖在社会表现方面的缺点，那只能是自欺欺人。举例来说，沃尔玛近来开始致力于解决一系列环保问题，包括可再生能源、可持续发展的渔业，以及土地使用所带来的影响等。但在工资、医疗保健及劳资关系等基本社会问题存在不足的情况下，它不应寄望于获得任何企业责任方面的奖项。

环保优势

我们希望告诉大家，得到环保优势很容易。但是，就像要在任何方面出类拔萃一样，我们必须为之付出努力。我们知道，这种论点与很多关于“绿色商业”的图书和文章的观点大相径庭。从3M等少数几个领先企业展示了环保效益的回报开始，力行环保就一直被描述为毫无疑问之事。遗憾的是，并不是所有环保行为都会产生双赢结果。

开发创新产品，将其成功推向市场，令用户满意，要做到这些已经够难了。再加上环保议题，虽然它会带来新机遇，但也会让管理挑战变得更为复杂。获得优势意味着要学习新技能，使用新的运营方式，并且还要做一些艰难的权衡。事实上，真实情况甚至更为微妙。有些计划以传统方式来衡量是“失败”的，可是却为公司创造了无形价值。企业通常很难判断难以衡量的回报是否值得追求。

本书力图呈现通常被过于简化讨论的问题的细微之处。我们深入挖掘了真实经验的全部复杂之处，标明了成功的途径，也分析了未如预期发展的甚至彻底失败的计划。从这些案例研究中，我们提取了正反两方面的经验教训，希望能让正在追求环保优势的企业不必再从头开始。

环保计划为什么失败

企业战略的失败有很多原因，包括计划不周、不专注，以及将错误人选安排在关键位置上等。但当企业投身环保领域时，有几个特别的错误会给企业造成祸患：专注于错误问题，错误理解市场，错估消费者对绿色产品的反应，未能将环保思维完全整合到业务工作中。在第十章，我们将审视在调研中发现的13种常见失误，但书中前面的部分也会触及其中的一些问题，以凸显高管们所面对的挑战。

实际上，环保计划要做的工作并不少于其他项目，失败的概率也是一样的。美国经典卡通人物科米蛙（一只大嘴布青蛙）说得很对：绿化可不容易。但完善的环保计划可带来丰厚的回报。

谁是绿色浪潮的驾驭者

以财务数字来定义领先企业简单直接：选定衡量标准——股票业绩、现金流，或者净利润，再找到表现最佳或者数字最高的企业即可。事实证明，确定谁是环保领袖要难得多，通常很难找到可靠的数据。即使有，企业也往往以自己的方式衡量绩效，而公认标准现在还未出现。基本上，环保领域缺乏像金融界那样由美国财务会计准则委员会所提供的架构和严密性。

在调研之初，我们曾尝试使用可获得的信息辨识领袖企业（有关我们所使用的研究方法的详细内容，请参考附录一）。我们参考了创新战略价值咨询公司（Innovest Strategic Value Advisors）、可持续资产管理公司（Sustainable Asset Management，道琼斯将其列入道琼斯可持续发展指数）以及社会责任投资领域内其他公司的分析师推出的环保与可持续发展计分卡。我们将这些计分卡的排名与我们自己的数据相结合，其中也包括对企业高管所做的调查。在将范围从5000家企业缩小到200家之后，我们检查了企业对环境影响的具体情况，如排放和能耗等。通过这个程序，我们列出了一个环保领先企业名单，我们称之为“环保浪潮驾驭者”名单（见表1）。尽管这些数据不可避免地有不完整之处，但这个排名却为我们深入了解企业与进行访谈提供了一个起点。

表1　50大环保潮流驾驭者

美　国	其他国家/地区
强生	英国石油
百特	壳牌
杜邦	丰田
3M	拉法基
惠普	索尼
因特菲斯（Interface Flooring）	联合利华
耐克	巴斯夫
陶氏化学	ABB
宝洁	诺和诺德（Novo Nordisk）
庄臣	斯道拉恩索（Stora Enso）
柯达	飞利浦
福特	拜耳
IBM	豪瑞（Holcim）
星巴克	意法半导体（STMicroelectronics）
英特尔	加拿大铝业
施乐	伊莱克斯
麦当劳	桑科（Suncor）
通用汽车	挪威海德鲁（Norsk Hydro）
本杰瑞（Ben & Jerry's）	汉高
巴塔哥尼亚	西门子
国际纸业	瑞士再保险
美国铝业	阿斯利康
百时美施贵宝	诺维信（Novozymes）
戴尔	宜家
联合技术	理光

这个列表是我们早期研究的一个快照。今天的排名会有所不同吗？当然会。一个典型的例子是英国石油公司，它位列国际“潮流驾驭者”榜单之首。在过去几年，该公司在安全和运营方面出现了一些严重的违规行为，使其在环境和社会方面的领导地位受到质疑。此外，还有福特和通用汽车，它们因消费者的需求从卡车转向小型车而遭受巨大打击。关键的一点是，我们使用该榜单的目的是确定需要重点关注的公司，而不是以此说明哪些公司将成为行业领军者。

在这些顶尖企业中，我们深入研究了数十家，探寻不同的行业、地域，以及对重要环保问题的不同观点。我们知道公众对企业的感知度会对排名造成很大影响，因此在其中掺入了几家企业，它们由于规模太小而通常不为众人所知，但在业界却颇负盛名，例如瑞士的纺织品制造商罗能纺织公司（Rohner Textil）。我们还特意找出了对环保行为不事声张的顶尖企业，如家具制造商赫曼米勒公司（Herman Miller）等。最后，我们专门与一些企业进行了对话，如通用电气和可口可乐，它们还没有被公认为环保领袖，但是现在，它们或者正在明确追求环保优势，或者有着出众的运营要素，值得我们学习。

我们并没有打算研究所有环保领先企业。有些行业已经极富代表性，花时间研究其中的所有企业就变成了重复劳动。而其他一些案例则过于独特，无法为普通企业提供参考。比如户外用品品牌巴塔哥尼亚，它大概是世界上最注重环保的企业，但这家公司几乎完全被其创始人伊夫·舒纳德拥有，而伊夫一向以自己重视价值高于盈利而自豪。事实上，他经常开玩笑说自己从来没想过要做个商人。

有些企业由于所在行业的固有需求而面临严峻的环保挑战，对此我们也并不讳言。很多环保潮流驾驭者仍然是污染大户，有些甚至是世界上最大的污染制造者。但它们相比本行业内的其他企业而言，对环境的影响更小一些。我们认为相对定位很重要。我们觉得，只要对能源、化学品和金属的需求仍然存在，突出那些将脏活儿干得最漂亮的企业就是有价值的。但是，称它们为潮流领导者并不意味着它们的工作就此完成。从很多方面来说，工作刚刚开始。

赢利的可能

环保潮流驾驭者是否会因侧重环保问题而受到影响？已经有很多人撰文著书，试图证明或证伪环保与财务业绩之间的关联。我们不想贸然加入任何一方，但当我们将上市的环保潮流驾驭者公司的股票表现与市场整体相比较的时候，可以看出明显的趋势。在过去10年中，这些企业轻松超越了主要股指（是的，戴尔在我们的名单上，但是即便除去这一家股价狂飙的公司，环保潮流驾驭者公司的股票价值仍然超过标准普尔500指数）。

但请注意：关联并不意味着因果关系。驾驭环保潮流的公司在股票市场上相对成功的表现，可能是由于其普遍高质量管理的作用，而不是由于专注于任何特定的环保问题。实际上，大量研究显示，环保绩效是整个管理质量的一个有力指标。

可持续发展之路？

我们所知的企业中，没有一家是真正走在长期可持续发展的道路上的。因此，我们就需要增加三个说明，以防误解。

- 从某种程度上来讲，所有环保潮流驾驭者企业都在污染和消耗地球上的自然资源。
- 我们所突出的环保领先企业中，有很多来自对环境有严重影响的行业，但是，环保潮流驾驭者企业是“同类中表现最佳者”，或者它们的一些做法值得其他企业学习。
- 并不是环保潮流驾驭者企业所做的每项环保投资都物有所值。事实上，所有这些企业都曾经遭受过失败。但是，总体来说，它们对环保的重视对其提升竞争力有所助益。

这些企业并不完美。有些在某一方面环保绩效良好，但在其他方面则不尽如人意，但是它们都有很大的进步，展示了一种新的商业运营方式。在这些企业中，我们看到了如何取得环保优势的例证，我们看到企业正向着环境保护与商业成功的双赢道路迈进。

未来之路

在第一部分中，我们描述了日益令环保思维变得更有必要、更有利可图的商业环境。第二章列出了每家企业都面临的主要环保挑战，审视了企业界与整个人类面临的十大主要环保问题。第三章着重介绍关心环保问题并且对企业命运深具影响力的利益相关方。我们列出了一个框架来思考5种参与群体，包括监督者（如非政府组织）、议程设定者（智库）、商业合作伙伴（客户）、企业所在地，以及投资者（银行）。

这些重要的基础设定之后，在第二部分（第四章、第五章）和第三部分（第四章至第九章），我们列出了环保战略的基本要素。

第二部分提供了操作范本。第四章和第五章描述了利用环保思维创建竞争优势的8种关键策略。我们提供了一个框架，用于分析这些策略如何降低成本和风险或创造赢利机会，以及其成果是相当确定还是可能获利甚微。

在第三部分中，我们将关注具体细节。其中，第六章讲述领先企业采取什么措施来培养环保优势思维，说明了环保潮流驾驭者如何令环保思维成为其工作中不可或缺的要素。这种方法居于一系列主要工具与行动的核心位置。第七章观察领先企业如何挖掘数据，追踪环保绩效，并与其他各方合作来优化其策略。第八章探讨这些领先企业重新设计其产品与供应链的方法。第九章介绍了如何构建从高管到一线员工都积极参与的环保优势文化。

在第四部分中，我们提供了构建环保优势的行动议程。第十章着重讲述在朝着环保驱动型竞争优势迈进的路途上可能出现的错误。我们剖析了常见的陷阱，并说明了很多环保计划为何会失败。在第十一章中，我们利用从整本书中提取的想法和工具，集结成短期、中期、长期行动任务，做成一个“作战计划”，推荐给大家。最后，在第十二章中，我们回顾了执行环保优势战略所需的所有要素。

从优秀到卓越

有时，人们非到危急关头不能集中注意力。沃尔玛的首席执行官李·斯科特曾为2005年卡特里娜飓风造成的灾难所深深触动，也为其公司对受灾者提供的帮助深感自豪，但是这个最让公司骄傲的时刻令他发出疑问：

> 要让沃尔玛成为无时无刻都处于最佳状态的企业，需要付出哪些代价？如果我们能利用自己的规模和资源，使得对顾客、合作伙伴、我们的孩子以及未来的后代来说，整个国家乃至整个地球都变成一个更佳的居所，那会怎样？那样意味着什么？我们能做到吗？

斯科特在他的演讲中，继续通过商业案例引起大家对环境问题的注意，并得出一个可能令很多企业的首席执行官觉得过于感性的说法。“对于我们来说，”他说道，“成为负责任的企业公民和成为成功企业，二者几乎毫无差别。对于今天的沃尔玛来说，它们完全一致。”

李·斯科特的实际用意何在？我们认为这是对“卓越”的一种新

定义。正如商业导师吉姆·柯林斯在其开创性的著作《从优秀到卓越》[①] 中所清楚阐述的，企业需要远见卓识、文化、全心投入，以及一套重要的方法，才能走向持久的卓越之路。斯科特和其他首席执行官所表达的就是，传统意义上所说的“卓越”，现在已经不够优秀了。通用电气的杰夫·伊梅尔特的“绿色创想”计划启动演说可谓一语中的：“要成为卓越企业，首先必须成为优秀企业。”

既优秀又卓越的企业会鼓舞大家。用户会强力支持这些品牌，员工也会更努力工作，并且能从中获得更多乐趣。追寻环保优势面临的是一条崎岖不平的挑战之路，“从绿到金”没有捷径可循，但潮流驾驭者们正在为我们指引方向。

---

① 该书中文版已由中信出版社出版。——编者注

第二章

绿色浪潮的自然驱动力

20 世纪 90 年代中期，消费品巨头联合利华的高管发现公司的一个生产线受到了严重威胁——冷冻鱼块业务出现了供货危机，因为海洋里的鱼类几乎被捕捞殆尽。

面对这样一个自然资源有限性的无情现实，联合利华决定采取行动。在丹尼尔·埃斯蒂的帮助下，联合利华与世界自然基金会合作，建立了海洋管理委员会——一个在全球范围内推进可持续性渔业的独立实体。这个委员会为那些总捕鱼量有限、鱼群总数不会随时间减少的渔场提供认证。为了鼓励渔民寻求认证，联合利华许诺从 2005 年开始，它的鱼类产品将 100% 购自可持续性渔场。

联合利华的高管层把这个许诺，连同它所需要投入的高昂费用，简单地视为商业问题。联席首席执行官安东尼·伯格曼说："作为全球最大的鱼类产品买家，保护海洋环境，使之不受无节制捕捞的破坏，关系到联合利华的商业利益。"一位供应链经理直白地说："我们虽然不是环保工作者，也不是科学家，但是如果我们对此袖手旁观，就没有生意可做了。"

这种开明的利己主义的道理似乎是很明显的，但是要找到一个解决污染和自然资源局限的明确方案却比想象的要困难。关于环境问题的呼声可能会很激进，有时甚至是尖锐而无所顾忌的。长期以来，一些环保团体一直在宣讲我们惨淡可怕的未来，人们对此已经麻木了。在某种情况下，公众已经没有多少心思再去聆听。从美国开始正视环境挑战的这40年以来，重污染工业已经大幅减少了空气污染和水污染。然而，全球范围却主要呈现出与此相反的趋势。

2005年，联合国发布了内容详尽的《千年生态系统评估报告》，它是针对24种自然支持系统的全面研究。该报告显示，大多数系统都在衰退。从可用淡水资源的减少，到土壤退化，到气候变化的危险，问题普遍存在，而且很多问题都急需采取行动。

一家美国全国性杂志在2006年写道："在全世界范围内，人类已将大自然遏制环境极端恶化的能力降低到一个惊人的程度……全球一半的淡水资源已被人类占用，全球一半的湿地已经干涸或遭毁坏……这个清单还可以一直不断地列下去。"猜猜看，这是哪一家杂志？是《琼斯妈妈》吗？不，是《财富》杂志在一篇关于气候变化的危险逐渐增长，而我们应对这一问题的能力却在下降的文章中提到的。

其他环境问题不像前述的水污染和空气污染问题那样显而易见，这更加剧了我们所面临的挑战。当今环境的威胁往往难以察觉并来自分散的源头，例如小企业、家庭，甚至个人行为。举例说明，尽管任何一辆汽车都不会排放足以造成危害的废气，但全美的三亿辆汽车加起来却能够排放严重的烟雾和大量的二氧化碳。

全球变暖和某些物种灭绝等问题，似乎在时间和空间上都离我们比较遥远，并不是非常紧迫。相比于我们时刻要呼吸的空气和饮用的水来说，人们对这些遥远的目标很难引起热切关注。但是这些长期的问题会在不知不觉中悄悄逼近我们。如果不注意，当这类问题最终来临的时候，会更加难以应对。

生存大背景：保护我们的资产基础

在生活便利的当代世界，人们很容易忘记这样一个不可改变的现实：我们生活在自然界之内。大自然并不只是在我们度假的时候所欣赏的美景。自然资源是地球资产负债表中的资产。这些自然资产中有一部分是可再生的，比如森林资源。而其他的资产，例如石油，正被日益消耗殆尽。设想一家公司在持续耗尽资产，但没有任何赢利计划，它是不是会遭到愤怒的股东猛烈的炮轰，甚至它本身都难以生存？

正如麦当劳的资深高管马茨·利德豪森所说，“在一个繁荣社会里，你其实只有两项资产，人（创造力和技能）及其周围的生态系统。这两样都需要细心呵护”。

需要面对的环境问题

当商业界认识到很多自然资源是有限的这一事实时，第二个现实出现了：有限性可以带来机会。那些能够最好地驾驭自然资源的丰富性和有限性的公司，将能最大限度地降低风险，并走在竞争对手的前面。这个道理看起来很明显，但是把环保思维转化为环保优势则需要妥善处理头绪万千的一系列难题。哪些问题是真实而迫切的？哪些问题是公司可以安全地忽略，而不会因此使自己陷于严重的竞争劣势的？

对于哪些环境问题是最紧迫的，不同公司的看法各不相同。另外，环境问题也随时间推移发生变化。对环境问题的科学认识变得越来越深入。一些本来取材于某类自然资源的产品，也已被替代品取代。消费者的偏好和品位也在发生变化。一个成功的管理者需要认识到环保挑战的这种动态特性。

十大环境问题

1. 气候变化
2. 能源
3. 水
4. 生物多样性和土地使用
5. 化学物质、有毒物质和重金属
6. 空气污染
7. 废弃物处理
8. 臭氧层破损
9. 海洋和渔业
10. 森林砍伐

在这一章里，我们将简要说明人类面临的十大环境问题。对于每家公司来说，最重要的环境问题要视公司的具体情况（行业、所在位置和商业模式）而定。就全球范围来讲，关于环境问题的精确排序还有待商榷，科学家们对这些问题的规模和紧迫性也持不同意见。不过，以商业分析为出发点，我们把这些问题按照重要性进行了粗略排序。

对每一个问题，我们都列出了“发展现状”评估，阐述了我们所能提供的最佳科学理解，同时也做了商业影响分析——侧重这些环境问题如何影响一个具体的公司和行业。当然，这一章是一个概要，而不是具体研究。

气候变化

概览

从对商业产生潜在的战略性影响这方面来说，没有哪个问题比大气层中温室气体的聚集更重大。在媒体报道中，这些问题都被笼统地列在“全球变暖”这个议题之下。然而，问题远远不只是气温的持续升高。我们所面临的问题被更精确地描述为“气候变化”。这一描述包括所有的气候问题，如海平面升高，降雨模式的变化，更严重的旱涝灾害，更猛烈的飓风和其他风暴，以及疾病的新传播途径（比如疟疾会随气候变暖传播到世界各地）。不是我们夸大其词，气候变化必将威胁地球的可居住性，这已是不争的事实。

一些怀疑论者认为这个问题背后的科学研究并不充分。那么让我们看看下面这些问题，哪些方面我们已经确知，哪些方面尚无定论：

1. 全球变暖是真的吗？
2. 是谁造成的？
3. 气候变化会对地球和人类产生什么影响？
4. 谁将受到最大的冲击？

对上述问题的简短回答是：1. 是；2. 人类；3. 动摇我们基本的生态系统；4. 主要是那些最穷困、最低洼、最热的国家，但是每个人都会受到严重影响。

全球变暖是真的吗？

让我们从已经知道的事实开始。首先，大气层中的温室气体，包括二氧化碳、甲烷，以及其他一些微量气体，把原本由地球释放出来的热量封锁在大气层之内。事实上，如果没有温室效应，地球温度将会太低而无法支持生命存活。

但是在过去的几个世纪里，人类已经大幅度提高了这种保温能力。大气层中的二氧化碳含量已从工业革命前的280ppm（百万分率）增长到2000年的380ppm（见图1）。从数字来看，二者似乎没有多大区别，但实际却不然——我们现在遇到的问题是史无前例的。取自北极的冰核样本显示，在过去的65万年间，温室气体的浓度从未超过300ppm——直到现代才突破这一水平。并且，这个数值很可能还会在未来的50～100年飙升到500ppm，甚至600ppm。

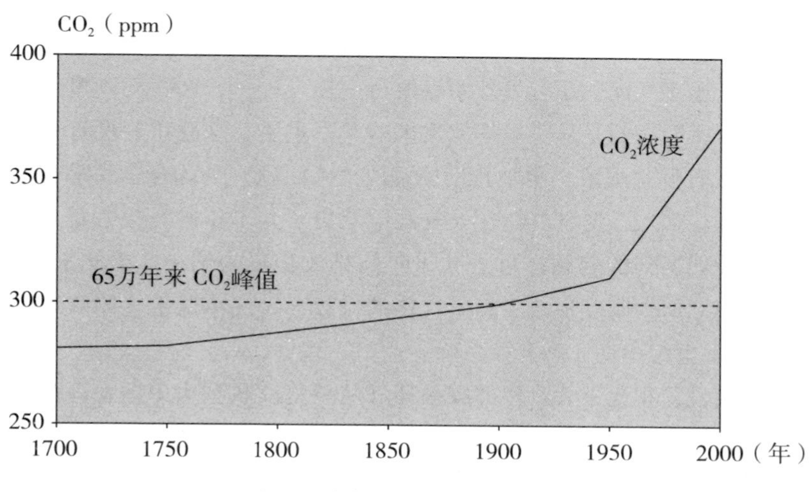

图1　大气中的二氧化碳浓度

资料来源：加州大学斯克里普斯海洋研究所二氧化碳研究小组。

科学界大多一致认为，这个变化是由人类活动造成的。关于气候变化的科学研究有没有不确定的地方呢？当然有。气候变化的速度、广度、影响的地区分布都有待讨论。但是科学期刊上关于气候变化的900篇经过同行评议的论文中，没有一篇反对“气候变化是真实存在并且需要提请政策上的重视”这一科学共识。正如《科学》杂志所说，“政治家、经济学家、记者以及其他人可能会存有这样的印象——气候学家之间有很多混乱、争执和不同意见，但这个印象是错误的”。

是谁造成的?

我们已经知道温室气体是从哪里来的。二氧化碳占温室气体的70%，它的排放主要源于化石燃料的燃烧，来自三大比例大致相同的部门：交通运输、住宅和商用、制造业。温室气体的第二重要成分是甲烷，主要来自天然气泄漏以及稻田和胀气的牛的排气（信不信由你）。其余的成分是一些微量气体的混合，例如氮氧化物。

关于温室气体，还有另外两点值得一提。第一，这些气体覆盖整个地球，所以它们是从哪里排放出来的并不重要。这意味着没有哪个国家（或者哪些国家）单独行动能解决这个问题，全球合作联手行动才是关键。第二，温室气体在大气层中聚集了几十年甚至数百年，所以今天我们遇到的问题是过去几十年间排放积累的结果。照此来说，即使我们立即大幅度地减少温室气体的排放，大气中温室气体的浓度也要到21世纪中期才会开始下降。

有人说，相比于大自然的碳循环（从植物腐败到火山爆发等都包括在内），人类制造的温室气体是很少的。从理论上来说，这是正确的，但实际上却偏离了正题：人类真正造成的后果，是让整个自然界失去平衡。试想，一个浴缸的水龙头和排水口同时打开，只要流出的水量和流入的水量相等，水就不会溢出来。但是哪怕只把水龙头再稍稍开大一丁点儿，水最终就一定会溢出浴缸。

我们也知道现在的问题是过去很多年积累的结果。发展中国家排放的温室气体量增加很快，不容忽视。但是，现存的绝大多数问题却是由发达国家，尤其是美国引起的，这一点也毋庸置疑。

气候变化会对地球和人类产生什么影响?

坦白地讲，没有人确切地知道气候变化究竟会有什么影响，不过已经有了一些不错的理论和预测可供参考。

气温升高。有史以来最热的10个年份中，有9个出现在1995年以后，而2005年是其中最热的一年。虽然平均气温的上升看起来并不太多，但这种变化更多表现为更频繁的极端最高气温值的出现。2003年欧洲的热浪吞噬了2.6万人的生命，而到2040年时，欧洲一半年份的夏天都会那么热。

海平面上升。全世界的冰层都在融化。这些年来，美国落基山脉的积雪已经减少16%，非洲乞力马扎罗山上的冰层则已减少80%。这些冰层（尤其是格陵兰岛和南极洲的冰层）融化的潜在后果，是海平面显著上升。很多低洼国家的大部分地区将被永久淹没，全世界的海岸线都会向陆地大幅后退。

暴风强度增大。早在卡特里娜飓风袭击美国海岸的一年前，《纽约时报》就报道说，科学家们普遍认为，气候变化正在显著地增大飓风的强度。关于某次超级飓风（如卡特里娜）是不是气候变化的征兆这一点尚不明确，但是，毫无疑问，随着海洋温度的升高，我们将会面临更猛烈的飓风和台风。

生态系统被破坏。随着气温升高，降雨模式改变，水文变化，什么东西应该生长在哪里，哪些物种消失或者繁盛等情况也发生了根本性的变化。枫树将无法在美国佛蒙特州生长。在不列颠哥伦比亚省和阿拉斯加，变暖的气候使松皮小蠹在这些它以前无法繁盛的地方恣意繁衍，使百万亩森林遭到毁坏。另据一些专家预测，美国中西部将会像大萧条时期那样受到旱灾的困扰，以致大幅降低美国的粮食生产能力。

人们流离失所，成为环境难民。卡特里娜飓风过后，新奥尔良的悲惨景象为我们展示了成千上万人突然被迫迁徙时所特有的混乱和痛苦。在未来的几十年间，我们可能还会看到这样被迫迁徙的人群，他们有可能来自北极的小村庄，也有可能来自像孟加拉国这类国家的大片区域，在这些地区，数千万人生活的地方仅高出海平面一点点。这些人将何去何从？

谁将受到最大的冲击？

那些没有能力应对大灾难的国家很可能就要遭殃了。地势低洼的国家，尤其是那些靠近赤道地区的低洼国家，面临着格外巨大的困难。那些最容易受到冲击的国家往往也是世界上最穷的国家，这将使潜在的后果变得更加悲惨。美国的一部分地区也存在风险。处于飓风带的低洼地区，包括美国东南部的很大部分，都将面临更强的风灾破坏和更猛烈的风暴潮的威胁。

商业后果

气候变化一直是一个政治上有高度争议性的问题，因为解决和不解决这一问题的代价都非常高。事实上，英国政府发布的《斯特恩报告》提出，如果不解决气候变化问题，可能造成约占全球国内生产总值（GDP）5%的经济损失。在更严重的情况下，损失可能高达世界经济产出的20%，相比之下，为避免气候变化的最坏影响而减少温室气体排放的成本可能每年仅占全球GDP的1%。温室气体与化石燃料的燃烧有关，所以成功地控制这些气体的排放，需要大家行动起来——不仅是地球上的每个企业，还有每个人。

上升的气温和更加难以预测的天气将会影响相当范围的生活和生产。降雨模式的改变可能会给农民带来毁灭性的灾难。滑雪胜地将会消失。更强烈的暴风雨将对地面和空中交通系统造成严重破坏。

某些行业已经深刻地感受到这种影响，比如保险业。自20世纪

50年代以来，由极端自然灾害带来的保费已经增长到过去的10倍。面对进一步的风险和不确定性，瑞士再保和慕尼黑再保等再保险公司，已经开始积极地推进应对气候变化的举措。

在直接的气候和温度影响之外，所有公司都要面对气候变化的间接影响，尤其是在控制温室气体排放的管理法规颁行之后。二氧化碳税和升高的燃料价格要求企业重新规划分销系统、供应商关系，以及商业运作的很多其他方面。对于航空公司、物流公司，以及所有需要大量运输的行业，运输工具的燃油效率将变得非常关键。那些依赖石油为原料的工业，例如化学制品和塑料生产商，将不得不重新考虑其原料使用策略。

在欧洲和日本，限制温室气体排放的法规已经颁行。大多数政治过程观察家预测，在未来几年内美国也会对碳排放实施限制。事实上，在一次能源公司高峰会议上，当通用电气公司的一名高管询问众多与会者，不管在布什政府之后哪个政党会胜出，有多少人认为关于温室气体排放的强制性上限将要实施的时候，几乎所有人都举起了手。

如此大规模的变化蕴含巨大的机会。消费者、团体和企业需要新的技术、产品和服务，以适应气候变化和一个限制碳排放的时代。很多精明的公司都推出了相应的生产线和商业创新来满足这些需求并从中获利。例如，当家庭和企业需要减少能源消耗时，像霍尼韦尔这样的公司就能提供精准的温控器与高效的暖气和空调设备。那些提供技术从源头减轻这个问题（例如提供不排放温室气体的能源）的公司，将会获利颇丰。同样，任何一家公司，如果能提供花费不多的办法，捕捉和保持二氧化碳而不让它排放到大气层中（这被称为“碳截存”），将很快赢得广大市场。

气候变化成为企业的重大议题

气候变化已经逐渐成为商业界有史以来所面临的最大的环保战略问题，其潜在的影响既广泛又持久。带着对气候变化的影响和法规限制的关注，重新思考公司战略的需求，已经迅速成为公司的重大议题。

能　源

概览

2005 年，雪佛龙 - 德士古公司（2005 年 5 月 9 日更名为雪佛龙公司）开始在各大主要杂志刊登整版广告，宣称“廉价石油的时代已经结束”。另一家大型石油公司的高管告诉我们，今后几年世界各地的石油产量将达到峰值。从地质学的角度来说，石油的开采一天比一天困难，花费也会越来越多。不管气候变化的相关法规能否使我们在短时间内避开石油原料的使用，但是底线已经很清楚：能源的前景将与它的过去完全不同。

与我们所列出的其他问题不同，能源问题并不完全是个环境问题。但是任何社会都需要能源，而且不管用什么方法生产能源，都将对环境产生破坏。化石燃料的燃烧显然会产生污染并且释放温室气体。即使像水力发电这类“清洁”能源，也会对环境产生影响，比如改变地表水的流向，阻挡鱼群迁徙等。

有人已经预言能源问题权威丹·尤金所说的“碳氢化合人”（Hydrocarbon Man）时代的终结。但另外一些人则反对这种说法。虽然众所周知，我们处在一个受到碳局限的世界，但是可以预见到会有新科技使人们能够有效处理二氧化碳和汞之类的危险污染，这样我们在未来仍能继续使用化石燃料。

很显然，未来的能源走向尚不明确，然而不管我们采取什么措施，都将影响每一个行业。仅举一例，目前，美国超过 2/3 的电力是通过燃烧化石燃料产生的——51% 来自煤，17% 来自天然气，3% 来自石油。随着能源需求的持续增长，尤其在快速成长的发展中国家，在可预见的未来，这类燃料的价格将会一直维持较高的水平。

这是坏消息。而好消息就是原油价格超过每桶 50 美元这个状况，改变了能源市场。可再生能源，如风能、太阳能、地热、生物源燃料、潮汐能逐渐表现出越来越强的价格优势。在某些地区，风能已经开始获得了显著的市场份额。尽管现在可再生能源的产量还很低，但是该产业的增长率是引人注目的。全球风力发电量每年增长 30%，太阳能发电量则每年增长 60%。与此同时，对核能的支持也在上升，甚至在一些环保阵营中也是如此，因为核能不会产生任何空气污染和温室气体。核电厂因安全性和核废料的原因，至今仍备受争议。但是能源的经济节约不仅能创造新的机会，而且也能使不同阵营的人达成共识。

一些能源评论者，以及像加利福尼亚州州长施瓦辛格这样的公众人士，已经将氢经济的到来视为解决能源和气候变化问题的双重解决方案。但是氢其实是一个储存和输送能源的方式，并不是一个能量来源。作为汽车的燃料，氢的确可以保证在当地的零排放，是城市的福音。然而当人们从水中分离出氢的时候，还是要用电。只有当用来分离出氢的电能是来自无排放的可再生能源，如风力或水力的时候，氢才可以真正实现零排放。氢可能是未来重要的能源之一，但是要想有一个大众能负担得起的转换、传输和运送氢的系统，还要等待多年。

商业后果

不可避免的是，正在变化的能源图景会产生新的竞争压力。对于能源消耗大户，例如重型制造业或运输业，资源和能源效率可能会成为一个主要的战略优势。在能源涨价几乎已成定局的情况下，节能的动力将会提高，针对提高能源效率的投资将获得令人满意的回报。公司在销售产品和服务时，如果承诺能改善能源效率，就能赢得市场份额。比如，汰渍推出了一款冷水洗衣粉，宣称因为可以不用温水洗衣，所以能大幅节约能源。

人们对可再生能源的需求也在增加。美国很多较大的州，包括加利福尼亚和整个东北地区，都要求市政供电的一定百分比为可再生能源。一些公司在没有法律要求的情况下，也主动跟随。微处理器厂商AMD承诺，它将为所有在得克萨斯州奥斯汀的设施用电购买10年的可再生能源。星巴克、联邦快递金考（FedEx Kinko's）、强生等不同类型的公司也都有5%~20%的能源为可再生能源。更引人注目的是沃尔玛公司，它承诺100%使用可再生能源。

当大大小小的风险资本公司都预期未来能源状况会与过去大为不同时，它们开始对替代性能源公司进行狂热的投资。硅谷的主要投资公司，包括著名的克莱纳珀金斯（Kleiner Perkins）已经推出“清洁科技基金”，主要用于投资可再生能源。风险资本投入这类基金的比例飞速攀升（见图2）。总体来说，这个环境投资市场将会非常大：联合国的一份报告指出，今后10年投入清洁科技的资金将高达数万亿美元。从太阳能电池到风力涡轮机到氢动力汽车，企业家们正努力把自己的解决方案变成未来能源的来源。和所有的新兴产业一样，这些开拓性业务并不是都能成功，但是，其中有一些必定会赚大钱。

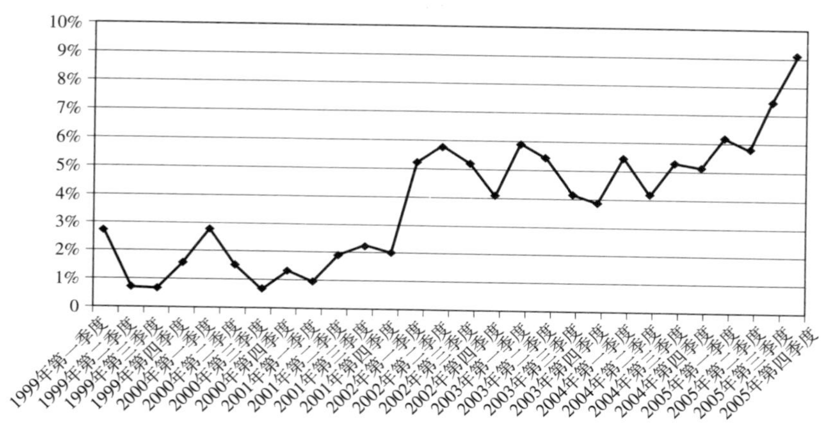

图2　风险资本投资清洁科技的比重（美国和加拿大）

资料来源：清洁科技风险投资网络，2006 年。

水

概览

水是生命的根本，也是农业和工业生产的基本元素。全世界的公司现在都面临水资源短缺的问题。膨胀的人口和不断增长的经济给干旱地区的资源带来越来越大的压力。即使在水资源相对充足的地区，水污染也越来越成为人们关注的问题。对于企业来说，这些问题使水资源在数量和质量上都出现了挑战。

水质

在全球各个地方，你都能看到政府和全社会越来越关注对饮用水的保护。在美国和其他发达国家，水质在过去的几十年内普遍得到了提高。以前那种水道严重污染，甚至像 1969 年克利夫兰市的凯霍加河起火的情况，已经久不复见。

但是，现在水资源仍然受到工业和农业排放的威胁，以及来自采矿作业、建筑工地，甚至草坪的污染。全世界的政府都在不断责成企业避免向江河排放污染物。企业必须制订计划来应对越来越严格的污水处理标准。

在发展中国家，有90% ~95%的生活污水和70%的工业废水未经处理就直接被排入河流、湖泊和海洋。保护珍贵的水资源已经成为各个国家的重要议题。

水量

《千年生态系统评估报告》估测目前有20亿人面临水资源短缺，这是全球干旱地区的主要问题。这个问题的本质就是简单的供需失调。地球是一个封闭的系统，所以洁净水的供给基本上是固定的。但是人口的膨胀和灌溉量增长使水资源的需求不断上升。实际上，农业生产用水占了我们总用水量的70%。在很多地区，人类的用水量已经超出自然降雨循环的供给量，不得不抽取地下水，其后果就是地下水（地下蓄水层）水位降低。位于美国8个州部分地区下方的巨大的奥格拉拉地下蓄水层，其储水量比休伦湖还多，但正在被迅速消耗。

在中国，水资源短缺问题已经相当严重。数百个城市在几年内都将面临严重的水资源短缺问题。中国主要产麦区的地下水位已经大幅下降。仅在2000—2003年，粮食产量就下降了7000万吨（相当于整个加拿大的粮食总产量），这导致了食品价格上涨，部分人群难以负担。

水资源短缺问题很可能被低估了。人们越来越认识到人类的直接用水并不是唯一重要的因素。自然界同样需要为动植物的生存提供水源，进而间接地供应人类生存。有时人类的需求和生态需求之间的冲突会很严重。2002年，俄勒冈的克拉马斯河中有超过3.4万条切努克鲑鱼和银鲑鱼死亡，原因是人们为了灌溉而过度抽取河水，导致河流水位大幅下降，以致鱼群无法生存。

---

10 秒钟入门：湿地

企业关心的另一个新问题是湿地保护。在“糟糕的过去”(1989 年以前)，美国陆军工兵部队会消灭他们所谓的沼泽地，以阻止疾病传播并防止洪涝。现在我们则把湿地看成是供养生命的重要生态系统，以及植物和动物的生存环境。对于人类来说，湿地可以过滤污染，控制风暴潮（新奥尔良地区湿地的消失是2005 年大洪灾肆虐的原因之一)。现在公司必须仔细地管理其土地资源和一切开发计划，特别应注意保护湿地。

商业后果

企业必须预测到将来会受到更加严格的用水监督。那些被认为用水量过大或者导致水质恶化的企业，将会面临政治抨击、公众谴责、更严格的监管，甚至法律制裁。

对于可口可乐来说，它处理水的方法和它的经营执照密切相关。在印度的喀拉拉邦，地方政府出于对过大耗水量的担心，下令关闭了可口可乐的灌装厂两年之久。可口可乐并不是唯一的案例。很多公司都需要用水，它们也开始越来越主动地应对这个问题。正如联合利华在环境报告中指出的，“与消费者共同努力，制定负责的用水原则，显然关系到公司的长期利益……因为如果没有洁净的水源，我们的很多名牌产品都将无法使用”。简单来说，如果没有水，人们就无法用联合利华的洗衣粉洗衣服。

对于水质的担心是一个全球化的问题，而并不是富裕国家所独有的。关于这个问题，问一下智利赛路罗撒阿劳科（Celulosa Arauco）纤维公司产值14亿美元的瓦尔维迪亚（Valvidia）纸浆工厂的经理就知道了。过去，未经处理的废水被直接排放到工厂附近的一片湿地，这没有造成很大问题。但是当公司的废水和数千只天鹅的死亡牵连在一起时，事情就没那么简单了。政府下令关闭工厂一个月，工厂损失超过1000万美元。悲剧还不止于此，一大批经理，包括首席执行官和环保经理被降职或解雇。最后，公司不得不继续关厂两个月来解决问题。

可口可乐、联合利华和很多其他在发展中国家运营的公司正在努力控制风险。从积极的一面来讲，那些能够为水资源问题提供良好解决方案的公司将在当地赢得青睐。有些公司甚至因为找到新的商机而获利。在过去的几年中，主要通过并购，通用电气建立了一个产值数十亿美元的水资源基础设施产业。通过这项投资，通用电气致力于“解决世界上最迫切的水资源再利用问题，包括工业用水、灌溉用水、市政自来水以及饮用水的需求”。通用电气已经清晰地认识到绿色浪潮的到来，并准备驾驭它。

生物多样性和土地使用

概览

“我们的身体健康以及环境和社会的健康，有赖于自然界提供的生态产品和服务的多样性。”这是绿色和平组织的宣言吗？不，它来自矿业巨头力拓公司。

生物多样性，是一个关于我们周围动植物谱系的统称性术语，它保护我们的食物链和所有生物赖以生存的生态系统，也为开发新药、新食物，以及从新发现的物种中衍生出来的其他产品保留可能性。从本质来说，生物多样性是很难计量的，但是人们越来越把它当成一种重要的自然资源，全社会必须像对待其他自然资源一样对其加以管理。据一个卓有声望的研究团队估计，每年生物多样性和生态服务带来的产值将高达数万亿美元。

萎缩的信号

生物多样性的缺失到底有多严重？联合国《千年生态系统评估报告》确认了这样一个科学假设：当今的物种灭绝速度已经是地球历史上平均灭绝速度的1000倍。生物学家告诉我们，在过去的50亿年间，地球共经历了5次大的快速演变和物种大清洗的动荡时期。我们现在已经进入第六个物种大灭绝时期，不过这次是人类自己造成的。

最重要的问题是人类发展的模式往往导致自然生境的破坏。有毒化学物质和污染物也扮演了重要的破坏角色，气候变化的影响越来越大。有证据显示，很多种蛙类即将灭绝——生物多样性的危险信号——就是因气候变暖造成的。

据权威生态学家估计，仅仅一代人的时间里，地球上1/4的植物种类都会在某种程度上陷入灭绝的境地。我们在有生之年就能看到北极熊、很多大型猫科动物（包括威风凛凛的老虎），以及数百万种不太知名的物种的末日。有些人可能觉得，为某些昆虫和微生物的灭绝而担心是可笑的。事实上，这些物种在整个复杂的生物网络中扮演着非常重要的角色。一个并不可笑的笑话是，昆虫和细菌离开人类也能自得其乐，但是人类离开它们就无法长久存在。

一个相关的问题是非本土动植物的引入。这些“入侵”物种，通常是贸易和运输的结果，会威胁当地的生态系统，影响当地的野生生物，并且导致数百万（甚至数十亿）美元的损失。例如，五大湖区的斑马蚌堵塞水管并毁坏船只。美国国会研究员估计在20世纪90年代，光是电力工业就为这些软体动物付出了超过 30 亿美元的代价。

土地使用

生物多样性萎缩的一个重要原因就是生存环境的丧失。人口增长导致的土地加速开发和生活水准的提高，对生态系统造成压力似乎是无法避免的。但是我们选择的发展方式往往使情况变得更加糟糕。郊区不断扩大，但不注意保护公共空间，已经使生态系统变得支离破碎，高速公路堵塞，人类和动物的生活质量都在降低。在发展中国家，这个问题有所不同，但并不是更和缓。它们的压力主要来自土地转变为农业用地，以及“刀耕火种”式农业。全世界贫困人口的生存问题确实很重要，但是以丧失生物多样性为代价却得不偿失。

随着公共空间的萎缩，环保主义者开始向政府施加压力，希望通过开辟新公园来保护野外生境。一些企业贡献了土地和资源来支持这种努力。沃尔玛，为了改变“第一扩建大户”的形象，推出了“美国土地”行动。公司承诺根据其扩张用地的大小（超过 13 万英亩①），保留一块同样面积的土地（作为动植物生存环境），以补偿它占用的土地。这个行动无论如何也不能算是完全的环保战略，但对于一些社会团体关于沃尔玛吞噬土地的质疑，是一种有效的回应。

商业后果

很多公司都面临着扩建的压力。人们逐渐认识到必须谨慎地进行土地规划，以避免运输系统的崩溃和生活品质的降低。那些在美国人口稠密地区（如弗吉尼亚州北部、佛罗里达州、亚特兰大大都会区、加利福尼亚州以及整个西南地区）发展的公司，无可避免地要担忧如何把它们的产品甚至员工运到需要的地方。

---

① 1 英亩≈0.004 平方千米。

无论公司把工厂或仓库建在哪里，全社会和政府都需要更谨慎地考虑企业对生态系统的破坏。那些使用土地十分集中的行业，如房地产、采矿业和采伐业，将会面临更严格的监督（在第六章，我们将会看到力拓公司积极地应对生物多样性问题以降低企业风险并获得新土地的回报）。

除了制药业需要从动物或植物萃取新的化合物制药之外，管理生物多样性的好处并不是那么确定，此类案例也比较少，但其潜力却是巨大的。数十亿年的演化使自然界有很多令人瞠目的成果值得人类科技效仿。例如蜘蛛丝，有 5 倍于钢丝的强度并且具有弹性。一张蜘蛛网——如果足够大——甚至可以阻挡住一架正在飞行中的喷气式飞机而不会破裂。

因此，我们就不会奇怪有些公司正悄悄地研究动植物，以了解企业能从它们的生活方式中学到什么。当因特菲斯地面装饰公司派设计师去森林里研究自然界是如何“装饰”地面的时，他们发现自然界的纹理惊人地相似，但却没有完全重复的。于是公司抓住这个灵感创造了一个新系列的块状地毯，每一块上都有不同的设计，按任何顺序铺在地上都能组成一个有机的整体。这种自然的面貌降低了生产成本并提高了安装速度。这个新的地毯品牌，被称为“熵”（Entropy），已经成为因特菲斯有史以来最热销的产品。

从经济学的角度来看，虽然生物多样性和自然生存环境的经济效益很难准确量化，但它们确实有很高的价值。比如，森林不仅为我们提供木材，还可以净化污水，降低洪涝灾害。我们看到公共部门和民间机构对于设法计算自然界所提供的“生态服务”的价值越来越感兴趣。即使没有精确的计量，一些政府也开始采取行动了。中国已经禁止在经常发生洪涝灾害的地区采伐树木。中国人明白，避免洪灾比采伐森林带来的收益要高。纽约市没有投资 40 亿美元建立污水处理厂，而是花了 6 亿美元购买卡兹奇山的土地来让大自然自动净化污水。

民间机构也采取了相应行动。法国佩里埃矿泉水为了保持水质纯净，资助植树造林以保持水土的活动，并且向水源地附近的居民支付酬金，以便让他们转向有机农业。

最后，控制入侵物种的努力得到了加强。在政府强制要求控制这类问题的政策下，从亚洲天牛到斑马蚌，这些“偷渡客”的开销必定会被加入所有需要进行国际运输的公司的运费。

化学物质、有毒物质和重金属

概览

造成空气污染（各种形式的污染）的各种成分中，最危险的是有毒元素。接触二噁英（造纸等工业过程的副产品）之类的化学物质，以及铅汞之类的重金属，可能会对公众健康造成严重威胁。出于对癌症和可能的畸形胎儿的恐惧，美国和欧洲这些严格奉行预警原则的国家和地区，都出台了严格控制化学品的法律。

欧盟化学品管理新法规 REACH（化学品注册、评估、授权与限制指令）规定，制造商必须证明它使用的每一种新的和旧的化学品都是安全的，而不是由管理部门来做这件事——把举证责任颠倒了。虽然这项法律尚在争议中，但是考虑到公众对更高程度保护的支持，它很可能会正式出台。

10 秒钟入门：预警原则

预警原则是指在不确定的情况下以安全为重，这是欧盟环保管理的核心思想。“宁要安全，不要遗憾”似乎是很多人的共识。不过，有些人也指出，预警原则在实践中可能会倾向于固守现状。并且，它也可能会阻碍创新，或被贸易保护主义者利用，成为现有制造商避免遭受新兴企业竞争的保护伞。

围绕有毒物质的相关法律责任可能是无上限的。很多年前，科学家们就已经知道接触石棉是危险的，但是法律规范最近才跟上科学家的步伐——法官和陪审团宣判生产石棉的公司需给予巨额损害赔偿。70多家公司都面临破产，其中包括一些老牌企业，如佳斯迈威（Johns Manville）和格雷斯公司（W. R. Grace）。

未来几年，新的风险很可能会跟随石棉模式成为企业主要的法律风险来源。杀虫剂、洗涤剂以及塑料等任何产品中的化学物质都有可能改变人和动物体内的激素水平，进而干扰生殖、生长、免疫等生命过程，干扰内分泌系统。人类正越来越多地关注和研究这些化学物质是如何影响人类的。一个明显的迹象是，医学杂志上研究激素类药物对健康影响的文章数量显著增多，从1990年的每年200篇上升到2002年的每年1000篇。

另一个相对较新的关注点（至少在美国如此），是一种叫作多溴化二苯脂的阻燃物质。出于公众安全的原因，这种化学物质被使用到包括电子产品和纺织品在内的广泛的商品领域。我们现在知道多溴化二苯脂是一种可能会影响学习和注意力的神经毒素，可以通过母乳喂养传播。针对母乳的研究显示，美国妇女的母乳中多溴化二苯脂的浓度比那些禁止使用该物质的地区高20～100倍。加利福尼亚州决定从2008年开始禁止使用多溴化二苯脂。

重金属

对于铅的科学研究已经非常明确，这种金属能够造成大脑损伤，使孩子出现严重的发育问题。把铅从人们能接触的途径（如汽油、涂料、水源系统等）中驱逐出去，已经成了公众健康取得巨大胜利的一个重要案例。很多国家的政府现在正在用硬性规定规范汞、镉和其他重金属的使用。

一个特别令人担心的问题就是煤炭燃烧时排放到空气中的汞。这种气化汞飘落在水中，并由此进入鱼类、食品和人类体内。整个美国拥有超过600家燃煤发电厂和几千个规模稍小的锅炉。环保活动家正在向美国环保局施加压力令其采取行动，在未来的几年内，一定会出现更严格的汞排放标准。

美国环保局鱼类顾问警告大多数敏感人群，例如孕妇和儿童，对于某些特定的鱼类，连中等量都不要摄入。汞是其中一个主要原因。对汞的担心是有道理的。纽约的西奈山医院和爱因斯坦医学院的一项共同研究指出：每年有63万名儿童，因母亲产前接触汞，从而影响大脑功能，并出现发育问题，仅此一项就使社会花费87亿美元。有10%～20%的美国育龄女性血液里的汞含量超过美国环保局的健康标准。

商业后果

当今企业必须对其产品和生产过程提起高度重视。含有有毒物质和重金属的产品将会面临特别的法规门槛。如果不认真遵守这些规则，企业将会招致祸端——就像索尼的PlayStation游戏机遭遇圣诞节噩梦一样。管理生产过程中的化学物质（包括丢弃有毒垃圾）的代价也可能相当高。有毒物质可能会让企业在各个方面都增加花费，比如，仅处理污染物就可能花很多钱。

谨慎跟踪化学物质的使用，准备好重新设计产品和流程以减少不必要的有毒物质的使用，往往是一项很好的投资。例如，计算机和打印机巨头惠普公司在相关法规可能出台之前，就移除了自己产品上的阻燃剂。

此外，人们也越来越担心接触化学品是否导致罹患某种疾病，或导致出现某种状况（尤其对儿童来说）的概率增高。自闭症、儿童癌症，以及某些特殊的过敏是否和有毒物质有关？也许现在的医生比过去更有能力诊断这些状况，但一些父母担心我们食物中的化学物质可能也是原因之一。如果这些父母变得情绪激动，公司和政府就会受到更大的压力，从而更严格地对化学物质进行管理。

即使潮流驾驭者，也可能犯错

化学物质和有毒物质是一个复杂的问题，很难正确把握。如果处理失当，甚至可能导致可怕的后果。杜邦公司就因为忽视全氟辛酸铵的危害而被罚款。全氟辛酸铵是被用来制造特富龙的一种化学物质。2004 年，公司同意缴纳一亿多美元和解金以平息关于全氟辛酸铵污染俄亥俄州和西弗吉尼亚州饮用水的一次集体诉讼。公司同样受到美国环保局的指控，称它刻意隐瞒关于化学物质安全性的信息。杜邦花了1 600万美元来平息这项指控。尽管全氟辛酸铵并没有受到明确的法规禁止，但杜邦还是决定不再继续这场法律战争，因为这件事对公司声誉的负面影响已然形成。

企业生产和使用有毒物质或重金属的法律责任是相当大的，那些明知故犯的企业必将承受更严厉的道德舆论的谴责。这就是为什么化妆品巨头露华浓和欧莱雅同意把一种叫作邻苯二甲酸酯的化学物质从化妆品中去除。

从正面来看，我们发现了新的商机，就是顺应不断增长的健康替代品的需求——无论是食品还是化妆品。全食超市——为追求健康的人们提供新鲜的有机食品的领头企业——是全美增长最快的超市集团之一。过去的小众市场，现在则异常火爆。

空气污染

概览

不久前，因为空气质量太差，洛杉矶的出行者无法看到前方第六个交通灯标志。现在，尽管还算不上完美，美国的空气质量已经好多了。过去的30年间，美国、日本和欧洲对工厂、汽车以及其他排放源制定了严格的排放标准，已经大幅降低了空气污染水平。我们都可以呼吸得轻松些了。

空气质量的好转同样也使生态系统受益，像美国东北部在20世纪80年代曾经饱受酸雨之苦的森林和湖泊就因此受益。环境政策的一个极为成功的案例，就是美国二氧化硫的排放显著减少了。1990年，由老布什总统签署的《清洁空气行动修正案》，为企业建立了一个可以自由买卖二氧化硫排放许可的市场。这个项目获得了出人意料的巨大成功。大气中的二氧化硫浓度降低到以前的一半以下，而只用了原来预计花费的一小部分。

但是，世界上还有很多地区的空气不那么干净，对于患有呼吸道疾病（例如哮喘）的人们还是有很大的健康威胁。欧盟委员会估计空气污染造成欧洲30多万人早逝，因损失工作时间造成的经济损失达

1000 亿美元。

在发展中国家，室外空气污染仍然是个很严重的问题，而室内空气也好不了多少。室内空气污染主要来自明火取暖和做饭，对人的健康会造成严重威胁。在发达国家，室内污染主要来自家具、地毯和涂料释放的化学物质，这些也是造成“病态建筑综合征”的原因之一。

商业后果

各国对于气体排放的监控仍然会十分严格。在发达国家，控制标准和执行将会更加苛刻，在发展中国家则会有实质性的加强。那些可能会造成严重空气污染的企业必须准备迎接这个变化。像水泥制造这类重污染行业毫无疑问是首当其冲的。比如，拉法基公司已经与日内瓦的世界企业可持续发展委员会一起，带领全行业开始了重大的可持续发展行动。

由于影响空气质量的因素比较容易理解，空气质量问题就牵涉很多不同种类的企业。以前只针对大企业的规则现在也开始用来规范小型企业。此外，那些生产室内用品时使用化学物质的公司也受到了顾客的质疑。潮流驾驭者赫曼米勒公司之所以每年花 25 万美元来检测它的办公家具是否排放有害气体，其中一个重要的原因就是它听到了来自市场的声音。

废弃物处理

概览

在 20 世纪 70 年代，“禁止污染”的信息和电视上那个大声呼喊的印第安人的形象曾经唤起了公众对垃圾和废弃物问题的警惕。一时间，所有人都开始为垃圾担忧。一代人成长起来之后，我们发现有太多的垃圾需要循环利用，并且取得了显著成效。如今，在美国，各种废品的回收率大约是：玻璃 20%，纸类 40%，铝制品 50%，钢铁 60%。其他国家的回收率也大致相当，甚至更高。瑞典的玻璃和铝制品的回收率达 90%，日本的钢铁回收率达 86%。

然而来自工厂、办公室和住宅的废品仍然是一个棘手的问题。从总量来讲，其中大部分是固体废弃物——办公室和住宅的日常工作生活材料，通常的处理方法是焚烧和填埋。尽管有毒垃圾的总量不太大，但是处理起来却更困难。在绝大多数发达国家，有一个明晰的系统要求对有毒废弃物进行极其详细的追踪，通常是“从摇篮到坟墓”。的确，不对有毒废弃物进行追踪将会导致严重的犯罪。在美国，因为不恰当地处理危险废弃物而入狱的人比因其他环境问题入狱的人多。

一个新的问题是，我们怎样处理自己的废旧电子产品。这些电子垃圾已经成为国家和企业的负担。每一台旧电脑中都有将近 4 磅①的有毒材料，包括一伙臭名昭著的坏蛋：阻燃剂、铅、镉、汞等。仅在美国就有三亿台电脑等待报废，由此可见有毒废弃物的数量之大。

商业后果

当下很著名的商业主张“减少、再利用、再生”（Reduce，Reuse，Recycle，简称“3R”）背后的意义是什么呢？我们看到了三个重要问题。第一，主要是法律层面的，没有哪个企业能承担得起随意丢弃危险废弃物的后果。对此的惩罚，无论是管理者可能入狱，还是数百万美元的罚金，都很难承受。

第二，减少废弃物能够节约开支。如果企业少产生一些垃圾，就能节约填埋垃圾的费用。处置危险废弃物的花费可能是处置普通垃圾的 10 倍。很多潮流驾驭者已经通过重新设计产品和生产流程，并增加回收利用，大幅降低废弃物数量。家具制造商赫曼米勒甚至给自己

① 1 磅≈0.45 千克。

设立了一个“零掩埋”废弃物的目标，并且坚定地认为这个目标可以实现。这是一个里程碑式的壮举，并不是每家公司都能做到。但是很多公司都可以通过少产生垃圾来节约大量开支，这不仅仅是因为它们不用经常去垃圾场了。太多企业把有用的东西都扔掉了，如果它们能好好利用这些物料，不仅能节约资金，还能节省材料。

10 秒钟入门：超级基金

在老工业区，清理堆放危险废弃物的垃圾场仍然是一个很大的难题。据美国环保局估计，全美 1200 个超级基金污染场（superfund sites），需要在未来 30 年，花费 2000 亿美元才能清理完毕。看过电影《公民行动》的人都知道，《超级基金法》的条款规定，任何在这些垃圾场倾倒废弃物的人，都必须承担清理废弃物的费用，哪怕这些废弃物当初是合法地被丢弃在这里的。试图逃避负担清理费用是很难的，不恰当地处理超级基金问题的罚金可能相当高。

第三，新的“生产者责任延伸”（extended producer responsibility）法规强令某些行业，诸如电子行业，不要设计某些有害的元件，或回收它们的产品后自行处理废弃物。这在欧洲比较盛行。预期到这种法规将要全球施行，聪明的企业开始设计回收程序。例如，诺基亚注意到这类法规的出现，所以在法规落实之前，制订了一个全面的应对计划。

除了降低费用和风险之外，企业也在寻求有利商机——从循环利用中获利的机会。《财富》杂志前100名快速增长的企业，包括两家用废弃金属材料炼钢的企业，施尼策钢铁工业公司（Schnitzer Steel Industries）和钢铁动力公司（Steel Dynamics），属于非常有发展潜力的“旧经济”。一些较大的企业正努力排挤这些小型的回收企业，以便把价值链末端的利润留给自己。施乐公司回收硒鼓的部分原因也是防止其他商家再填充和再出售。

在某些行业，回收利用能减少企业对我们列出的几乎所有环境问题的“贡献”。比如铝的生产过程，是当今世界污染最严重和最消耗能源的生产过程之一。更多地回收铝，意味着对原始矿石的更少需求，更少的冶炼，更少的开采。这些“更少”进一步意味着排放更少的温室气体，更少的有毒物质在采矿过程中泄漏，并减少了土地消耗和对生物多样性的破坏。简而言之，铝制品行业的回收利用在很大程度上减轻了空气、土壤和水资源的压力，这对于所有人来说都是个双赢的解决方案。

臭氧层

概览

20世纪80年代有一条轰动世界的新闻——保护地球的臭氧层在南极洲上方出现了一个空洞。元凶是一系列被称为氯氟烃（俗称“氟利昂”）的化学物质，它们分解了平流层的臭氧。与气候变化类似，臭氧层的破损是一个无可回避的全球问题。氯氟烃的释放来自世界各地，没有哪个国家能独立解决这个问题。

臭氧层变薄，使地球也变成了一个更危险的地方，农业生产力下降，罹患皮肤癌的风险增大，还会导致其他健康问题。美国环保局的一项调查显示，在21世纪，1.5亿皮肤癌患者中有300万人面临死亡，这将造成6万亿美元的经济损失。发现臭氧层空洞的事实及其背后坚实的科学理论依据，引发了全球广泛的回应。1985 年，22 个国家（代表全世界大部分制造氯氟烃的国家）签订了《维也纳公约》，来解决这个问题。两年后，这些国家和另外 20 个国家把《蒙特利尔议定书》加入该公约，同意逐步停止氯氟烃的生产。虽然这样严格的法规看起来是企业的一个负担，但是在第四章，我们将会看到杜邦公司开发出氯氟烃的替代品，于是大力宣扬这些法规，以便在变化的市场中赢得竞争优势。

《蒙特利尔议定书》和其后的修正案可能是全球环境法规最大的成果。即使最顽固的悲观主义者，也认同我们在这个问题上已经取得实质性进展，臭氧层空洞已经停止扩大。如果目前的排放限制继续实施，臭氧层空洞会在 2065 年之前消失。

商业后果

国际上已经禁用氯氟烃和相关化学物质，很多行业都不得不寻找替代品，以便用于气雾剂、溶剂、冷却剂和清洁剂。但是有些替代品也被发现会对臭氧层造成危害，同样被禁用了。一些被国际公约规定阶段性禁用的化学物质有非常重要的用处，但是却没有替代品，所以争论仍然存在。最广为人知的是，美国政府曾经争论说，尽管农场中用作熏蒸剂的溴甲烷会破坏臭氧层，但是不应当被禁用。

海洋和渔业

全世界海洋的能力一度被认为是无限的，无论是从捕鱼还是倾倒垃圾的角度来说。即使如此巨大的包容度，人类也超出了它的限度。正如联合利华发现的，海洋中的鱼类储量已经急剧下降。全世界 3/4 以上的渔场都被过度捕捞，超过了可持续发展的限度。简而言之，我们捕鱼的速度已经超过鱼群的繁殖速度。巨型渔网在海洋中扫荡，以令人惊骇的效率捕捉所有游动的生物，而传统的拖网渔船现在也都配备了复杂的感应器以找到过去渔民找不到的鱼群。鱼类已无处藏身。

海洋生存环境也遇到了麻烦。全世界约20%的珊瑚礁死亡，更多的珊瑚礁也濒临危险的边缘。不过，海洋最终还是其他环境问题的一个重要指标。气候变化成为珊瑚虫的杀手，空气中的污染物溶入水道，农田径流汇入河流再流进大海。在墨西哥湾，我们已经制造一个没有海洋生命存在的死亡地带。在密西西比河口，化学物质和肥料已经杀死面积超过整个新泽西州的大片海域内的所有生物。

商业后果

海洋生物的死亡对于大多数行业是个问题吗？可能影响并不直接。但是对于那些生计上依赖海洋捕捞、海上娱乐和观光的人来说，渔业的萎缩可能是非常严重的问题。对于所有吃鱼的人来说——鱼是世界各地人民主要的蛋白质来源——这个问题将会非常直接。正如我们以前提到的，联合利华对此的反应是，着手增加那些保护鱼群总量

北大西洋渔业崩溃

20世纪90年代，北大西洋纽芬兰鳕鱼、黑线鳕鱼、比目鱼等鱼类的商业捕获量锐减95%。从1994年到2002年，仅英国一个国家的捕捞业产值就下降了三亿美元。联合国粮食及农业组织估计，以可持续的方法管理渔业，能使收入增加160亿美元。

的认证渔场。其他解决方案也逐渐出现，比如增加渔场数量。

森林砍伐

概览

森林砍伐在美国应该不是个很严重的问题，全美大部分地区的森林覆盖率都在增加，但如何采伐树木仍然是个问题。皆伐法（clear-cutting）会破坏自然景观，导致水土流失和水源污染。采伐原始森林会破坏宝贵的动物生存环境，并招致舆论的抗议。虽然一些欧美木材公司已经明确意识到认真管理林场的必要性，但世界上其他的公司却还没有意识到。

一些南美和亚洲国家（比如印度尼西亚）砍伐森林的行为几乎没有任何减缓。砍伐树木只是其中的一个问题。另一个重要的问题是土地转换（“毁林造田”的一个好听的说法），把森林转换为农业用地和畜牧业用地，用以解决不断增长的人口的吃饭问题以及对肉类食品越来越多的需求。尽管我们一直在植树造林，每年还是要减少数百万英亩的森林资源。1990 年至今，我们毁灭的森林面积已经相当于得克萨斯州、加利福尼亚州和纽约州面积的总和。用欧洲国家的面积来衡量，毁林面积比西班牙和法国两国的国土面积总和都大。

商业后果

任何使用木材、纸制品，甚至是包装纸箱的企业都与我们的森林现状有着利害关系，并对其负有责任。15 年前，麦当劳首先意识到垃圾是个问题，于是，它开始和一个纽约的民间组织——美国环保协会合作以减少包装。现在环保活动家已经把目光投向了不那么显眼的使用者。产品目录印制者要担负以前从未想过的责任。维多利亚的秘密品牌的所有者——有限品牌公司（Limited Brands）面临着对它用纸来源的强烈抗议声，起源是一系列精心策划的广告透露该公司有着“肮脏的秘密”。

多年以来，没有大烟囱，也没有其他明显环境影响的服务行业一直很少有环境方面的担忧，然而现在情况也发生了变化。稍后，我们会看到一些大公司如何团结起来共同应对纸品使用这类问题。其中包括很容易想到的公司，如史泰博公司，还有一些出人意料的公司，如美国银行和丰田。

其他需要注意的问题

环境问题是无法一一归类的。某些问题对一些企业是致命的，但对于其他企业的影响却微乎其微。然而，所有公司都需要对快速变化的情况及其对周围环境的影响保持警惕。为了让这份检查清单更加全面，下面还有一些附加的问题需要注意。

食品安全

对于生物恐怖主义（bioterrorism）行为和食品及水源安全的担忧在一些人心中变得越来越重要。要求在农业生产中减少化学物质使用的消费者也快速增多，对有机食品的需求猛增，但最具潜在危险的问题恐怕还是转基因生物。很多消费者，尤其是欧洲的消费者，认为转基因生物会使食品更加危险，或者当我们试图“造物”的时候，会面临一些无法预测的问题。到目前为止，几乎没有什么证据证明转基因食品会造成健康问题。然而，我们现在面临的现实是，利益相关方的想法与事情的真相同样重要。我们会在后面的章节讨论这一点。

辐射

虽然人们对于意外事故或者因核废料处理不当造成的辐射依旧非常恐惧，但无污染的核能仍可能是解决气候变化问题的一个方案。很多人也对用辐射方法杀菌持怀疑态度。举例来说，进行食品照射对防止食品腐败非常有效，但是“辐射”这个词和“食品”放在一起，会让很多人感觉不舒服。

沙漠化

世界上的一些地方，沙漠范围正在扩大并逐渐侵蚀人类居住区。造成这一问题的可能原因有：不恰当的土地使用，过度开发，以及地球自身慢慢变暖变干。虽然沙漠化的影响尚无法预测，但是可能影响深远。2002 年，韩国首尔的一些学校因为沙尘暴停课，这次沙尘暴来自中国正在逐渐扩大的沙漠区，距离首尔 750 英里。

管理这些复杂问题的工具：通过 AUDIO 分析发现问题

企业需要关注的环境问题的范围可能非常大。在进入制定公司环保战略程序之前，所有行业都需要开发一个“问题地图”。在最开始，我们建议着手进行 AUDIO① 分析。

这项研究的目的在于帮助你“倾听”你的经营业务，从上游到下游审视价值链，发现风险和机遇。首先从列表开始，把我们所列出的十大环境问题放在表格的一列，其他几列分别为状况、上游、下游、问题和机会（见表 2）。

---

① AUDIO，即 Aspect（状况）、Upstream（上游）、Downstream（下游）、Issue（问题）、Opportunity（机会）的首字母缩写。——编者注

环保优势的关键

环境问题不容忽视。的确，在某些问题上情况正在好转，但越来越大的威胁肯定会改变传统的商业模式，甚至改变我们的生活方式。问题的范围极其广泛。一些问题，如气候变化和水资源问题，将是社会各界最重要的议题。其他问题，如有毒物质，会使某些行业更受打击。面对这些不同的压力，企业必须随时掌握重大问题，了解科学进展，并且清楚问题会影响价值链的哪个部分。这些庞大的力量对于市场、行业和企业的精确影响是无法预测的，也会带来风险和机会，对此，聪明的企业会开发工具来应对瞬息万变的市场环境。

要进行这项分析，还要邀请各个方面的专业人士参加，包括环保专家、采购代理、市场主管等，一起进行头脑风暴，讨论环境问题中的哪些方面会对业务造成影响。比如，你的生产过程会消耗大量能源，产生大量温室气体吗？你需要洁净水吗？然后，看看价值链的前后端（上游和下游），向他们问同样的问题。这些问题是如何影响你的供应商或客户的？这些问题即使对你的业务而言并不要紧，也可能会严重影响你的供应商，最终变成需要你关心的问题。你自己的生产中可能没有使用有毒物质或重金属，但如果你的供应商使用了，也会使你的业务蒙受损失，就如同索尼公司遇到的情况那样。同样，价值链的下游影响也会成为你的问题。你的客户会如何处置你的产品？尤其是在产品用完之后。你自身的业务没有直接造成危害这一事实并不能使你免于责任。客户的问题就是你的问题。

在得到这张宏观全景图之后，继续深挖下去，问一下这些环境问题会带来什么挑战或问题——不仅是对你，而且对价值链的上下游。你的企业运作中有哪些方面会依赖某种特定的资源（如水资源）吗？如果这些资源出现短缺，将会发生什么情况？最后，看看获利的机会。降低产品的能源消耗会对你的客户有帮助吗？你能因此提高产品销量吗？

我们将在第十一章详细讲述这个工具。不过现在，请把AUDIO分析看作一个起点以及制定公司环境策略的基础。“问题地图”观察环保困境如何同时影响你的业务、你的供应商以及你的客户。AUDIO分析能帮助你认真考虑如何开发企业战略，以应对环保问题带来的风险，发现机会。只有这样，你才能建立环保优势。

表2　大型超市的简化版AUDIO分析

挑战	状况	上游	下游	问题	机会
1. 气候变化	能源使用中排放废气	分销系统排放废气，供应商生产中排放废气	客户开车来店排放的废气，店内出售的商品使用能源	可能的碳排放限制或开支	推进针对能源使用和相关温室气体排放做出环保努力
2. 能源	能源消耗和能源价格的上涨	供应商的能源选择以及对能源价格的敏感	店内出售的商品使用能源	能源来源和成本负担，依赖电网	通过店面重组减少能源使用，协商优惠电价，销售节能产品

（续表）

挑战	状况	上游	下游	问题	机会
3. 水	建筑物和停车场流出污水	生产店内所售食品的农业用水	有毒物质（草坪和园艺产品）流入下水道	在提高水质方面压力不断增加	重新设计停车场和下水道
4. 生物多样性和土地使用	因土地利用和商店建设使生存环境支离破碎	依赖或者破坏生物多样性的产品	顾客使用（或错误地使用）产品时造成生态破坏	地方法规限制扩建或担心“无序扩建”	投资土地保护，建立公司信誉
5. 化学物质、有毒物质和重金属	在商店运营中使用化学物质	所售食品农业产地的肥料流失	产品中含有化学物质	可能对环境和人体内的化学物质负有责任	销售有机食品和其他环保产品
6. 空气污染	设备排放废气	供应商工厂和能源使用中排放废气	产品排放的废气	对于废气排放的管理越发严格	加大力度控制废气排放及相关开支
7. 废物管理	产生大量垃圾	供应商产品产生固体垃圾和有毒垃圾	消费者丢弃包装物	废弃物处置成本更高，回收法令逐渐实施	减少包装并提供回收再用的选择
8. 臭氧层	冰箱中残余氯氟烃	供应商排放氯氟烃	产品中泄漏氯氟烃	针对氯氟烃制定的法律限制	合作开发无氟产品

（续表）

挑战	状况	上游	下游	问题	机会
9. 海洋和渔业		全球鱼类保有量降低，价格上涨		价格上涨和跟踪海产品来源的压力增大	销售来自可持续渔场的产品
10. 森林砍伐	为了兴建设施开发土地	木材供应商依赖非可持续开发林场		消费者抗议甚至抵制	为供应商制定来源标准

第三章

谁推动了绿色浪潮

1995 年，来自环保团体绿色和平组织的激进主义者登上了壳牌公司在北海地区的废弃石油平台布伦特斯帕，抗议壳牌准备将废弃装置沉入北大西洋的计划。他们打着巨幅旗帜，指出该石油平台含有数千磅有毒化学物质，会对海洋造成污染。情况愈演愈烈，当壳牌将高压水龙头对准抗议者时，局面变得不可收拾，这是壳牌公司历史上最糟糕的公关行动之一。整个欧洲的消费者迅速行动起来，剪碎壳牌信用卡，并抵制壳牌的加油站。

这起国际事件的讽刺之处在于，壳牌将布伦特斯帕平台沉入海底的计划有着切实的科学依据。壳牌的科学家们与外部专家认真研究了处理计划，甚至得到了英国政府的支持。后来绿色和平组织承认它错误地理解了事实，将污染级别夸大了上千倍。正确与否并不是重点，在大众舆论的法庭上，绿色和平组织成功地提出了自己的主张，并取得了胜利。它的主张很有说服力，而且表面上看起来似乎很可信，毕竟是把 300 英尺①高的石油平台沉入海底，怎么会对环境无害呢？

不过，失之东隅，收之桑榆。壳牌从这次惨败中吸取了教训，现在，它与利益相关方相处的艺术已日臻成熟，成为全球领先者，即便

① 1 英尺≈0.3 米。

是应对绿色和平组织这样固执己见的非官方组织，也游刃有余。但是，如果只担心抗议者及与之关联的公关难题，那么这样的企业还很缺乏大局观。

无论企业喜欢与否，越来越多的人异口同声地要求它们解释并证明它们是如何对待环境的。新加入这股声浪的主要群体有：

- 消费者，他们想知道自己所购买的商品中含有哪些成分，对自己、子女以及环境是否安全。
- B2B 企业客户，要求供应商解释其产品是如何制造的，以及产品的确切成分。
- 员工，他们希望自己的个人价值与职业价值相一致，并且需要了解所服务企业的理念。
- 银行，通过将环保变量纳入贷款决策因素，增强其对环保的关注度。
- 保险公司，它们已开始将环保风险视为一种商业威胁。
- 证券市场分析师，他们将环保业绩作为总体质量管理的一个信号来研究。

这些压力能够极大地影响企业的命运，并决定哪些项目能获得融资、最优秀的员工是否安心工作，以及产品上市的难易程度。明智的企业会直面并应对这些压力。在尴尬的布伦特斯帕事件发生之后，壳牌公司开展了“告诉壳牌”活动，并对其进行广泛宣传，如今还在利益相关方的管理方面做了大量工作，以避免在未来发生问题。在其位于加拿大境内的拉萨巴斯卡油砂矿，壳牌花费了数百万美元，与当地团体、地方政府以及土著居民召开了无数次会议，其目的就是确保尽早并更完整地听取那些能够极大影响壳牌公司运营的人士的意见。

像壳牌这样的企业，是在绿色环保浪潮还没有席卷它的时候，就努力驾驭了这股潮流。不过，在深入挖掘如何做到这一点之前，了解与其相关的各方是至关重要的。下面就是环保优势“竞技场”中关注环境问题的5类核心利益相关方（见图3）：

- 规则制定者与监督者，如政府监管部门和环保组织。
- 提出创意者与意见领袖，包括智库和学者。
- 商业合作伙伴与竞争对手，还有供应商和B2B客户。
- 消费者与企业所在地，包括当地官员和普通大众。
- 投资者与风险评估者，如证券市场分析师和银行家。

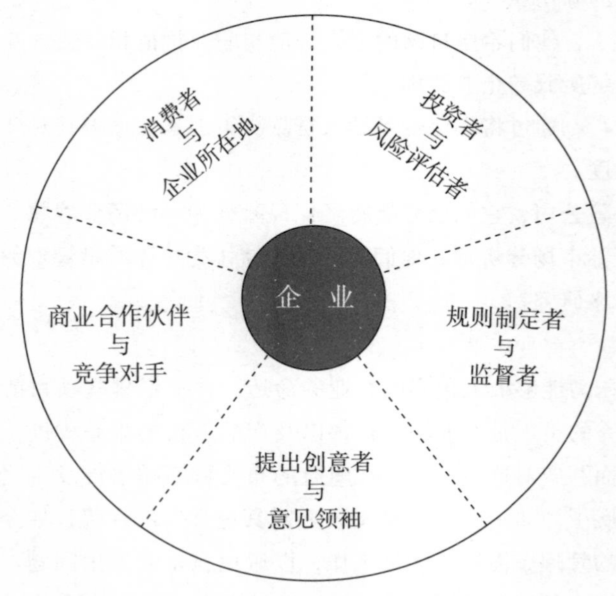

图3 环保优势“竞技场”

某大型消费品公司一位负责企业社会责任的高管曾问安德鲁：“你能想到哪家公司不是因为先感受到外界的压力才重视企业社会责

任的吗？”她的问题难倒了安德鲁，还真的想不出几家。当然，有少数几家潮流驾驭者有着根深蒂固的信念，并有着企业文化的支持。位于美国密歇根的家具公司赫曼米勒就是其中之一。但总的来说，如果没有真正的环保主义者推动，以品牌为中心的大型企业鲜少自己有这样的觉悟。

下面是对5类核心利益相关方的简要介绍，我们将举例说明现在这些相关方会如何影响企业，以及什么样的趋势将塑造未来的竞技场。

规则制定者与监督者

传统上，这类群体是激发企业环保意识的主力。严格的法规（其中大部分是美国联邦级别的）在过去数十年里驱动着环保事业的发展。

现在，随着规则制定者与监督者在横向和纵向上都有所扩展，政府的角色也在改变。所谓“纵向”，指的是各级政府，它们所颁布的法规从地方计划委员会直至全球协定。在纵向之下，是州政府和地方政府的官员。近年来，在美国，相对于联邦政府，它们更积极地推动环保法令的实施。在更高的层面上，我们可以看到像《京都议定书》等全球协定，要求全球的企业减少温室气体排放。“横向”则是指跟踪企业环保绩效的新群体，例如非政府组织、媒体以及自发的监督者，包括有着数百万访问量的博客。

在这些影响力量中，有一些甚至建立了由民间力量施行的并行标准。由于更多企业采用了这些方案，它们便有了与法规相类似的效果。森林管理委员会（FSC）是一个独立组织，它为如何以可持续发展的方式管理森林资源制定了一套标准。越来越多的木材和纸张零售商与大型采购商，开始要求所购买的产品必须贴有FSC认证标志。不管是 FSC 还是与之竞争的业界主导指导原则（可持续林业计划），这类形同法规的标准在未来的几年里都有可能出台。

非政府组织

想确切知道世界上有多少非政府组织几乎是不可能的，不过有一项研究发现了超过两万家国际性非政府组织，还有更多只在一国之内活动的非政府组织。在这两种层级的组织中，有数千家至少在部分程度上关注环境问题。

最大的民间环保组织已经将自己建设成有着巨大影响力和影响范围的跨国组织，包括美国环保协会、世界自然基金会、自然资源保护委员会、塞拉俱乐部、绿色和平组织、保护国际、大自然保护协会、美国国家自然联盟以及地球之友等。这些都是资深环保卫士，很多都有 30 多年的历史。虽然公众对环保团体在基金方面的瑕疵有些质疑，但这些组织仍保有极高的公众影响力。一项研究显示，55% 的意见领袖信任非政府组织，而信任企业的却只有 6% 。

这些环保组织中的很多都是建立在对抗模式之上的，无论是像自然资源保护委员会那样在法庭上掀起波澜，还是像绿色和平组织那样在树上静坐或登上石油钻井平台，都是如此。像壳牌的案例那样，压力可能是全球性的，也可能像追光灯那样，仅锁定公司总部的主要高管。数年前，一些聪明的环保宣传者站在美国波士顿的芬威棒球场外派发棒球卡，将史泰博公司的董事长和首席执行官描述成在全球砍伐森林的罪人。在卡片的背面，印着对这家办公用品供应巨头的严厉批判。用史泰博公司一位高管的话来说，“他们基本上就是指控我们一手砍光了世界上的森林”。

令人惊讶的新型合作关系

在过去的几十年中，非政府组织与企业之间的互动关系已有了极大的变化。现在，所有的主流环保非政府组织都将与企业界合作当作一项核心职能。它们已经学会使用大棒加胡萝卜的策略。正如《金融时报》所指出的：

> 环保主义者的行为已经精明多了。他们不再穿着羊毛衫和凉鞋，取而代之的是得体的西装……就在绿色和平组织的抗议者们攀爬上英国石油公司的海上钻井平台抗议新的石油开采行动没多久，梅尔切特先生（绿色和平组织的领导人）就与英国石油的首席执行官约翰·布朗共进了晚餐。

随着与企业间的互动从偶尔共同进餐发展到全面的合作伙伴关系，非政府组织变得越发成熟老练。在 2002 年于约翰内斯堡举行的地球高峰会议上，绿色和平组织与世界可持续发展工商理事会并肩协作，探求应对气候变化的全球行动。

有时，某些环保的对抗可能太过了，比如，有一次迈克尔·戴尔的妻子在办公室外遭遇了愤怒的抗议者，他们抗议戴尔公司没有对电子产品进行回收利用。还有一些人已经越过了法律的界线，做出了危险的举动。1998 年，美国科罗拉多著名的滑雪胜地范尔就成了纵火行为的受害者。当时，极端分子点燃了多座建筑，据推测可能是为了抗

议滑雪场扩张到了原始生存环境。没有任何公司能对非理性行为有完备的计划，但是每家公司都可以大幅度降低遭受攻击的概率。其他滑雪场（其中最知名的是阿斯彭滑雪场）通过将环保思维确立为企业战略的核心，避免了遭受激烈的批评。实际上，阿斯彭滑雪公司承诺在其运营中100%采用风能。相关的监督组织将阿斯彭评为西部头名环保滑雪胜地，而范尔的评分仍较低。

事实上，这种对抗方式已经越来越少。如今非政府组织选择与企业合作的情况与攻击企业的情况相比，至少已经数量相当了。在后面的章节中，我们将进一步探讨这些合作关系，以及如何确保这些关系发挥效用并创造真正的价值。不过，在这里我们要着重介绍两个持续时间最长、效果最佳的非政府组织与企业的合作关系案例。

- 金吉达公司与雨林联盟。作为一家在过去遭受过波折的公司，金吉达在20世纪90年代早期感受到了莫大的压力，进而不得不转变经营方式。在其后的10年中，它与雨林联盟密切合作，转变了在拉丁美洲地区香蕉产业的运营模式。
- 麦当劳与美国环保协会。麦当劳可能是从与非政府组织的合作关系中获得最丰厚回报的企业。它从20世纪90年代开始与美国环保协会在包装方面开展合作，共同消除泡沫聚苯乙烯包装盒的使用。在过去，麦当劳曾用这种盒子包装了所销售的10亿多个汉堡包。

尽管现在非政府组织经常与企业进行合作，但很多组织仍非常活跃地发挥着监督作用。很多时候非政府组织与企业在某一问题上合作，但在其他问题上仍然公开攻击企业。企业对此颇感沮丧，但这却是它们必须面对的现实。无论是放眼全球，还是仅着眼于本地，不管是在幕后推动其议程，还是在台前面对镜头，也不管是提供便利，还是制造麻烦，非政府组织都是一股必须重视的力量。企业若不恰当地处理与非政府组织的关系，其计划或战略遇到麻烦的风险会越来越大。

政府和监管部门

辛辛那提能源公司的首席执行官吉姆·罗杰斯曾说，他一直都很担心那些能够瞬时改变企业价值的新政策法规，他称之为“一笔勾销”的风险。环保法规领域总是在不停变动。立法机构不停地更改美国联邦法律，政府部门也时常发布新的法规。更为引人注目的是，立法机构中一些新的部门也开始发布监管要求。从地方城市规划委员会颁布的条例到欧盟发布的指令，环保法律日趋复杂化和多层化。

跟不上环保法规进展的企业，将面临处于严重竞争劣势的风险。

纵向改变：本地压力

美国的地方政府与州政府都在着手弥补它们发现的环境管理方面的缺陷。美国约 30 个州都有减少温室气体排放的计划，其中大多还包括可再生能源组合标准，强制要求公用事业机构所生产的能源中非化石燃料的比例要达到 25%。加利福尼亚州采用了极为严格的空气质量标准，要求到 2016 年，要将车辆所排放的温室气体减少 30%。这项命令使得轿车市场和卡车市场形成新的局面。掌握油电混合动力等“清洁动力汽车”技术的汽车厂家将会兴旺发展，而其他厂家将遭受市场份额减少、利润降低的痛苦。

市长在行动

2005年初，关于减少温室气体排放的国际共识《京都议定书》开始生效。这份议定书得到了178个国家的批准，而引人注目的是，美国拒绝签署。为填补这一空白，在西雅图市市长格雷格·尼科尔斯领导下，美国市长会议一致同意采取他们自己的《气候保护协议》。有850多个美国大小城市、不同政治派别的市长分别承诺遵守《京都议定书》的目标，减少温室气体的排放。

即便是各个城市，也开始参与进来，展开行动。全球各地的市长正在采取措施，以降低温室气体的排放，减少废弃物，控制无规划的扩张行为。

"纵向"改变：国际压力

在纵轴的另一端，新的国际法规必将改变竞争激烈的市场的格局。在全球都在关注气候变化的情况下，中国对车辆的燃油效率做出了严苛要求，较美国的标准每加仑高出了5英里。猜猜哪个超级大国的汽车厂商对满足这些新兴市场的标准最缺乏准备。

近年来，欧盟发布了一系列严格的指令。一些观察人士认为，这些新的法律将极大提高环境质量，但另一些人则认为新法律将毁灭整个产业。

基本上这两方面的影响都会存在，其中三个指令的影响尤其巨大：

1. 限制使用有害物质指令（RoHS，读音同“rose”）。
2. 废弃电子电气设备指令（WEEE）。
3. 化学品注册、评估、授权与限制指令（REACH）。

虽然前两个指令主要针对电子业的有害物质和回收利用问题，但它们是各项法律行将纷纷出台的重要信号。今天指令所针对的是计算机和手机制造商，而明天将有更多的行业面临这种被严苛监管的局面。而且，不要认为这些法规仅影响欧洲企业，为欧盟市场制造产品的企业也都必须遵守。

RoHS 禁止在新的电子设备中使用铅、汞、镉等多种有毒物质。制造商们已经在尽力寻找替代品，以取代焊接集成电路的含铅焊锡。当然，对于这种有选择性的规定不乏抱怨之声，而且 RoHS 在实践中的有效性也颇受质疑。但无论这个指令的构建完美与否，它都不会就此罢休。这项法规还表明了法规战略上的有趣转变。正如 IBM 的环保事务主管韦恩·巴尔塔所说，“RoHS 这类法规表明了从监管输出到监管输入的转变，也就是说，从监管大烟囱里排放的物质，转为监管产品所使用的原料”。

污染者买单原则

在我们研究的所有国家中，法规方面的长期趋势都是令制造污染者限制其对环境的伤害，并为其造成的损失买单。这一“污染者买单原则”确保了经济效益，保护了财产权，同时还提供了强大的法理依据。这种促使企业“将成本内部化”（如经济学家所言）的措施，意味着通过将污染从烟囱中或排污管中排放出去而获得的竞争优势，随着时间的推移将难以为继。

WEEE 关注的则是产品生命周期的另一端。它要求从电子业到家电业等多个产业的所有制造商，必须为其产品的适当弃置或回收利用买单。WEEE 代表了越来越多关于产品回收的法律的最新发展，这些法律规定，从产品的生产直至最后的弃置或回收，制造商都负有责任。这些法律让未在产品设计时考虑到其最终处置的公司增加实际成本，从而鼓励企业采用价值链思维。据估计，遵守 RoHS 和 WEEE 所增加的费用相当于商品售价的3%，这可不是一个小数目。

具有前瞻性思维的电子产品生产商，正在开始探索能够彻底消除所有有毒成分的设计，以便做好准备应对所有可能出台的法规。即便以后没有新法规出台，上述指令也已经对电子企业带来深远影响。美国电子商协会表示，各项新法规“从根本上改变了每家高技术公司的企业战略，不仅限于针对欧盟国家的战略，而且包括其全球供应链管理的战略”。

当与英特尔、戴尔以及 AMD 的高管对话时，我们一次又一次地听到这样的说法：法律迫使他们在全球改变其设计和流程。他们说，以一种方式生产芯片或组装电子产品来供应像欧盟这样的大市场，而针对其他市场采取不同的方式，这样做完全没有经济意义。归根结底，欧盟的激进政策正在全世界范围内推动改变。

过于激进？

位于布鲁塞尔的欧盟总部所通过的最雄心勃勃的一项法规，就是化学品注册、评估、授权与限制指令，也就是所谓的 REACH。这项法规大规模地重构了欧洲监管化学品威胁的方法，将使大量重要行业重新洗牌。

REACH 要求生产商注册其所生产的每一种化学品——大约有三万种，并评估其对公共健康带来的潜在风险。REACH 构建于这样的理念之上：在风险未知的情况下，社会不应该引进新的材料、产品或技术。这项法规是重在预防原则的典范。它将提供安全性证明的重担从政府肩上转移到了企业肩上。企业必须证明产品是安全的，或者对社会的益处远胜于风险。

很多企业，包括若干制药业巨头，声称 REACH 将扼杀创新，并成为在欧洲运营的企业的竞争包袱。而 REACH 的支持者则称，要求企业证明其产品安全性的规定早该执行，这将降低释放对人类有未知影响的化学品的风险。双方都提出了看似可信的论点：REACH 的实施是保证公众健康所需的，而遵从它可能要花数十亿欧元，同时会限制新产品的开发。无论如何，REACH 都将对一些大的行业造成巨大影响，这一点毋庸置疑。

通过遵守法规获得竞争优势

企业领导者往往会高估遵守法规的成本，同时会低估企业自身的创新能力。例如，业界估计，因遵守美国 1990 年的《空气清洁法》，为减少酸雨而支付的成本高达每吨 1500 美元。实际上，在该计划执行的最初 10 年中，每吨成本从未超过 200 美元，而且通常远远低于这一数字。如英国石油公司的首席执行官约翰·布朗针对石油行业的说法，“每次一有新的法规出台，我们就说我们这个行业的末日到了……在这方面，我们有着骇人的糟糕记录”。能够以低成本、高效益方式遵守法规的企业，相比于其竞争对手，可以降低成本并确立环保优势。

超越监管：新的政府“工具箱”

随着时间的推移，各国政府开始拓展其环境保护的方案。例如，法国政府就将享有安全和健康的权利纳入宪法，并将重在预防原则深深植入其监管制度。尽管仍存在一些“命令与控制”式的指令，但监管形式正在改变。

各国政府已不再强制使用某一特定的污染控制技术，而是开始认识到设定业绩标准的价值，这给了企业自行决断如何应对的空间。以美国为首的很多国家已经开始朝着推行利用经济刺激的监管方向迈进。它们所采用的这些市场机制，包括对污染或造成污染的产品征税，可交易的排放许可，以及针对电池等有害产品的“押金—返还”方案等。美国已经通过采用市场机制，逐步停止汽油中铅的使用，消除破坏臭氧层的氟利昂的使用，以减少酸雨。

欧洲则建立了一个排放交易市场，减少温室气体的排放，以达到《京都议定书》的要求。在这一方案下，欧洲大陆数以千计的工厂（包括公用事业公司、炼油厂等）获得了温室气体排放许可。这些企业必须减少排放以符合配额限制，或者在市场上购买更多的污染许可。

即便是出于良好意愿的监管制度，利用经济刺激，并将效率最大化，如果不谨慎构架与协调，也会带来负面影响。欧盟针对《京都议定书》的监管，对于二氧化碳排放加征约每吨 30 美元的费用，从而令企业乃至整个行业承受更沉重的负担。如果结果仅仅是奖励最有效削减温室气体排放的企业，那么对重组市场可能并无太大影响。但是，除非企业找到低成本的减排方法，或者等到包括美国和中国在内的主要竞争对手也负有同样的责任，否则这种超高的污染罚款将广泛降低欧洲企业的竞争力。

另一个重要的趋势是向“信息监管”转变。美国的《排放毒性化学品目录》要求企业报告其排放到空气、水及土壤中的化学物质。同样，印度尼西亚的《污染治理、评价和分级计划》，根据工业设施的污染管理成效，将其公布为各种颜色级别。评级从最低的完全未进行污染控制的黑色，到采取极大防止污染措施的绿色，直至最高分值的，对，金色——表明将排放级别控制为接近零。

要求企业信息更加透明的压力并不限于排放和污染报告。企业面临越来越多的，来自美国证券交易委员会、财务会计准则委员会以及欧盟的要求，要求共享企业环保业绩及其对财务状况的影响方面的信息。尽管实施条例仍在制定中，但美国的《萨班斯-奥克斯利法案》看来很可能要求企业披露远多于以前的环保风险信息。而且此法案规定企业的首席执行官有责任了解这些义务，否则就要面临因无知冒进而入狱的风险。

披露的内容不仅限于财务风险。越来越多的关于“知情权”的法律要求企业披露其对公共福祉的潜在风险。在这一类法律中，美国的《排放毒性化学品目录》是最有名的，也是“黄金标准”。但其他的小法规同样也有所影响。比如，美国加利福尼亚州的《第六十五号提案》强制规定，对于含有任何能造成十万分之一致癌风险的化学产品，企业必须在产品上附有标示。面临必须将产品贴上致癌物标签的窘境，金枪鱼罐头生产厂家不得不去除用于封罐头的焊锡中的铅，酿酒商也抛弃了铅箔瓶口封套，改用塑料封套。

2002 年的《萨班斯-奥克斯利法案》

正如美国国会多次发生的情形那样，奇怪的立法会招致迅速的反应。在2002 年，鉴于所受到的压力，立法者们决定对困扰企业界的大量丑闻采取一些措施。《萨班斯-奥克斯利法案》的一个显著后果是，这个原本主要目的是改善财务责任披露机制的法案，却在更广泛的相关议题上引起了关注。该法案的关键条款，第 401 条（a）（j）规定，企业“应披露在当前或未来可能对财务状况产生重大影响的，所有资产负债表以外的重要交易、协议以及债务等”。此宽泛条款中的所谓“重要”事项，以及相关联的第 409 条，都包括环保责任。

对《萨班斯-奥克斯利法案》的要求的确切描述，仍在厘清之中。不过一些可能的义务相当明显，比如清理受污染制造场地的费用等。但是那些时间上更遥远的风险又如何呢? 企业应估算其导致气候变化的潜在责任吗? 唯一可以确定的是，当前的潮流是要披露更多的信息，而不是更少。

一些要求信息披露的法律要求企业或组织发布有关对环境负面影响的信息，而另一些则强调正面特点。美国环保局设计了多种方案和奖项，如“能源之星”和“气候领袖”等，以表彰表现最优秀的企业。政府也利用其强大的采购能力，购买从再生纸到天然气动力公交车等一系列环保产品，以培育环境友好型产品的市场。

不要一味相信那些政府都是墨守成规的官僚机构的说法。当然，有些官员的确认为他们的工作似乎就是制定一些繁文缛节，但更多的官员在积极寻求更新、更聪明的方式来减少排放，保留公共空间以及保护自然水土。明智的企业不会将监管者视为敌人。相反，它们与政府官员合作来制定鼓励措施，并创建成功的环保方案。对于企业来说，与其和监管者形成对抗关系，不情愿地被人在后面催促，不如与监管者合作，并预先考虑他们的需求和公众的期许，这在战略上更有意义。

政客

真正的监管者很少在镜头面前表演，而政客们却总是希望连任。为了显示自己有多爱护受伤害的小百姓，他们会公开指责有嫌疑的“坏家伙”。

政治作秀现象在全世界都很流行。举一个发生在菲律宾的例子，在洪水与滑坡夺去了数百人的生命之后，阿罗约总统谴责了非法伐木者。她批评的逻辑是，森林能够涵养水源，减轻洪水的危害，并有助于减少滑坡。由于合法伐木与非法伐木之间的界线并不是非常明晰，这就令林业界看起来整体形象欠佳。阿罗约总统的批评并没有错置。不良的林业行为和清野式皆伐的确会令洪水更加肆虐。但是将自然灾害的后果全部归咎于一个行业，这是典型的政治作秀。

为避免成为政客的替罪羊，我们建议企业专注于若干关键点。第一，与当选的上上下下各政治层级的官员建立联系。第二，为企业的环保工作博得应有的声望，从而获得“免疫力”。第三，也是最根本的一点，不要出现不良行为而使自己成为众矢之的。在政治舞台上，大企业和那些在各方面都会被描绘成无可容忍的企业，都是显眼的目标。

原告方律师

每家企业都会面临的最大环境风险之一，是被控告有污染行为或造成了生态破坏，在美国尤其如此。没有公司能够承担得起忽视专门提起这类民事诉讼的原告方律师的后果。

从关于石棉伤害的集体诉讼案，到社区居民声称工厂造成公害，在短期内法律诉讼是不会消失的。如果任何人认为石棉业界所承受的痛苦是个案，那么，还请三思。2006 年在美国罗得岛发生的一个标志性事件表明，含铅涂料生产商应为其产品对人体健康造成的负面影响负法律责任。法律给企业带来的威胁日益增多，而且日益复杂。一家公司的环保主管曾告诉我们，她将原告方律师视为最应密切关注的利益相关方。

以下是跨国企业需铭记在心的其他一些有趣案例的简单描述：

- 市值一度高达数十亿美元的格雷斯公司，在 2001 年因为大量袭来的与石棉有关的诉讼案而被逼到了破产的境地。
- 在澳大利亚建设新煤矿的计划，因为针对温室气体排放和煤矿加剧全球变暖的法律诉讼而全盘失败。
- 卡特里娜飓风受害者的一起集体诉讼，控告 10 家油气公司破坏了湿地，而这些湿地本可能减轻洪水的危害。

你可能会说："这都是无稽之谈，太过荒谬，这种事不会发生在我的公司身上。"但是要留心那些原告方律师，富有创造性和热情，正在寻找新的攻击目标的律师可不在少数。

别忘了这个要点：即便企业完全遵守法律，而且最终在法庭上获得了胜利，诉讼也会给企业带来极大的伤害。应对法律诉讼支付的辩护费用可能高得惊人。即便在企业获胜时，也会暴露一些不那么光明正大的证据，在民意法庭上被定罪。这就是在遵守法规之外，谨慎管理利益相关方关系也是企业至关重要的一环的原因所在。

提出创意者与意见领袖

媒体

从催生美国超级基金计划的乐甫运河有毒废弃物危机，到引发美国制定《1990 年油污法》的埃克森的瓦尔迪兹号油轮泄漏事件，再到数以百计规模较小的地方性污染事件，媒体的反应推动着公众对这些事件的了解，并影响政界的应对措施。要从环保中获得收益，企业必须慎重管理与媒体的关系，这已经不像从前那样容易了。除了电视、电台和报纸以外，互联网的崛起意味着媒体已经完全扩散化了。任何人，只要有摄像机、有网站、有看法，就可以透露一则新闻。

更为引人注目的是，自诩为在线评论员的博主正在改变新闻故事的披露方式。匿名并且开放式的博客，从公司内部透露出对公司的产品、高管、政策以及行为的直言不讳的评论。

公司如何处理这种状况呢？“不要做任何会使自己尴尬的事”是个简单的回答，但并不十分有用。最好避免让自己成为显眼的靶子。这意味着，不仅要系统化地管理环境问题，还要探查并消除产品在整个生命周期中任何易受责难之处。你的供应商是否正在向发展中国家的河流中倾倒有毒废弃物？你的客户弃置你的产品的方式是否会形成环境问题？

每家公司都需要制订紧急事件响应计划。当问题浮现或者发生意外时，高管层不能仅仅临时应付公众和媒体。埃克森对 1989 年瓦尔迪兹号油轮在阿拉斯加的泄漏事件反应迟缓，令公司背上了漠视环境问题的骂名。时至今日，无论埃克森公司是否应该获得这样的名声，它和瓦尔迪兹号都成了企业不法行为的鲜活案例。要得到正面的媒体报道，或者至少在当时情况下将负面报道降到最低，关键是以实际行动减轻伤害。像埃克森公司那样，把危机管理工作交给公共关系公司去做，其结果肯定是为媒体报道热度火上浇油。

智库与研究中心

媒体可以传播创意，也可将其扼杀，这取决于报道的内容。记者们各自有获取消息的来源。在过去的数十年中，智库已经提供了很多创意，用来构架公共政策议程，并促成政治辩论。一些主要的智库，如传统基金会、美国企业研究所和加图研究所，采用非常基本的方法，重塑了公众对政府在社会中是何角色的看法。

在环保领域，一些团体同样转变了所扮演的角色。未来资源研究所领导了环境保护战略的改变，从命令和控制型监管，转变为利用市场机制，如污染费和可交易排放许可等。另一家位于华盛顿的团体，世界资源研究所，则在加强经济发展与环境改善之间的关系方面，提供了很大的帮助，并且为可持续发展概念的推广增添了动力。

要施行那些为环保和社会战略设定了框架的主导理念，企业需要跟踪这些重要理念的生发者。为此，企业可以采用与智库建立战略关系的方法。最起码，企业应跟踪来自这些团体和其他主流研究中心的政策建议。

学术界

从政策到科学层面的各种新理念，也来自高等教育机构。与大学建立联系，能帮助企业始终处于不断演变的议题前沿。在知识经济时代，与知识生产业者有所联系是很有意义的。这样做，除了能得到源源不断的创意之外，企业还会与未来人才建立联系机制。

越来越多的企业正在与学术界建立这种联系。微软与印度理工学院合作，从而与世界上提供最多新软件工程师的地方建立更密切的联系。英国石油公司与多家大学建立了规范的联系，并利用这些联系来帮助其改善战略规划。在启动新的中国计划之前，英国石油公司的高管拜访了耶鲁大学，与一些学术专家一起审视了从中国历史到企业监管和环保挑战等各种议题。

这些联系并非全部关注污染或自然资源管理问题，但当问题出现时（当然，问题肯定会出现），与一家乃至多家大学或研究中心的有效联系，为企业提供了寻求新创意和看法的去处。在重视创新和新思维的市场上，与知识中心的联系为企业建立环保优势提供了源泉。

商业合作伙伴与竞争对手

管理传统的商业竞技场——供应链、顾客以及竞争对手，是所有成功战略的核心。对于环保问题，这一基本事实并无差别。在非政府组织频频登上新闻头条，政府监管塑造市场状况的同时，传统的市场参与者也继续施加切实的压力，迫使企业重整其业务规划来满足各方不断改变的期望值。但聪明的企业并不只是被动应对，而是积极主动地管理这些关系，以获得战略优势。

行业协会

环保声誉往往加之于整个行业，那些大的化工企业对此深有体会。当联合碳化物公司在印度博帕尔的工厂于 1986 年发生爆炸时，整个化工行业都处于成败系于一线的险境。

当时化工业界做出的响应，是制订了一个大规模的计划，提高化学品制造、存储与运输的标准。在“责任关怀”的旗号下，杜邦、陶氏化学以及其他主要化工企业，承诺对环保的要求远高于法律规定的标准。

化工行业协会继续进行着积极的自我规范。借此，各家大的化工企业避开了政府监管，重新建立了行业声誉，并对表现不佳的企业施加压力，令其改进环保工作。现在该协会要求所有成员都要有环境管理系统，并需获得第三方认证机构的“责任关怀”行为认证。尽管化工行业仍受到很多批评，但“责任关怀”计划填补了一个缺口，要求欲进入化工生产行业的企业必须达到更高的安全级别，并且对环保有更高的关注度。

现在，从林业和咖啡业到服装与电子业，各种行业都在实施全行业的计划，以制定社会行为和环保行为的指导原则。由于业内各企业的声誉越来越密切相关，要求从业者达到可接受的最低标准的业界压力呈现出有增无减的势头。

除了标准外，业界也常常以其他积极的方式进行合作。与同行合作能带来诸多好处：为企业提供集体行动的舒服感与安全感，避免出现一家企业独自冒险的情况。由于汇集了每家企业的资源来寻找集体问题的解决方案，在这种合力之下可能会产生更前沿的科学技术、政策和分析结果。最后，集体成员之间也可以交流其最佳做法，提升每家企业的水平。

其实，行业协会也有其黑暗的一面。它们会包庇成员企业，并掩盖对抗新法规行为的源头。在若干案例中，此类协会已经大大逾越了适当支持的界限，而设法干扰政策制定流程。现已被解散的全球气候联盟，作为一家矿物燃料行业组织，有一个看似中立的名字，却因为试图掩盖全球变暖学说的兴起而声名狼藉。

作为一家独立的公司，要切记公司的声誉与所在行业的声誉是密不可分的。公司所参加的行业协会将反映公司的好恶。

竞争对手

即便没有行业组织推动变革，一家公司的领导和大胆行为也会改变竞争格局，有时甚至会带来显著变化。1990 年，亨氏旗下的星琪金枪鱼产品公开承诺，捕鱼时会采用避免造成海豚死亡的方式，从而获得了超越对手的环保优势。打上“无碍海豚安全”标签的星琪产品的市场占有率迅速攀升。其他厂商很快就不得不跟随星琪的誓言，因为全美国的孩子都不会让他们的父母买伤害海豚的公司生产的金枪鱼产品。

面临对其供应链的质疑，盖普公司发布了开创性的《2004 公司社会责任报告》，就其供应商在全球对环保和社会标准的遵守情况，提供了详尽的数据。在很短的时间内，这家公司就接受了扩展生产商责任的原则，并继续推动整个行业的改变。

一家价值数十亿美元的制造业公司的副总裁告诉我们：“我知道，我必须在环保方面采取一些不同的举措，因为我们的竞争对手正在这样做，但我不知道这到底是为什么。”这种被动防御姿态肯定会带来麻烦。聪明的企业会密切关注其竞争对手。如果全行业解决方案能够行得通，它们甚至会谋求与对手合作来应对棘手的问题。

B2B 客户与供应链的环保化

大客户可以成为巨大的压力源。它们要求在质量与服务丝毫不打折扣的情况下，价格能降到最低。但是它们也逐渐增加了对信息的需求，要求厂家披露所有产品的成分、产地以及制造方法。例如，沃尔玛就使其全球的供应商忙于满足其新的可持续发展要求。这家零售巨头正在敦促其重要供应商，如家乐氏和通用磨坊等，生产卜卜米等知名品牌的有机配方产品。

给我一个支点

供应链方面的联动效应并非偶然。非政府组织很精明，它们能够让面向消费者的大品牌（如维多利亚的秘密和麦当劳等）向其供应链施压。正如阿基米德所说，“给我一个支点，我就可以撬动地球”。大买家是长杠杆的一端，而非政府组织正在用力压动杠杆。

“令供应链环保化”是表述这些行动的术语。在我们长长的市场参与者名单中，客户的压力代表了最快兴起且最强大的力量之一。在很多行业中，证明自己尽到了环保责任已经成为获得重大合同和留住客户所必需的条件。但厂商和供应商之间的商谈也可以更具积极意义，比如耐克公司请杜邦公司帮助其开发支持可持续发展的鞋子。这股潮流的涟漪正在波及很多领域。

- 2003 年，一直对保护有灭绝危险的森林的呼吁持抗拒态度的博益智·卡斯卡德公司宣布将不再从智利、印度尼西亚及加拿大的某些森林取材，而且还将停止砍伐美国的原始森林。这一转变的压力来自非政府组织和大企业客户，比如金考公司就取消了博益智·卡斯卡德的供应商资格。
- 有限品牌公司遇到了针对其旗下品牌维多利亚的秘密的大型公众抵制活动。一家名为森林道义的激进非政府组织，抗议维多利亚的秘密数以百万计的产品目录所使用的纸张来自加拿大脆弱的森林。作为回应，有限品牌公司要求其大型纸张供应商，也是实际在该区域砍伐树木的公司——国际纸业公司制定替代性解决方案。

供应商

我们预计买家将坚持要求其供应商遵循越来越严格的环保标准。更令人惊讶的是，我们也发现有些供应商向其大客户施压。当戴尔因其产品目录所使用的纸张而招致非政府组织的抨击时，其可持续发展业务总监帕特·内森接手了这个问题。在迈克尔·戴尔的大力支持下，帕特和采购人员组建了一个工作团队，一起推动公司努力让再生纸用量占到总量的10%。这并没有什么令人惊讶的，但接下来发生的事情实在很有趣。戴尔公司发现，自己并不像非政府组织说的那样，是邮购产品目录的十大发送者之一，公司的许多客户才是。大型邮购公司都有服务热线和其他设施，需要使用大量的计算机，而这些计算机通常都是由戴尔供应的。

戴尔向其客户发送了一封简短的信函，建议他们考虑使用再生纸。这一建议被定位为戴尔为客户服务的持续努力的一部分。信中这样写道："除了提供可靠且经济高效的产品和服务以外，分享在供应链和如何成为良好世界公民等领域的最佳做法，也是非常重要的。"

或许，"施压"一词用在此处并不恰当，但来自供应商的问题和建议会更具说服力。多年来，像酒类、烟草以及枪支等产品，都因为顾客使用产品造成的后果而出现过针对商家的诉讼。这种将产品使用造成的后果与供应商联系起来的敏感性可能会扩散。随着回收制法律重要性的提升，更多企业会检查价值链，以确保其产品以及与之相关的所有环保问题和责任，不会反过来损害自身。就像人们常说的，对此要密切关注。

消费者与企业所在地

首席执行官

公司巨头在高尔夫球场上决定市场命运的日子似乎已渐渐远去，但是领导者的关系网仍然是强有力的。公司大人物的会面场合多种多样，从健身俱乐部到董事会会议室、慈善舞会，不一而足。他们会互相比较。没有哪个企业高管希望自己的企业面临环保风险。他们都希望自己被视为可敬的正直公民。无论其公司目前是否处在领先位置，英国石油公司的布朗和沃尔玛的李·斯科特等首席执行官发表的推动环保的演说都为所有企业高管树立了更高的标杆。同伴压力并未终结于高中时代。

首席执行官们现在所面对的世界，透明度之高前所未有，而且越发重视业绩评估与公司排名。现今的指标不仅涵盖销售额与市场份额，而且包括社会效果与环保效果。当公司在最新的环保指数中滑至最低点时，其首席执行官就很难在星期天去俱乐部享受早午餐了。

消费者

企业对顾客是既爱又怕。每过数年，就会有一拨新书推出，大赞企业以顾客为首要关注点的美德。但是，消费者变化无常，在环保方面尤其如此。

企业提供带来富有活力的健康生活方式的产品，消费者，尤其是年轻人就会蜂拥而至。业界将此称为“乐活”（LOHAS）市场，代表健康而可持续发展的生活方式。但是更为普遍地为消费者提供可证明确实有利于环保的产品，其结果却很难预测。例如，联合利华推出浓缩洗涤剂以减少包装的尝试就惨败了。消费者只会认为自己用了更多的钱去买更小盒的产品。

尽管不能过于指望环保产品的巨大产出，但还是有一些产品已经成功地从绿色环保行动中淘到了金子。在食品业中，有机食品的销售比业内其他产品的增速要快得多。在美国，有机牛奶供不应求。在消费品领域，像缅因州的汤姆公司等企业，通过设计含天然成分的日常个人护理用品，如牙膏和洗发水等，发掘了一个利润丰厚的利基市场。事实上，其利润非常可观，高露洁公司斥资一亿美元收购了这家相对来说很小的公司。而随着油价飞涨，在未来几年，将不会只有丰田的普锐斯以燃油经济性作为卖点。

我们的未来，孩子

这看起来似乎是一个奇怪的类别，但很多企业高管告诉我们，他们希望为了子孙后代而做正确的事。而有些时候，压力就来自他们的家庭。当保罗·普莱斯勒考虑是否接受盖普公司首席执行官一职时，她的女儿问道："爸爸，盖普公司旗下不是有很多血汗工厂吗?"不过，保罗仍然接受了这份工作，盖普在2004年推出公司社会责任报告，在工作条件透明化方面迈出了一大步，并非巧合。

有些时候，环保压力是有组织地袭来的。对于金吉达公司在社会与环保问题上的历史性转变，"官方"说法是这样的：挑剔的消费者和欧洲强大的食品采购合作组织要求金吉达做出更好的表现，这令它别无选择。当然，客户压力是很重要的，但是，金吉达在拉丁美洲的首席执行官戴夫·麦克劳克林告诉我们，是其他方面的力量起到了关键作用："我们给了欧洲人很多赞扬，但是最大的影响其实来自美国小学里的孩子。"儿童杂志《园林看守者》发起了给金吉达公司首席执行官寄明信片的运动。数千名孩子发出了呼吁，公司高管既为之感动，也感到有责任改变公司的经营方式。

孩子们也可以对政府施加压力。瓦尔迪兹号触礁后，目睹大量鸟类和其他野生动物被油污浸没的惨状，孩子们的心灵受到极大冲击。全国各地的学校要求孩子们以图画来表现他们的所见和所感。作为美国环保局局长特别助理，丹尼尔·埃斯蒂接受了一项艰巨的任务，那就是回复成千上万的学生，他们寄来了大量有关威廉王子湾被油污浸透的海滩和垂死挣扎的鸟儿的照片。

宗教成为新的（也是非常古老的）影响因素

2003 夏，一个名为福音派环境网的团体发起了名为“耶稣会开什么车”的活动。这个团体发布广告，鼓励基督徒购买燃油经济性高的汽车。信仰宗教的消费者逐渐认识到，爱护上帝的造物是一项道德要务。一项对美国福音派信徒的民意调查显示，有 48% 的受访者将环保列为“重要”的优先选择，仅次于占 52% 的堕胎问题。美国全国福音派协会的资深人士理查德·西兹克表示：“我们对堕胎问题已经讨论了 30 年，而对很多人甚至还没有开始提起环保问题，这真是一项令人惊异的统计数字。”

2006 年，一群福音派牧师承诺致力于阻止全球变暖。这一举动大大震动了那些认为福音运动是共和党附庸的人。在与布什政府分道扬镳之后，这些牧师明确表示基督徒有责任为地球尽责，并且在《纽约时报》和《今日基督教》上整版刊登了这些观点。

社区企业所在地

1995 年，加拿大铝业集团得到了一个痛苦的教训：公司需要得到所在地的支持。这并不是一家经常对所在地相关问题管理失当的公司。当它不得不关闭位于苏格兰历史最悠久的一家冶炼厂时，对本地员工离厂问题处理得非常好。但是在加拿大的不列颠哥伦比亚省，它与当地的关系却几乎是空白的，充其量也就是公司与当地需求之间的零和游戏。

在将公司业务规划与本地利益及非政府组织所关注的问题相结合方面，加拿大铝业集团几乎未做任何努力。数年过去了，这种做法也没出什么问题。但是当加拿大铝业集团想将一条河流改道，借用水力发电供应一座巨型冶炼厂时，它发现时代变了。当地居民起来反对。过去，加拿大铝业集团一贯指望加拿大政府解决当地问题，但这次却行不通了。为了继续其引水项目，公司需要直接说服当地社区，但是它既没有令当地居民支持公司的经验，也没有积累声誉。

加拿大铝业负责公司事务与外务的高级副总裁丹·加格尼尔对我们说："我们在环保听证会上'赢'了，并且为得到允许也做出了所要求的改变……但政治环境已经变了，因此我们实际上还是输了。"其环保总监保拉·基斯勒补充说："在过去，我们认为政府能代表当地……但现在我们发觉必须直面利益相关方，这是个不断变化的世界。"最后，加拿大铝业集团放弃了引水计划，留下的是超过 5 亿美元的搁置成本。公司仍拥有半条隧道。

潮流驾驭者懂得如何开拓广泛的当地关系。他们认识到与地方领袖及团体的对话并不只是良好习惯，在商业上也是势在必行的。

正如加拿大铝业的案例所表明的，在某区域开展或扩张运营之

前、之中和之后，让当地社区参与进来都是至关重要的。随着新建筑或新工厂的破土动工变得越来越艰难，对很多公司来说，当地关切问题的优先考虑级别正日渐提升。鉴于与当地反过度扩张行动以及“不要在我家后院”态度相关的重重复杂问题，哪怕最精心布置的计划，其成败也系于地方的支持或反对。

投资者与风险评估者

员工

员工可能是市场参与者中最有力的一方，因为他们决定着一项计划乃至整个企业的成败。他们可归于从监督者到当地成员的任一类别，但我们将其归于此处，是因为他们将自己的时间和技能投入到所服务的企业。对人才的竞争空前激烈，这就意味着任何能使雇主更受欢迎的优势都值得追求。不去深究心理方面的因素，员工希望从工作中获得满足的需求出现巨大的转变，在发达国家尤其如此。企业需要尽忠职守的员工，而员工也希望找到值得自己投入的企业。

2004 年，斯坦福大学商学院对 MBA 毕业生进行了一项调查，评估对他们而言潜在雇主各方面实际情况的重要程度。为获得定位正确或有正确价值观的公司的职位，学生愿意牺牲多少收入呢？结果令人惊讶：有 94% 的学生愿意降低工资要求，进入关怀员工、关怀利益相关方并致力于可持续发展的企业。平均来说，这些被认为孜孜求财的商学院学生愿意为此每年少获得 1. 37 万美元。

在过去 10 年中，企业的首席执行官已经觉察到新动态。未来的高管希望自己的公司是可以向人夸耀的，不仅是在华尔街，而且在街谈巷议中都是如此。即便最强硬的首席执行官，曾经对于环保问题在企业战略中的角色大加质疑的杰克 · 韦尔奇，也认识到了这股潮流的到来。尽管在通用电气向纽约哈得孙河倾倒有毒化学品上，韦尔奇与监管部门针锋相对，但他对公司的高管们说："如果我们在这件事上不站在正确的一方，优秀的人是不会为我们工作的。"

价值驱动型员工会造就价值驱动型企业。正如我们选出的潮流驾驭者所认识到的，以更高尚的原则激励公司，能大大提高员工的士气与献身精神。这种做法甚至可以挽救一家公司。施乐的首席执行官安妮·马尔卡希曾目睹公司接近破产的那段惨淡光景，她相信是公司对企业社会责任的投入最终挽救了它。"当公司深陷难题之中时，我们请员工加倍努力工作。"她说，"而大多数员工也都留下来与公司患难与共，因为他们相信公司的主张……相信公司坚持做优秀的企业公民。"

所以，没错，管理好所有这些参与者不仅能减少潜在风险与控制成本，还能带来赢利可能——提高生产效率，降低员工流动率，并且激励员工。

股东

传统上，我们认为股东仅仅关心公司的利润，而不关注公司是不是优秀企业公民。实际上，这个简单的逻辑已经迅速被打破。"股东"并不仅仅是一个群体。确实，普通散户对可持续发展知之甚少，但是越来越多的人正在通过共同基金或其他投资工具进行投资，而那些投资机构会甄别企业在社会责任或环保责任上的表现。

这些投资归于社会责任投资。根据非营利组织社会投资论坛提供的数字，超过两万亿美元的资产投资是以某种方式进行过甄别的。不过这个数字有一点误导嫌疑，因为其中包括避开了烟草和赌博类"罪恶"股票的所有基金。真正寻找最具环保责任感和社会责任感的企业进行投资的基金资产约为 2000 亿美元，几乎可以说很有限，但金额只代表一部分情况。

即便从来都不是环保思想温床的华尔街，也觉察到绿色浪潮的影响。很多选股者现在都会将环保管理视为良好综合管理的指标之一。由于资源，尤其是矿物燃料相关资源的限制日益影响企业的业绩，更多的投资者将企业的环保战略纳为其分析的变量之一。事实上，美林证券（已被美国银行收购）的一份报告中关于选择汽车类股票的标准，就是看哪些公司已经为应对“资源有限的世界”和“清洁能源汽车革命”做好了准备。毫不奇怪，丰田公司是胜利者之一，此外还有现代汽车公司和汽车配件制造商博格华纳等。

识别企业是否有更高的环保责任感的数据基础也在不断扩大。道琼斯可持续发展指数和富时欧洲指数引导投资者与寻找投资基准的企业选择表现优异的股票。而这些名单是根据伦理投资研究服务组织（Ethical Investment Research Service）、创新投资公司（Innovest）以及可持续资产管理公司（Sustainable Asset Management）等机构的研究得出的。这些机构收集企业环保战略和成果方面的数据，据此为公司排名或评级。创新投资公司仿照债务评级系统，将公司的评级分为从AAA到CCC。

路透社董事长（联合利华前董事长和前联席首席执行官）尼尔·菲茨杰拉德认为，这些评级系统会越来越重要，“很快人们就会认真对待富时指数。这并不是因为软性的社会原因，而是因为人们将明白，如果在任何地方你没有负责任地开展经营，那么你在该地的经营能力就会受损”。

即便当华尔街还没有大力呼吁企业提高环保绩效的时候，资本市场上的其他因素也已经对企业施加了压力。机构投资者，尤其是养老基金，一连串地加入了施压的队伍。2005年5月，能够影响数万亿美元投资的各州财长和审计长会聚在联合国，讨论环境风险问题。保险公司和雇主养老金机构也参与了会议，如美联社所报道的，“人们来讨论如何向更多美国公司施压，令其公开承认气候变化带来的金融风险，并探求降低风险之道”。

还有一些基金走得更远。美国三大养老金基金中，位于加利福尼亚州的两家都特地留出10亿多美元直接投资于环保公司和环保技术。加州财长菲尔·安吉里德斯因认定环保市场的增长，将州养老金基金投注其中，而招致了很多抨击。但这不会是这些资产掌控者直接投资环保领域的最后消息。

很多非政府组织已开始推动关于环保问题的股东决议。泛宗教企业责任中心（Interfaith Center on Corporate Responsibility）是一个由275家以宗教信仰为基础的机构投资者组成的联盟，它已经将关注焦点锁定为石油和天然气公司。而其他一些团体，比如总部位于波士顿的投资者与环境组织的联盟色瑞斯（Ceres），就坚持提高与气候变化相关的金融风险的透明度。尽管这些决议大多没能通过，但通常能得到股东20%~40%的支持率。

为了避免不停地投票表决，很多公司不得不让步。6家主要石油和天然气公司，包括雪佛龙－德士古和阿帕奇石油公司在内，同意公开承认气候变化所带来的潜在金融影响，制订计划以减少温室气体排放，并改变管理方式，为这些减排措施提供董事会级别的支持。在这些努力成功的基础之上，泛宗教企业责任中心和其他组织扩展了目标，将较小的石油天然气企业以及金融服务业和房地产业的大企业都纳入其中，并不只是因为这些服务业公司面临一度专属于重工业的问题。备受困扰的保险业巨头美国国际集团（AIG）确立了新的气候战略，以应对不断增加的股东压力。

尽管最引人注意的是气候变化方面的问题，但一些积极分子也利用股东决议来推动针对各种问题的行动。雅芳、陶氏化学、沃尔玛以及全食超市等经营范围截然不同的企业，都遇到了与某些化学物质和有毒物质相关的环境健康问题的决议。绿色浪潮不断向前，不仅环保积极分子投身其中，对财务问题最为关注的投资者也加入进来。色瑞斯的执行董事明迪·吕贝尔表示：“这不是激进政策还是保守政策的问题。与其说这是一场环保积极分子的行动，倒不如说是评估金融风险的信托义务。”

更多的曝光压力

2002 年，包括荷兰银行和美林证券在内的一群机构投资者，发起了碳披露项目，就是向《财富》世界 500 强企业寄送调查问卷，要求它们记录排放情况，以便投资者评估其与环境变化相关的风险。每年都有 60% 以上的公司将其全部答案发布到该项目的网站上（www. cdproject. net）。加入此项目背后的力量，所代表的资产超过 20 万亿美元。

保险公司

总部位于伦敦的保险业巨头劳合社的董事长彼得·列文在一次演说中，谈到了保险业面临的最大风险。“9·11”事件之后的世界里，恐怖主义似乎是第一大危险，但列文这样说道：

> 现在，恐怖主义的风险大多由政府关注处理……保险公司面临的真正问题是自然灾害，这是必须给予极大关注的问题。而由于气候变化，这些灾害的影响日益增大，也就给保险业者带来了极为严峻的挑战。

保险公司不在乎风险，但它们痛恨不确定性。它们的工作就是预测一些坏事发生的可能性，并把成本分摊到所有面临该风险的人身上。为了赚钱，它们必须准确预测可能发生的危害的程度和频率。这些保险公司的背后还有风险管理大师——再保险公司。再保险业者通常都乐于待在幕后，为保险公司提供保险，从而分担它们的风险。再保险公司也已经开始大声疾呼关注环境问题，而它们对于气候变化问题尤为关注。

大型再保险公司如慕尼黑再保险公司和瑞士再保险公司完全有理由担心气候问题。近年来，自然灾害的总成本迅速飙升。自然灾害在20世纪90年代所造成的经济损失比之前40年加起来的还要多，而进入21世纪，情况看起来也并未好转。2002年，欧洲的大洪水造成150亿美元的损失。2003年，欧洲的热浪又夺去了26000人的生命，并造成160亿美元的损失。2004年，自然灾害令保险业损失400亿美元，这其中还不包括南亚海啸的影响。2005年，全世界由于自然灾害导致的经济损失竟高达2000亿美元。

银行与资本市场

在过去的几年中，银行已经认识到一个事实：贷款项目的环保风险与社会风险很可能会对其业务造成极大损害，尽管损害程度很难量化。违约风险是一个显而易见的问题，但损害银行声誉的风险更具威胁性。我们应再次感谢一些不屈不挠的非政府组织，它们令国际金融业者明白了上述联系。雨林行动网络等组织发现了一个明显的事实：只要影响到掌握钱袋者，就不必再直接逼迫造成问题的公司去改变。不喜欢某林业公司对待森林及其工厂附近的水道的方式？那么首先就去找为建造那些工厂提供资金的人。

荷兰银行是最先面对早期压力并表现优异的企业之一。荷兰银行拥有的资产超过5000亿美元，在全世界的银行中大约排第二十位，它是力图将环保思维结合到商业之中的真正先驱者。荷兰银行的高管提出了赤道原则中的环境问题审核义务，并正在进一步将其全面推广。该银行的可持续发展业务咨询小组组长安德烈·阿巴迪告诉我们：“赤道原则还只是冰山一角。”

阿巴迪的小组仅建立了数年时间，但它在银行内的重要程度却飞速上升。他的团队被用来评估潜在交易的环保与社会风险，而其中只有一小部分是关于项目融资的。在过去的三年中，每年的交易金额都成倍增长。在最近一年所审核的数百宗交易中，这个小组为20%以上的项目设定了限制，当场否决的占15%。荷兰银行还在某些自动风险评估工具中加入了检查和警告标记，以使对环境与社会风险的评估深植流程之中。荷兰银行这一深入且意义深远的投入已获得公众的承认，赢得了世界环境中心2006年度国际企业可持续发展成就金奖。

赤道原则

2003年，花旗集团、瑞士信贷集团以及荷兰银行等10家全球银行宣布了一项名为“赤道原则”的新协议，为银行对于项目融资贷款的决策方法确立了新标准。现在，大型管道和发电站等项目的大开发商必须证明，自己已充分考虑其工程建设可能带来的环境影响和社会影响，并会尽力将其降低。很多银行都感受到了令其加入此协议的强大压力，因此缔约成员已经从最初的10家增加到40余家。这些银行代表全世界绝大多数项目融资力量。越来越多的项目被拒绝或修改。秘鲁的管道项目、罗马尼亚的矿场项目以及很多其他项目，都因为未充分认真考虑环境问题而遭到否决。

银行正意识到它们的贷款投资组合是极大的风险来源。例如，借贷给炼油厂，现在看来可能是不错的主意。但是从投资的 40 年时间跨度来看，世界的价值观和期望值会有很大改变，使得矿物燃料项目成为极为糟糕的投资。即便是稍后于 2005 年成为赤道原则缔约成员的 J. P. 摩根集团，也向世界宣告将“在贷款审核中计算温室气体排放的财务成本，如因为竞争对手排放量低，在公众中拥有更高声誉，而导致企业丢失业务的风险”。

金融服务也需环保化

随着绿色浪潮席卷金融业，各种规模的借款者都被要求回答若干问题。即便是小企业，在获得贷款之前，也必须对接受关于其环境影响的盘问有所预期。

花旗集团的高管也承诺，将甄别对自然生存环境有不利影响的项目，拒绝向违法乱砍滥伐的企业提供贷款，投资可再生能源项目，并报告投资的所有电力项目的温室气体排放情况。

对冲基金也加入了这一行列，对大公司的治理和战略决策施加影响。例如，2007 年，德州太平洋集团和科尔伯格·克拉维斯·罗伯茨集团收购了总部位于达拉斯的电力公司 TXU，除了调整该公司新建 11 座燃煤发电厂的计划之外，对其他方面基本未做改动。我们看到这一趋势迅速风靡世界，使资本流动管理成为引领绿色浪潮的前沿力量。

管理这种复杂局面的工具：利益相关方示意图

其实，应对所有类型参与者的最佳方式是采用结构化的对策。在第十一章中，我们将更详细地讨论利益相关方战略，但在此我们先用一个简单的工具绘出 20 个关键利益相关团体的图表（见图 4）。

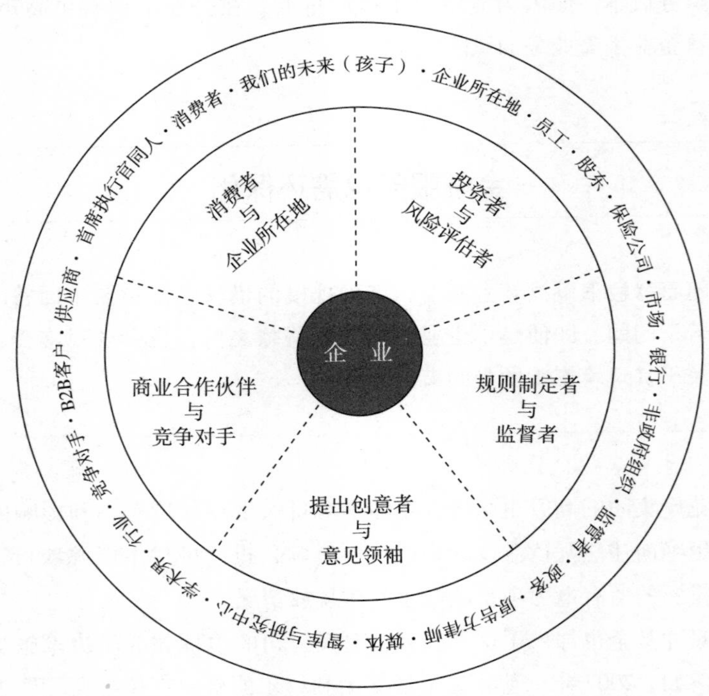

图 4　环保优势参与者

我们使用这个工具来帮助企业开发前瞻性战略，以应对不断增长的来自各种不同利益相关方的压力。它也显示了世界的变化有多大。在传统的商业分析中，战略领域所涉及的是少数关键参与者，他们构成了价值链——从供应商到顾客，再加上所有者（股东）、规则制定者（监管部门）以及员工。

从传统的角度来看，今天的世界几乎无从辨认。20 年前由哈佛商学院教授迈克尔·波特提出的“五力模型”仍很重要，而代表这些力量的参与者也依然势力强大。但是，竞争的性质和残酷性都已发生变化，因此企业战略必须更新以跟上形势。以环保为导向的利益相关方提出关于各种议题的尖锐问题，能够极大影响企业的未来。现在，跟踪范围更广的参与者的动向是极为必要的。

画出整个参与者的示意图开始看起来很难，但是可以从局部入手。对于每个类别，坐在参与者的位置上提问：谁是重要的利益相关方组织或个体？然后深入挖掘：哪些非政府组织专门关注你所在行业和企业？对于环境问题，竞争对手有何举措？你知道自己的员工对公司的环保绩效是怎么看待的吗？等等。

对各类参与者有了一点了解之后，就应该找出这些参与者可能想要什么。非政府组织的议程通常很容易探知，人们只需查看其网站和媒体报道即可，或者直接与它们联系。它们一般都会告知其优先考虑的问题。其他团体的议程可能较难得知，但也不是完全不可能。从内部开始是个不坏的主意，如加拿大铝业集团每年都对员工进行可持续发展议题方面的调查。其过程可能是痛苦的，但是在接受那些溢美之词的同时，你也能够听取批评意见。

最后，也是最重要的部分，就是询问企业是否准备好应对任一参与者可能摆到桌面上讨论的问题。在被非政府组织探问某一特定问题，比如公司的产品在使用寿命结束后如何处置时，企业会如何回答？企业应如何回答？在一年一度的大型消费类电子产品展览会上，公司的社会与环保表现受到非政府组织的强烈抗议，以及相关的媒体大幅报道，曾令戴尔公司大为震惊。一年之后，当非政府组织在公司年度股东大会的会场前倾倒了整车的电子产品时，戴尔更有所准备了。现在，戴尔定期更新利益相关方示意图，并密切注意外部关系的状况。

环保优势的关键

- 影响环保战略的参与者队伍在人数、广泛性和力量上都日渐增长。
- 每家企业都需要认真关注整个利益相关方的竞技场，从构建利益相关方示意图着手。
- 评估不同参与者的影响。但是要小心：你认为最具影响力者可能事实上并非如此。注意不要低估其他各方。
- 对每一类别中与自己企业相关的参与者进行系统化检视。自问：他们想要什么？企业会做出什么反应？应做出什么反应？
- 寻找与关键参与者建立联系的机会，即便对方看起来怀有敌意也要如此。
- 问题会自行消失的想法只会带来麻烦，要事先建立联系。

第二部分

建立
环保优势
战略

企业应如何建立环保优势？要回答这个问题，我们首先要问一个更基础的问题：总的来说，企业应如何建立竞争优势？哈佛商学院的迈克尔·波特在他影响深远的战略研究中，描述了两个基本类别的竞争优势。企业可以：

- 降低成本使之低于竞争对手；
- 使自己的产品在质量、性能和服务方面区别于竞争对手。

波特的竞争论为我们分析潮流驾驭者所使用的环保优势战略确立了一个非常有用的起点。

有些成本是明确并且相对短期的，如原材料的使用、能源的消耗，为了达到法规的要求而花费的时间和金钱。更重要的是，一大部分污染是废弃物以及过时的生产流程和糟糕的产品设计所带来的结果。所以，提高资源生产力——每单位产出所消耗的原材料和能源总量，可以为企业带来直接效益。同样，通过避免需要特别关注和文件说明的产品、化学物质以及生产流程，减轻监管负担，也能间接降低成本。

那些成功管理环境风险的公司可以降低运营成本，减少资金成本，提高股市价值，并且维持合理的保险费用，也避免了业务中断和声誉丧失带来的间接成本。

从收益方面来讲，创造环保差异性的收益有时候是明确的，比如售价更高或者销量更大。但是更多的时候这种收益是无形的，比如能加强与客户、员工和其他利益相关方的关系。有人说这种无形价值过于含糊，无法衡量，但是他们错了。赢得新客户来取代失去的老客户需要多少成本？这就是增强忠诚度的价值。员工流动性的影响如何呢？如果提高士气、加强员工对公司的忠诚度从而减少员工流失，能节省多少钱呢？还有，企业所在地的支持又如何呢？例如，如果英特尔公司在12个月内无法兴建它的下一个投资数十亿美元的芯片厂，只是因为当地对它的用水量感到不安，这样它的成本将有多高？这些可衡量的收益使企业对无形价值的投资变得更加具体。

为了帮助我们思考企业曾经执行和未执行的环保策略，我们在分析中增加了一个维度。我们自问，某一个战略是否能确定地产生价值。为了进一步简化，我们大致把“确定”视作短期，把“不确定”视作长期（见图5）。

以成本控制相对于风险管理为例。如果你在系统中减少废弃物，你会很确定自己能节约多少钱。这样，你就可以更容易地在企业内部推销你的计划。但是，如果你使用一个毒性较小但是前期成本比较高的替代品，你能给公司节约什么？风险是降低了，但是有什么价值？何时能得到收益？这些问题更难以回答。所以，风险控制是不那么确定的，虽然长期来看它往往收益更大。潜在收益方面也是如此，与增加品牌价值相比，提高收益往往更容易（虽然也不是很简单）。

环保优势实施策略范本

通过调查和研究，我们发现潮流驾驭者使用8个基本的策略来完成以下4个卓越的战略任务。

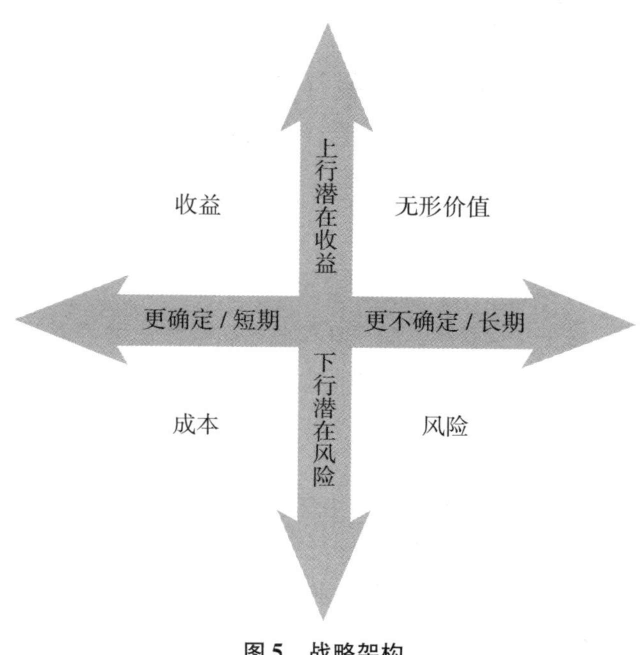

图 5　战略架构

1. 潮流驾驭者在整个价值链上削减运营费用，降低环保开支，如废弃物处理和监管压力。

2. 它们在运营中，尤其是在供应链方面，找出环保和监管压力风险并加以减少，以此避免额外的成本，并加快产品上市速度。

3. 它们通过设计和营销在环保方面表现得更出色，更能满足客户的产品需求，想办法提高收益。

4. 一些企业，最有名的是英国石油和通用电气，通过宣传公司整体的环保形象提升无形的品牌价值。

“从绿到金”的这一整套策略提供了环保优势实施策略范本，聪明的企业可运用这些策略把环保和可持续思维转化为利润。

“从绿到金” 实施策略

控制下行潜在风险（第四章）

成本

1. 环保效益：提高资源生产力
2. 降低环保费用：减少环保成本和监管压力
3. 价值链环保效益：降低上下游成本

风险

4. 控制环保风险：管理由环境问题带来的商业风险

创造上行潜在收益（第五章）

收益

5. 环保设计：满足顾客的环保需求
6. 环保销售和营销：在环保属性方面形成产品定位和顾客忠诚度
7. 以环保界定新市场：推进价值创新，开发突破性产品

无形价值

8. 无形价值：培育公司信誉和可信的品牌

在第五章里，我们将会说明如何提升上行潜在收益。在第四章，我们先侧重介绍下行潜在成本和风险，以使企业能更平稳地赶上绿色浪潮。

第四章

控制下行潜在风险

策略 1：环保效益——提高资源生产力

在过去的 15 年间，化工巨头杜邦公司令人瞠目地削减了 72% 的温室气体排放量，其中一半来自对仅仅一个流程的改变：已二酸的生产。这项改变减少了一氧化二氮的排放。一氧化二氮是一种威力强大的温室气体，它的保温能力比二氧化碳高很多。公司又宣称，无论其业务增长得多快，其能源消耗量都将保持不变——能源消耗是制造温室气体的首要来源。通过持续的警觉和革新，杜邦公司找到了上百种节约能源以达到预定目标的方法。在过去 10 年里，这项战略已经为杜邦公司节省 20 亿美元。

这种坚定的决心在我们所研究的聪明企业中是很典型的。潮流驾驭者以更低的投入获得同样的产出。通过提高资源生产力，它们创造了典型的双赢环保战略。此类案例不胜枚举。

- **水**。芯片制造商 AMD 改变了一个“湿加工”工具以使用更少的化学物质，同时还意外地节省了清洗硅晶片的用水量。这一程序曾经需要每分钟消耗 18 加仑的水，现在则降低到了 6 加仑以下。

- **原料**。天木蓝公司（Timberland）重新设计了它的鞋盒，节省了15%的原材料（对于每年卖掉2500万双鞋来说，这些节省积累起来是相当可观的）。
- **能源**。IBM超越了它的温室气体减排的5年目标，通过重新设计空调系统等节能行动，节约了1.15亿美元。

在研究中，我们发现了企业使用的数千种减少废弃物的方法，既节省金钱又节省资源。有时候企业采取很大的行动，比如陶氏化学公司已经实施20年的“减少废弃物获益”行动。有时候只需很小的改变，像奥多比软件公司总部的电脑化喷淋系统，在给草坪喷水之前先查看天气预报。无论大小，环保效益成了一家聪明公司的基本要素。但是一切活动都要有一个起点。在我要讲的这个案例里，大规模的“防治污染”计划是由美国明尼苏达州明尼阿波利斯的工业巨头3M公司开始推动的。

污染防治增益计划

1975年，3M公司的环保经理乔·林正忙于让企业符合新的土地法规。3M公司在烟囱上加装集尘器以减少污染，在排放之前对污水进行处理，并且对固体废弃物进行筛选，焚烧其中的一部分，而不是直接丢弃。但是，林想：“如果在污染产生之前就对它进行控制不是容易得多吗?”于是他开始推行一个执行至今的计划，即“污染防治增益计划”（又称3P计划——Pollution Prevention Pays）。

这项计划从一开始就坚持一点：任何减少污染的方法同样也能省钱。如今，公司高管告诉我们，所有的3P项目至今仍遵循这样的理念。3M公司环保经理凯西·里德告诉我们：“任何东西，如果不是产品就被算作成本……它是质量不好的表现。”正如3M公司的高管看到的，从工厂里出来的所有东西，要么是产品、副产品（可以再利用或出售），要么就是废弃物。他们自问：为什么要有废弃物呢？30 年来，公司管理者已经深信，任何一种能够增加公司在环境中留下印记的东西，包括排放物、固体废弃物、能源和水的使用，都是缺乏效率的象征。

3P 就是它的解决之道。这个计划深深融入企业文化，激励各级员工对产品和流程进行重新思考。最初，林和他的团队为员工提出的 20 项减少废弃物、节约成本的点子而自豪，这些点子减少了数吨的污染物，节约了 1100 万美元。从此以后，3P 计划迅速发展，甚至超过最乐观的预期。迄今为止，这项计划累计开展了将近 5000 个项目，减少了 22 亿吨污染物。仅挥发性有机化合物的排放量一项，就从 1998 年的 7 万吨降低到现在的不足 6000 吨。

3P 计划在财务方面的影响也是惊人的。据 3M 计算，第一年 3P 计划为公司节省 10 亿美元。这一点值得重申——3M 只计算环保项目第一年的预期或实际节省的成本。这种过于保守的估计使 3M 公司保持诚实，并且迫使公司里的所有人寻找能够快速获利的创意。尽管 3P 计划被低估，但它还是显示出环保效益竟如此惊人。

30 年之后，3M 的 3P 计划依然在创造收益。3M 的高管为 3P 计划的项目数量设立了一个很有挑战性的目标，但是并没有设立金钱和环保方面的目标，只是鼓励人们发现新点子和新方法。他们认为，只要有好创意，环保和金钱方面的收益自然会跟随而来。他们的经验也证实了这个想法。

吉姆 · 欧姆兰德经营着 5 家制造医用胶带和工业矿石的 3M 工厂。当他要求员工找出三个新的 3P 项目时，他碰了一些钉子。“他们告诉我，‘能节省的我们都已经节省了’，”欧姆兰德说，“但是，当天然气的价格猛涨，我们的业务遭到了 1000 万美元损失的重击时，员工突然找到了减少天然气使用的新方法。”

潮流驾驭者们一再发现，要求员工带着环保思维审视自己的工作，能够促进减少废弃物、提高资源生产力等方面的创新，进而形成企业的环保优势。

一些企业不仅做到了减少废弃物，提高环保效益，而且已经为它们的工业副产品找到市场，以使这些东西不会被当作废弃物丢弃。罗纳·普朗克公司在20世纪90年代为自己生产尼龙的副产品二价酸酯找到了市场，由此开辟了一个新天地。如今，很多企业都秉持这种“工业环保”精神，使自家企业的副产品成为另一家企业的原材料，并想办法回收和销售部分废弃物。

减少污染有什么问题

烟囱里的集尘器代表“我们可以从后端解决问题”的态度，但是正如3M所理解的那样，集尘器和与此类似的技术不过是把问题从这边挪到了那边。被集尘器捕获的污染物变成泥浆，还要小心处理，否则就会造成水污染，或者泥浆增多之后最终还是会造成空气污染。正如3M的前任经理托马斯·佐尔所说的，“我们所做的一切，不过是把污染物在一个圈子中挪来挪去”。

3M公司的3P计划之所以如此成功，是因为它让人们在问题开始出现之前就关注。很多潮流驾驭者告诉我们，它们在环保问题上遇到的一些最大失误，是由于新的控制污染的技术成本太高，或没有如预计的那样生效，或制造了更多的麻烦。重新设计产品和生产流程以减少废弃物，而不是改进清洁策略，已经成为环保优势的一个核心因素。

触手可及的成果：改装和自动化

在第七章至第九章，我们将讲述一些企业用来提升环保效益的工具，例如生命周期评估和环保设计将环保思维带入实践。但是，复杂的工具并不是提高环保效益的唯一方法。零售行业和拥有大型设施的潮流驾驭者常常发现，安装新的“环保”照明装置和其他节能设备可以获得很高的投资回报，几个月就能收回投资。

在比较小的方面，陶氏化学把员工的电脑设置成如果不用就关机。在大的方面，史泰博公司通过集中控制 1500 家商店的照明和空调系统，在两年内节约了 600 万美元。联邦快递金考的 1000 家分店中有 95% 改装了新的节能照明系统和动态感应器，周围没有人的时候灯就会自动关闭。公司在每个分店花费 3000 ~ 10000 美元，但是仅仅用 12 ~ 18 个月就通过节约能源收回了成本。

信息时代的环保效益

在当今的数字时代，我们很容易找到提高效益的机会。计算机和信息管理系统使我们很容易对资源的使用与生产力进行跟踪，并在不同的设备、产品和生产线之间做比较。原材料消耗、能源需求以及废弃物产出之间的对比研究，可以简化识别最佳方法和计算潜在效益提升率的过程。电子邮件和互联网方便了这些最佳方法在整个公司的推广，加速意见反馈的获取，并且提高绩效。

数字技术同样能在“工厂大门”外为环保效益创造机会。通过在网上给购买者和销售者牵线，互联网降低了寻找成本并创造了原本不可能存在的市场。不断增多的废弃物交换网站帮助企业“封闭资源回路”，并且为它们的工业副产品找到了顾客。

联邦快递金考的环境事务总监拉里·罗赫罗对公司在环保效益方面的努力似乎并不在意，他说：“大家都在做这件事，所以这算不上什么创新。”但是我们并不这么认为，并不是所有企业都在寻找这种简单的节能技术，很少有企业会改造 1000 个站点。联邦快递金考切实推行环保举措，做出了实际的改变，在环保方面取得长足进展，并且节省了成本。

素有“精益管理之王”称号的沃尔玛为其已经十分高效的门店设定了新的目标——再削减 25% 的能源消耗。起初，这似乎是不可能完成的任务，但后来，经理们找到一些显而易见的方法来削减成本。他们尝试在出售奶酪和牛奶的冷鲜区域为冷藏柜加装柜门。这个简单的方法使这一区域的电能消耗降低 70%。此外，他们还加装了人流感应系统，并发现，在一家 24 小时营业的门店，这些新的冷藏柜中的照明灯只需要开大概半天即可。现在，沃尔玛正在其所有门店推广这些节能措施。

节省成本有多重要

当我们与 3M 的高层会谈时，有一个问题困扰着我们。3M 公司的净利润和运营利润与 30 年前差不多。为什么我们没有看到通过获得环保效益节省下来的数十亿美元反映在公司的利润上呢？3M 的回答恰恰显示了 3P 计划对于公司有多么重要。3M 公司在很多高度竞争、利润率越来越低的领域运营。据凯西·里德所说，不断地寻找降低成本的办法，“使我们保持竞争力，从而能够继续在业界立足”。

艰难的利弊权衡

获得环保效益有时候也要付出代价。在环境的某一个层面减少废弃物可能会在其他方面带来问题。瑞士的一个小型制造商罗能纺织品设计了一个封闭的水循环系统，来对这项宝贵的自然资源进行循环利用。由于瑞士水价高昂，工厂预计会节约一大笔钱。但是公司很快发现，这套新系统显著地增加了能源消耗，结果并没有节约任何成本，于是首席执行官阿尔宾·凯林停止了这项计划。

环保问题有时候也会与社会方面的考虑相冲突。可口可乐在印度曾经面临强烈的公众抗议，因为人们在它的产品中发现了微量的杀虫剂。经过仔细研究，可口可乐发现这些微量杀虫剂来自公司从当地购买的蔗糖。对这个问题，一个解决方案就是从国外进口蔗糖，但是这就意味着印度本地的蔗农将要失去收入和工作。最后，可口可乐继续从印度农民手中收购蔗糖，并且自己承担了额外的净化费用。

以上案例告诉我们：在启动新的环保效益议案，或者采取快速行动降低环境影响之前，先要审视一下意外的负面后果。

另外一些赶上环保与成本效益潮流的公司则更为直接。因特菲斯公司的创始人兼董事长雷·安德森告诉我们，公司从废弃物管理和提高环保效益中节省的三亿美元挽救了公司。在21世纪初的经济萧条时期，因特菲斯的主要业务——办公室地面装饰下降了超过1/3。安德森表示，如果没有节约这些成本，“我们肯定没法坚持下来”。让我们面对这个事实：环保效益很难引人注目，但是利润的提高却能使所有的首席财务官和首席执行官为之一振。公司能够生存下来也是令人振奋的。

策略2：降低环保费用——减少环保成本和监管压力

20世纪80年代晚期，杜邦公司突然清醒过来。当时，环保信息的披露正逐步提升，特别是通过《排放毒性化学品目录》的披露。公司发现，尽管每年要花费超过10亿美元处理废弃物和控制污染，但它仍然是世界上最大的污染制造者之一。管理者惊骇地发现从烟囱排出的化学物质竟然让公司花费不菲。

首席执行官埃德·伍拉德要求公司同时大幅削减排放物和成本，并且设立了一个大胆的废弃物目标。“目标是零”已经成了杜邦公司的口号。当伍拉德发现公司进步得不够快时，他告诉高管层：“如果一定要通过关闭工厂来显示我对此事的重视程度，我会那么做的。”

于是，大家意识到了事情的严重性。如今，杜邦的废弃物处理和污染防治费用已经下降到4亿美元。主管安全、健康和环保的前副总裁保罗·特博估计，这些费用本来会上升到超过20亿美元。对于每年净利润在18亿美元的公司来说，每年16亿美元是个很大的降幅。再加上每年数亿美元的节能投入，如果杜邦不做出环保努力，它也只能达到大致的收支平衡而已。

其他公司也是如此，尤其是那些已经投资数百万美元用于污染控制设备的公司。加拿大铝业的丹·加格尼尔估计，公司在一个新炼铝厂投入的30亿美元中有20%都花在了环保设备上。

“从绿到金”的第一个策略是通过节约资源降低成本，第二个策略关注在污染控制和环境管理方面投入的时间与金钱。除了用于废弃物处置和污染控制设备的数百万美元（或欧元）之外，我们还加入了填写表单的时间和金钱，如因管理不当造成的环保方面的罚款，以及为了符合监管标准而使日常运营减缓带来的损失。

直接处理这些问题的公司可以节约不少成本。15 年前，家具制造商赫曼米勒运送到填埋场的垃圾有 4100 万磅（约合 1860 万公斤），而现在只有 500 万磅（约合 227 万公斤）。在回收和减少废弃物方面的积极努力，每年为公司节省 100 万美元以上。

公司为了符合监管要求而采取的任何行为都能帮助降低运营成本并加快产品上市速度。举例说明，建立新厂需要取得无数的许可证，使用某种化学物质或者污染排放超过某个限度还要申请额外的许可。潮流驾驭者密切地关注这些限度，并想尽办法符合监管要求。必要时，它们会重新设计产品和流程来达到这一目标。从环保费用的角度来审视业务，将会帮助公司找到新的、成本更低、更快的运营方法。

策略 3：价值链环保效益——降低上下游成本

制鞋业是一个令人难以置信的有毒行业。除了原材料本身，用于黏合的胶也是由一些已知对心脏、呼吸和神经系统有害的化学物质制成的。一双跑鞋不足以把你送进医院，但是工厂里的工人却面对着切实的健康风险。

天木蓝公司深信，需要对依赖有毒物质的传统工业进行重新思考，这使它成为第一家尝试将新型水基胶用在非运动类鞋上的公司（耐克和其他制造商在运动鞋上已经迈出环保步伐）。做出这个改变需要天木蓝公司与其亚洲供应商紧密合作。

通常的观点是，天木蓝的“去毒计划”将使供应商增加很多成本，而且在测试阶段的花费会更多，因为新型胶水由于没有达到规模效应而价格更高。但是长期来看，天木蓝估计这个流程对公司至少不会带来更多成本，并且对整个价值链来说能节约成本。原因是，水基胶使供应商省下了几乎所有需要用于处理有毒材料的钱，包括处置废弃物、保险和培训。结果，在测试过程中生产成本就已经降低，因为水基胶只需要用一层，而不是两层，而且上胶设备也不像以往那样需要频繁清洗，因此供应商的生产线不必中断，可以工作得更久。这项改变同时节省了人力和时间。但是天木蓝在今后的发展中能够分享供应商节约的资金吗？这就是“从绿到金”第三项策略的挑战。

很显然，这并不容易。如果天木蓝发现连让供应商分享所节约的资金都很难，那么设想一下，如果请客户也这么做，结果如何自然是不言而喻。试举一个杜邦在汽车烤漆方面创新的例子。克莱斯勒公司正在测试杜邦的 SuperSolids 技术，这项技术可以减少烤漆程序中高达 80% 的有毒气体排放。据杜邦估算，这项技术可以使汽车公司的每个生产厂每年在排放控制设备和运作成本上节约 2000 万美元。对于这些节省的资金，杜邦能分一杯羹吗？恐怕不行，但是长期来看，杜邦可以赢得更多的市场份额，获得更多的收益。

很多公司已经找到通过削减产品分销中的环保和财务预算来降低价值链成本的方法。任何一个从宜家购买过自己组装的产品的人都知道它把多少东西装进一个纸箱。宜家确实有理由为它所谓的“平板包装”而自豪。这些纸箱中每一毫米空间的节约，都使宜家能够把卡车和火车装得更密实。有时候，公司能够增加 50% 的装货率。这类聪明的包装方式为公司在每件产品上节约了高达 15% 的燃油——很突出的环保优势——并且也激励员工进一步突破极限。宜家的一名员工埃里克·安德森发现公司长 88 厘米的克利帕沙发是被装在长 91 厘米的纸箱中运输的。仅仅把包装箱缩短 1 厘米，就能在一节车厢中多装 4 个沙发。

卡车装载

提高价值链效率的一个极其简单的方法就是：把卡车尽量装满。例如，戴尔已经把它的平均卡车装载量从 1.8 万磅提高到 2.2 万磅，并且继续同 UPS（联合包裹）合作以优化物流策略。3M 公司 3P 获奖项目之一是由一名法国员工开发的创新系统。他的创新发明是在卡车中安装可调式隔板。把本来只能装一层 3M 设备的空间变成两层，这使工厂的出车量减少 40%，每年可节省 11 万美元。

策略 4：控制环保风险——管理由环境问题带来的商业风险

多年来，孩子们都很高兴能从早餐的谷物脆片盒里找到奖品或玩具。2004 年夏，为了宣传新的大片《蜘蛛侠 2》所进行的一个常规交叉促销活动却把生产卜卜米和夹心派的家乐氏公司搞得很惨。正如美联社报道所讥讽的那样，因为产品盒中发现了遍布全美的新蜘蛛侠玩具，家乐氏“陷入了批评的大网”。令人惊讶的是，每一个蜘蛛侠玩具内的电池都含有有毒物质——汞。

这类纽扣电池是很常见的，但是美国有些州已经禁售以含汞电池为动力的玩具。家乐氏突然发现自己因为把汞放在儿童食品旁边而备受大众抨击。在听取了纽约、康涅狄格、新罕布什尔等地州检察官的指令之后，公司为收到玩具的 1700 万个消费者提供了预付邮资的回邮信封。家乐氏还承诺，今后绝不再使用有问题的电池。

同时，在伊利诺伊州另一家经常以玩具作为赠品的食品巨头的总部，高管们则大大地松了一口气。麦当劳躲过了同样的危险，但并不是因为偶然。在家乐氏公关危机之前的几年，麦当劳就把纽扣电池看作一个不断增长的风险，并且在开心乐园餐玩具中全面禁止汞的使用。

在家乐氏事件之后的几天，我们走访了麦当劳的高级经理。我们发现麦当劳的高层已经制定了发现并降低品牌风险的策略，因为品牌是迄今为止该公司最有价值的资产。为了保护这一价值数百亿美元的超级品牌，它努力降低意外的商业风险，包括环保风险。多年来，面对从垃圾、包装到疯牛病等压力，麦当劳决定走在变化之前。

通过一个“预期风险管理”流程，公司研究环境和社会潮流，从而发现业务的潜在危险。早些时候，它关注的一个新威胁就是当时还不明确的电池中含汞的问题。麦当劳经过计算发现这个问题风险很高，但是改变的成本却很低。因此在家乐氏的意外事件发生之前几年，麦当劳运用它的市场影响力对供应商施加压力，让他们寻找替代品。后来，美国一些州开始对靠近食品的玩具中的汞进行监管的时候，麦当劳早已做好准备。这些电池从来没有成为代价高昂、毁坏品牌声誉的问题，因为公司早已系统化地发现并规避了风险。

没有发生问题是一种奇特的成功。麦当劳的社会责任总监鲍勃·兰杰特告诉我们：“我为我们所做的一切感到自豪，但是没有人知道这些。”不过我们确定，这正是股东期望的。

建立信任银行

对于鲍勃·兰杰特和麦当劳团队来说，风险管理已经不仅仅是潜在损失控制。“如果你没有做正确的事，风险肯定会来临，”兰杰特说，“但是从潜在收益来讲，就是与客户建立一个‘信任银行’。信任很难获得，但很容易丧失……你越努力，就越能提升客户对品牌的忠诚度。我深信，这里潜藏着真正的机会。”

在风险到来之前发现它

奥普拉·温弗瑞拥有影响市场的强大力量。她可以让一本毫不起眼的书成为畅销书。在她的建议下，数百万人改变了他们的消费模式。1996 年，奥普拉在她的节目中采访了一位素食主义者，并宣称，听了那位素食主义者的话之后，她“马上不想吃汉堡”了，牛肉的价格在第二天暴跌 10% 。

商业风险可能以最离谱的方式到来。对于牛肉生产者和类似麦当劳这样的快餐店来说，“奥普拉事件”简直就是飞来横祸，令人莫名其妙。然而，这真的是无法预测的吗？未必如此。征兆到处都是，奥普拉只是为她的观众做了个总结而已。

聪明的企业使用各种方法发现风险，即使是很难发现的风险也不放过。壳牌利用远景规划法描绘可能的未来。宜家家居对供应链进行了彻底考察。麦当劳则让高管进行经常性的风险分析。

寻找环保风险要求人们跨越传统公司的藩篱。风险可能来自上游（供应商）或者下游（客户）。

设想一家大型仓储式零售商有一个亚洲的皮衣供应商，这家供应商把制革过程中产生的有毒废弃物倾倒进当地的河流。一个非政府组织拍摄到非法倾倒的场景，并把照片公布到网上。这个故事引起了欧美媒体的注意。顾客不会记住那个小制革厂的名字，只能由大牌零售商背负这个破坏环境的坏蛋罪名。等事情发生之后再慌忙处理，就会把企业置于一个糟糕的境地：信誉一旦破坏，将很难恢复。

所以，潮流驾驭者会在问题出现之前发现风险。它们不仅检查供应链，还检查整个价值链。我们在此提出一些可以帮助公司了解环保影响的大方向问题。

在最基本的层面，发现风险的意思就是了解公司究竟对环境有什么影响，以及自然资源的有限性对公司有什么影响。我们的 AUDIO 分析（见第二章）可以帮助公司在整个价值链上找出环境问题究竟在哪个部分对业务产生了影响。在第七章，我们会介绍帮助企业发现风险的其他工具，哪怕风险还没有出现。

商业风险

任何公司都应该降低环保风险，这说起来容易，但是企业管理者究竟应该注意什么呢？我们把企业风险看作一种机会，它能使企业的日常运营发生很大转变。英国风险管理研究所的专家列出了以下四大类风险：

- **财务方面**：利率和汇率、流动性、现金流。
- **策略方面**：竞争对手、业界互动、顾客改变。
- **运营方面**：供应链、监管。
- **危险方面**：自然灾害、环境、员工等。

环保风险会影响所有这四个方面：污染物泄漏或其他事件的责任会影响财务前景，客户需求使市场状况快速改变（如更省油的汽车），更严格的监管或供应链问题则属于运营风险。

表 3　发现环保风险

价值链的环节	帮助发现环保风险的问题举例
公司运营	• 我们对环境的影响有多大？ • 我们主要依赖哪些自然资源（能源、水、原材料）？用量有多少？ • 我们向空气和水中排放了哪些污染物？ • 我们是如何处理废弃物的？
	• 我们的环保管理系统有多新？ • 我们发生有毒品泄漏或排放的可能性有多大？ • 与我们同行业的其他公司发生过问题吗？ • 有哪些地区、国家的法规和国际法规与我们的业务相关？我们全面遵守这些法规了吗？这些法规变得越来越严格了吗？
上游	• 我们的供应商主要依赖哪些自然资源？这些资源在现在和未来是充足还是紧缺？ • 我们的供应商制造污染吗？他们遵循相关法规吗？相关的法规是否越来越严格？ • 供应商卖给我们的产品里面含有哪些物质？这些物质有毒吗？
下游	• 我们的产品需要顾客使用多少能源（或者水和其他资源）？ • 我们的产品中含有有毒物质吗？ • 顾客用完我们的产品之后是如何处理的？如果法规要求我们必须收回产品，会发生什么情况？

前瞻思考：领先于法规以取得环保优势

20 世纪 90 年代末，麦当劳的匈牙利团队已经预见到未来回收再利用方面的监管。西欧国家已经有了很完善的废弃物处理系统。随着匈牙利准备加入欧盟，更加苛刻的法规也将出台。匈牙利麦当劳的高管没有等待政府的命令，就决定自己建立一个全国范围的废弃物处理系统。

当匈牙利通过了全国回收法令之后，企业被“要求”加入并且自费购买新系统。高昂的费用和最初糟糕的服务水平使大家都不愿意遵守，但是没有其他选择。不同的是，麦当劳有其他选择。“匈牙利麦当劳使用自己的系统，”欧盟环保主管埃尔斯·克鲁埃克告诉我们，“它的系统比政府的便宜，而且是专门为门店的废弃物设计的。”

潮流驾驭者认识到，走在法规的前面能够节约时间和金钱，并且能减少麻烦。私人企业庄臣公司悄悄地改造了它的市场领先产品，诸如稳洁、通乐、碧丽珠、密保诺，以减少某些化学物质的使用，特别是减少“持久性、生物累积性和有毒”（persistent，bioaccumulative，and toxic，有时也简称为 PBT）的物质。

庄臣的所有产品都必须通过内部“绿色清单”的检测，这个清单根据毒性、生物降解性等环保属性给每一个产品成分打分。庄臣评估了超过 3000 种原材料——远远多于美国联邦政府在有毒物质法令下评估的种类。与此类似，诺基亚检查了 30000 种零件，并把某些材料从它的产品中去除。

庄臣负责管理“绿色清单”的高管戴维·朗表示，这么做的好处是使公司受新法规影响远小于竞争对手。“当新法规出台的时候，总会在行业内引起混乱。”他说，“当欧盟通过新的洗涤剂法规时，因为有‘绿色清单’，我们已经改变产品配方，使用了符合法律规定的表面活性剂，所以这项法规对我们的影响很小。”

准备迎接大挑战：气候变化法规

随着世界各地气候变化法规的出现，聪明的企业已经为未来做好了准备，哪怕是在法规尚未出台的美国。

清楚地了解每个工厂的废气排放，是应对新法规的一个很好的起点。2001 年，芯片制造商 AMD 发布了它的第一个“全球气候保护计划”。这个年度报告描述了公司每个地点的排放情况，并提供了目前致力于减少总排放量的工作案例。倒退几年，公司的这种气候变化策略可能显得很古怪，但是现在它已经变成很平常，并且是大家期望的事情。

正如我们在第三章提到的，世界上一些较大的机构投资者所支持的“碳披露项目”会询问企业一个简单的问题：“贵司应对气候变化的计划是什么?”其真正意思是：“如果有更严格的法规出台，贵司该怎么做?”回答“不知道”已经行不通了。

“如今，我们正处于一个对碳进行限制的世界，”通用电气公司首席执行官杰夫·伊梅尔特说，“未来就是现在。”

还记得 REACH 吗？就是那个被化学行业认为会花费数十亿美元并且毁掉公司的欧盟法规。戴维·朗一点儿也不担心：“我们可以从容地面对 REACH，因为其中的很多条款都是针对我们已经在产品中去除了的有毒原料的。”如果法规对你已经不适用了，那它就没那么可怕了。

实际上，已经走在法规前面的企业对更严格法规的到来是持欢迎态度的。更严格的法规会使准备不足的竞争者增加很多成本，甚至可能会让它们很多年都无法进入市场。

1999 年，瑞典家电制造商伊莱克斯宣布与东芝合作“开发节能技术，以应对未来更严苛的全球环保法规”。这就是前瞻思考。不过，即使规模较小的地方性和全国性法规，也有可能改变市场。日本的“Top Runner”产品标志计划，向消费者展示了一件家用电器的“总花费”——商品标价加上这件电器使用 10 年的耗电量。由于伊莱克斯生产了一些全世界最高效的电器，在日本等有环保标签规范的市场，它将会有很好的定位。

英国石油也开始提前做准备。它发现在不同的业务单元之间买卖温室气体排放量限额，可以节省 15 亿美元（稍后会详细说明）。公司建立了英国和欧盟的排放交易系统。正如英国石油的首席执行官约翰·布朗所说，走在问题的前面，意味着公司可以“获得一席之地，并有机会影响未来的法规”。

同样，诺基亚也发现，让公司做好应对准备很有必要，比如应对有害物质管理法规，特别是让制造商处理顾客用完的产品的回收法令。加快步伐远远走在法规的前面，使诺基亚能够测试各种方法，解决系统中存在的问题。与英国石油类似，它也充当了帮助有关当局制定相关法规的角色。

寻求环保方面的竞争优势并没有错

我们经常听到企业高管担心，如果把竞争重点放在环保因素上好像有点不合适。我们理解这种心情，但是高管人员不必为做正确的事而获利感到不好意思。如果一个电子产品制造商发现了一个不用重金属制造电子产品的方法，为什么要与竞争对手分享呢？为什么不利用这种环保优势与对手竞争呢？会有利益相关方对此持反对意见吗？我们想象不出来。非政府组织很乐意看到环保的公司胜过那些不环保的公司，因为这和抗议与法规一样，能够让整个产业接受更加环保的解决方案。如果环保战略能带来更高的利润，员工和股东肯定不会介意。

进一步的策略：宣传更严格的法规以取得竞争优势

企业能够影响政府的政策走向，这一事实已众所周知。很多公司在说客、工商业协会以及大活动中投入大量资金，试图影响政府决策。然而，奇怪的是，几乎所有努力都是为了阻挠新法规的出台。实际上，新法规也能够制造赢家和输家。那些已经做好准备迎接新法规的企业，将会在新市场中获得相当大的优势。

企业应该比现在更频繁地呼吁更严格的法规。确实，这样做可能有风险，但是在适当的情况下，这是一个使自己获得显著竞争优势的强有力策略。例如，当美国西北部森林中的濒危动物斑点猫头鹰受到关注时，造纸公司面临着新的伐木禁令的限制，而冠军纸业（Champion Paper）却因此蓬勃发展。当《蒙特利尔议定书》阶段性地禁止破坏臭氧层的氟利昂的生产时，杜邦因此获得了更多的市场份额和利润。杜邦本来的氟利昂类产品的销售额高达每月5亿美元，本来也反对淘汰氟利昂，但后来，它发现氟利昂的替代品能为自己带来更多的收益。

环保优势的关键

利用下列方法节约成本：

- 减少废弃物以提高环保效益；
- 削减废弃物处置成本与遵循法规的费用；
- 在价值链的上下游获得环保负担减轻的价值。

利用下列方法控制环保风险：

- 预估环保风险并且加以解决；
- 走在新监管要求的前面；
- 协助政府制定法规，以便在市场上取得相对优势。

第五章

创造上行潜在收益

“当接任首席执行官的职位时，我从未想过自己会谈到环保方面的问题。”通用电气的杰夫·伊梅尔特在发布“绿色创想”计划时说。这话说得真是轻描淡写。前首席执行官杰克·韦尔奇就经常和执法机构与非政府组织剑拔弩张。韦尔奇为了哈得孙河和胡萨托尼河中发现的有毒多氯联苯事件中，通用电气究竟应当承担什么责任一事，与政府抗争多年。然而，几年之后，他亲手提拔的继任者却宣称环保产品和服务将是通用电气的核心经营策略。

评判通用电气的“绿色创想”计划效果究竟如何，现在还为时尚早，但是这个创想本身及其背后的战略却很好地示范了“从绿到金”操作范本中的潜在收益。“绿色创想”是一项多方位的计划，包括广告、直接的产品营销，以及产品创新。正如伊梅尔特清楚地指出的，其核心在于收益的增长。前期的结果看起来相当有潜力：在计划实施的头一年，通用电气在销售环保产品方面的收益就增加了40亿美元。

在过去的40年间，环保战略已经有了很大的进步，从战术性的遵循法则，到进一步（虽然还是战术上的）强调环保成本和效益，再到更具战略水平的专注于成长的机会。现在，越来越多的企业发现了灵活驾驭绿色浪潮所能获得的潜在收益。

本章阐释的四种策略都与增长相关——销售的增长、品牌价值的增长、利益相关方信任度的增长。本章的几个策略旨在通过满足顾客需求、宣传产品的环保特性、建立新的市场环境（或称“价值创新”）来开发新产品，并且通过宣传公司的环保理念提升企业形象。

策略5：环保设计——满足客户的环保需求

还记得电动汽车或第一代节能灯泡吗？这些绿色环保产品是由通用汽车、福特、飞利浦和通用电气等聪明且成功的公司引入市场的。虽然这些产品不太成功，但也不能全怪它们。30年来，调查显示客户关心环保问题。不过，理论上是这么说，当看到标价比较高的实际产品之后，他们往往就不会购买了（这些公司很快就发现了这一点）。

有些环保产品之所以失败，是因为没有以适当的价格满足客户需求，还有一些则是因为产品定位不准，营销不到位。了解消费者的需求或愿望，设计出能满足这些要求的产品并不容易。随着消费者环保意识的日益觉醒，利用环保营销获取环保优势的机会逐渐增多。

减轻客户的负担：把顾客的环保问题看作自己的问题

究竟什么样的产品或服务可以称得上是“环保设计”呢？简单的回答就是，它的开发方式使它在整个生命周期，包括从供应商的原材料到产品成型，再到产品用完，都可以帮助使用者减少对环境的影响。“环保设计”帮助客户降低对自然界的影响和相关的费用（产品的优点值得让客户花更高的价钱），提高市场占有率，并提高客户忠诚度。这项策略的核心就是努力降低能源使用，减少废弃物或者降低产品的毒性。

有数不清的办法可以帮助企业增加环保效益，创新是想办法削减废弃物，提高能源生产力的关键。秉承创新精神，小而灵活的企业通常能够获利。例如，爱多埃尔科技公司（IdleAire Technologies）在卡车停靠站开发了新服务，为停靠的卡车提供外接电力、取暖、空调、有线电视和高速上网服务。这种外部服务使卡车能够关闭发动机而不是让它空转一夜。这项服务节约了汽油，减少了发动机损耗，而所需的花费比发动机空转一夜的油钱还少。如果这项服务广泛应用，爱多埃尔的高效创新服务每年可以减少 3400 万吨的温室气体排放量。

小企业也可以帮助规模最大的买家——政府，降低对环境的影响。马萨诸塞的小海马电力公司（Tiny Seahorse Power Company）发明了一种叫 BigBelly 的新型垃圾桶。这种使用太阳能的高科技容器能自动压缩垃圾，减少卡车搬运垃圾的次数。纽约市政府和美国林业局等客户都因此而减少了派出垃圾车的次数和使用的燃料。

大公司也开始行动起来。太阳微系统公司在大力宣传下推出了一种安装在芯片上的“绿色服务器”，该产品可以减少用电量和冷却成本。该公司首席执行官斯科特·麦克尼利向计算机界推出该产品时说：“可持续发展战略能够帮助企业大幅削减成本……为了帮助企业和员工应对日常生活中因科技需求的改变所带来的挑战，我司正在致力于解决能源和原材料的效率、电力消耗和废弃物管理等问题。”

在科技生命周期的末端，还存在一个同样大的机会：帮助客户解决产品用完后的处置问题。戴尔公司的资产回收系统对这类尝试提供了很有价值的范例。由于电脑的淘汰速度很快，企业在淘汰过时的设备时，面临着有关环境和数据责任方面的切实挑战。戴尔着手帮助消费者处理软件和环保两方面的问题，并且从中获利。

只要为每台设备支付 25 美元左右的价格，戴尔就会派人到你的办公室拿走你的旧电脑。戴尔首先通过“破坏性的数据覆盖”删除电脑中的所有数据信息，然后把机器拆解。戴尔会重新利用一部分零件，回收塑料。最后，整台电脑的体积会被压缩到原来的 1%，再被送到填埋场。

这种多方位的服务增进了客户和企业的关系，并且可以增加销量。戴尔发现，回收工作可以在配送新电脑的时候顺便完成。如果这项服务能够达到大致的盈亏平衡，公司高管就会非常满意。但事实是，戴尔还能从中赢利。它对此似乎有点内疚，但是我们觉得它不必为此道歉。

利用环保设计提高收益需谨记的三点

环保设计可能比较麻烦。企业在尝试这些策略的时候，失败概率大于成功概率。我们的研究显示，通过吸取以下教训，公司可以避免最糟糕的失误。

满足真正存在的客户需求

20 世纪 90 年代，杜邦的工程师试图在聚酯产品业务中做好“循环”处理。他们发明了一种名为“佩特拉技术”（Petra Tech）的方法回收聚酯。这项技术将分子分解并用旧材料生产新的聚酯。理论上讲，把旧产品从客户手中收回来是有价值的，能够帮助客户节省成本。与更换地毯和打印机这类含有有毒染料和墨粉的用品不同，丢弃聚酯对于客户来说十分容易。事实上，回收聚酯比生产新聚酯的成本还高。简而言之，这个提案对于客户没有吸引力。

一个既富创意又有环保意义的流程或产品能让相关组织很兴奋。但是，如果它解决的问题并不是客户的困扰呢？教训是，不要沉迷于科技却忘记商业用途，而且不要假设对你的公司有益的事情一定会对客户有价值。

不要忽视客户的其他需求

人们很容易为一个解决环保问题的热门方案而头脑发热，却忘记产品应该具备它该有的功能。3M 的科学家在最初去除溶剂（去除溶剂产生的危险的挥发性有机化合物 VOC）的探索中，找到了一个用水基外膜制作录音磁带的方法。不幸的是，这个可以称为“无 VOC”的新产品有严重的瑕疵。这种新产品耐受温度的性能不如传统磁带。实际上，即使在常规使用的情况下，这种无 VOC 的磁带经常会融化。

有时候产品的主要功能在于它所提供的服务。麦当劳曾经试验过把装咖啡的一次性杯子换成可重复使用的咖啡杯。但是，顾客想把咖啡带走，而并不是在店里喝完咖啡之后交回杯子。他们买咖啡的同时也想买个方便。

关注你自身的成本

即便一家公司找到了客户需求，有时候满足这种需求的成本也很高。当一名护士问 3M，为什么它的某种医药产品的包装不可回收的时候，产品经理很重视这个问题。但是他发现，更换一种医药产品的包装并不是件小事，由于很多法规限制而需要大量测试。这与潜在的较小的环保利益相比，需要花费的成本实在太高了。

石油巨头在新燃料问题上也面临这类两难选择。为了生产更清洁的燃料，炼油过程需要花费更多额外成本并增加废气排放。当然，满足客户的环保需求可能是非常有价值的，但企业需要首先考虑相应的成本与影响。

策略 6：环保销售和营销——在环保属性方面形成产品定位和客户忠诚度

并不是所有客户都想要环境友好型产品，也鲜有人为其支付更多的费用。但是有些人愿意，并且每天都有更多的客户把环保因素纳入购物考量。“矛盾的”或“有意识的”消费者希望以同样的价格和质量获得对环境和社会更友好的产品，这种消费者的崛起正在重塑一些市场。相应地，公司也发现满足客户对绿色产品日益增长的需求是件有利可图的事。我们已经在这股潮流中发现了很多例子。

- 美利塔（Melitta）同时销售棕色咖啡滤纸（未经漂白）和传统的白色滤纸，因为一些自煮咖啡的人希望避免化学品残留被滤入他们在早餐时喝的咖啡中。
- 全食超市和其他的一些主要销售有机食品的连锁店扩张得很快。Stop & Shop 超市的“自然的承诺”系列有机食品的规模也在增长。很多此类产品现在的售价相当高。例如，有机牛奶的价格通常比普通牛奶高一倍多，但需求仍在持续增长。
- 经过几年的惨淡经营，美体小铺由于环保理念日益盛行而开始赢利。很多个人护理产品公司从美体小铺的沉浮中汲取经验，开始投资这个利基市场。比如 Bath and Body Works 开发的环境友好型产品“纯简”系列已经满足不断激增的需求。

绿色营销会在何时何地奏效

关于初级环保营销的案例，没有哪个能比壳牌石油在两个截然不同的国家营销一种更清洁的新型燃油的案例更典型了。壳牌可持续发展战略总监马克·温特劳布告诉我们，他们用“可持续发展视角”在泰国找到了清洁燃油的需求。同亚洲其他地区一样，稠密的城市和庞大的交通量严重危害了曼谷和其他地区的空气质量。一种能够更清洁燃烧、产生更少的硫化物和其他有害废气的汽油，或许可以满足真正的需求。

为了做好环保设计，壳牌把天然气液化成一种无硫液体，再与普通的柴油混合，制造了一种新型燃料。现在，它以 Pura 的品牌在泰国销售这种混合油。Pura 被定位为一种能够减少污染，使发动机更清洁地运转，并延长寿命的产品。尽管定价稍高，Pura 还是赢得了相当大的市场份额，销售得很好。总之，这个产品的上市是个很大的成功。

很自然地，壳牌觉得它可以用同样的方法在其他地区推广 Pura。但是它在老家荷兰的销售却遭到了失败。为什么呢？壳牌后来发现，强调清洁的燃料能够保护汽车发动机，在荷兰无法引起共鸣。只有在泰国这类地区，人们更关心汽油的质量并担心其中的杂质会影响发动机的运转和寿命，这项诉求才显得非常重要。

环保诉求在荷兰也从未引起共鸣，虽然很多消费者都宣称他们会购买环保产品。净化城市空气的需求也不像亚洲地区那样紧迫。最后，壳牌只好以“V-Power”的品牌名称在荷兰重新推出 Pura，以强调改善发动机动力作为产品诉求。

壳牌的遭遇并不少见。环保诉求是复杂的。仅在某些市场，人们才可以立刻理解环保的好处并愿意为此花更多的钱。这种情况是真正的“从绿到金”。潮流驾驭者之一克里夫能量棒公司跟上了这个潮流，把它所有的核心产品（如补充能量的饼干）改成了有机的。

另一种销售渠道

在竞争激烈的世界里，任何与客户的进一步联系都能增强客户关系。通用电气曾经要求 3M 分享一些“绿色化工”的想法以及一些产品表现出来的特殊的环保挑战。通过分享其世界一流的环保思维，3M 增进了与一个主要客户的联系。正如 3M 的凯西·里德告诉我们的，“我们的环保、健康、安全知识是另一种销售渠道”。与此类似，拉丁美洲的 GrupoNueva 公司的客户经常要求公司在环保实践方面对他们提供帮助。通过分享这些信息，GrupoNueva 强化了自己作为商业伙伴的角色。

推销环保优点需谨记的三点

环保属性不能单独存在

仅仅靠环保属性来销售产品会引起麻烦。如果你有一个更干净、更环保的新产品，宣传这些优点是可以的。但要注意的是，客户需要其他购买理由。价格、质量以及服务始终是大多数人关心的重点。

在任何市场中，都有少部分消费者愿意聆听环保诉求。但是，正如壳牌的马克·温特劳布所说，“如果把环保属性放在第二位或第三位，更多的客户会对它感兴趣。告诉他们这是个可以保护发动机的优质产品，并且顺便说一句，它对环境有益。那个‘顺便说一句’就管用了”。

第三项诉求

营销产品的环保属性可能是个艰巨的任务。大部分成功的环保营销都首先强调传统的卖点——价格、质量、性能，然后再提到环保属性。环保几乎永远都不能作为第一项诉求。

不开展环保营销就能显示产品有环保优点的一个方式是通过认证和环保标志（见图6）。在一些国家，认证产品环保的标志可以起到宣传作用。斯堪的纳维亚地区允许环保卓越的产品贴上北欧天鹅的标志，德国则有蓝色天使标志。在美国，有机食品是贴上USDA的有机标签。地毯纤维制造商安特强在室内装潢业第一个通过科学认证系统认证成为“环保产品”时，销售额立刻增长了400万美元。

在某些行业，高昂的认证费用可能会成为上市竞争的赌注。像金

图 6　世界各地的环保标志

吉达这样的公司没有其他选择。它与热带雨林联盟合作，从根本上改变了种植香蕉的方式，这成为公司满足客户需求（尤其是欧洲客户）的必要条件。同样，美国的电子产品和电器的购买者越来越多地把美国政府的“能源之星”标志作为快速认定节能产品的方法。

随着消费者需要越来越多的关于他们所购买的产品的信息，很多公司建立了网站，提供与产品属性相关的事实、特征和数据分析。还有一些公司则开始提供说明详细的环保标签。比如，天木蓝公司在它的鞋盒上增加了一个新的设计元素：一个类似于食品包装上营养成分表的表格。这个表格中的一项告诉消费者，生产这双鞋消耗了多少能源。

环保方面的贸易保护主义

环保标志可以为苛刻的消费者提供真实的环保信息，但是它同时也可能成为贸易壁垒，使竞争对手在市场中处于劣势。

例如，在欧洲牛肉市场，本地的生产商曾要求在美国进口的牛肉上贴上“注射过激素”标签，试图以此来抢夺市场份额。

环保方面的贸易保护主义者也可以采取其他方式。加拿大安大略省曾经要求所有的啤酒都必须装在可回收的玻璃瓶中出售。这听起来很环保，但是这种回收法令为使用玻璃瓶的本地啤酒酿造商，如莫尔森和其他啤酒公司提供了市场优势。美国的啤酒公司大部分使用更容易回收的铝罐销售啤酒，因此吃了大亏。

归根结底，警惕打着环保旗号的贸易壁垒和市场准入障碍。

由谁来认证，或者以什么标准来认证，都可能引起争议。有些环保标准由政府来设定，有些环保称号是自封的，另外还有一些是由私人团体设立的，比如海洋管理委员会颁发的可持续渔业标志，森林管理委员会提供的可持续采伐认证等。为了达到认证者所要求的环保标准，公司发现与第三方合作往往很有帮助。金吉达与热带雨林联盟在香蕉种植方面的合作就显示了这种合作是如何生效的。

用不同的说法面对不同的利基市场

市场划分并不是新鲜事，但是在环境问题上，态度上的差别可能会很大。孟山都公司在试图把生化科技引入欧洲的时候碰了壁。美国的客户对于转基因食品的主意并不抗拒，但欧盟客户对此的反应却相当激烈，险些让这家公司关门大吉。

为了让追求环保的客户购买你的产品，你必须用他们的语言说话。潮流驾驭者发现必须对不同的对象使用不同的方式。欧迪办公专门为环保商品设计了一个目录，里面包含环保人士想要的各种回收纸和再生碳粉盒等办公用品。

在 B2B 市场中，关键不只是要面对正确的客户，还要使用正确的方法。一个销售人员如果没有接受过培训，不知道为什么环保产品更好，他可能会使任何新品的上市遇到困难。比如，更环保的产品往往一开始价格更高，但在使用过程中却相对省钱，从而使客户最终花费更少。销售人员需要了解这个定位。当我们询问某家潮流驾驭者的销售主管，客户是不是"了解"了，他笑道："你应该问我的销售人员了解了没有。"

有时候，少就是多。因特菲斯地面装饰公司在 10 年来向可持续发展型的公司转型的过程中，公司董事长雷·安德森担心在公司还没有弄清想要传达何种信息的时候就开始宣传。"9 年来，我们都禁止公司的销售人员对外谈论我们的环保努力，"安德森告诉我们，"在没有做好之前就宣传这件事，结果是必死无疑，因为客户会看穿一切。"

别指望卖高价钱

"企业战略入门"告诉我们，公司可以通过提高价格或者销量来增加收益。对于环保产品来说，提高销量是一个更安全的途径。通过提高价格来达到目的的例子很少见。只有那些真正创新，并以最根本的方法使市场空间得到重新界定的产品，才有可能成功，例如，我们稍后将谈到的丰田普锐斯汽车。

在任何市场中，都有人愿意为环保产品付更多的钱。壳牌的温特劳布说这部分人大概占客户总数的 5%，而另一家潮流驾驭者的高层经理则悲观地认为这一比例仅为 1%。调查显示，在某些市场这个数据可能高达 10% ~20%。但是除非你的产品非常与众不同，否则不要指望能卖很高的价钱。

这些与宣扬环保商品有关的教训有哪些共同点？它们基本上都在说同一件事：不要忽视那些在任何产品的开发和上市过程中都存在的

最基本的商业问题。环保设计和营销与其他商业计划一样，成功来自专业地处理所有最基本的要素——发现客户需求，保持较低成本，符合客户在性能和价格方面的预期。

每一家提供环保产品的企业同样还要和一个历史遗留问题做斗争：一些客户认为“环保”就意味着质量较差或功能较差。这种担心也不是凭空而来的。早期的电动汽车不能跑长途，速度也慢，早期的节能灯发出刺眼的白光。在这两个案例上，新产品已经解决上述问题，但是它们已经在人们心中留下了坏印象。

所以，即便产品在环保方面与现有产品相比有了极大的进步，也需要完善产品最基本的功能，并且必须有其他卖点。

策略7：以环保界定新市场——推进价值创新，开发突破性产品

1993年，丰田开始设计“21世纪的汽车”。在公司内部的头脑风暴中，当讨论到新世纪会是什么情形时，工程师们突然想到两个词——“自然资源”和“环境”。他们将环保绩效作为新车的着眼点，取代了传统上车子的空间或速度等卖点。在未来10年中，随着油价飞涨，开发高能效汽车的思路已是显而易见，但在当时，丰田的战略风险很大，而且目标看起来不可能达到。

首先，最高管理层设定的目标是，新车的燃油效率应该达到丰田小型车的两倍。达到这一目标的唯一方法就是使用电池，但是纯电力汽车已被证明是不切实际的。于是油电混合动力车诞生了。这种车中的电池不需要靠外界充电，而是利用刹车时通常被浪费掉的能量充电。耗时10年之久推动的这项新技术的成果——丰田普锐斯最终取得了巨大成功。

客户不仅愿意以高价购买普锐斯，而且还愿意为此等待数月。普

锐斯就是商学院教授金伟灿和雷内·莫伯尼所说的价值创新的最好代表：产品是如此新颖、与众不同而且独具特色，因此客户相信它是无可取代的。对于很多普锐斯的买家来说，尽管这款车不能马上到手，但福特的金牛座和本田雅阁就是不行。普锐斯使竞争变得无关紧要。实际上，"混合动力车"已经成为从"汽车"中分离出来的一种新型个人交通工具。

普锐斯为丰田所做的贡献远远超过建立小型利基市场这一点。公司利用从10年研发历程中得到的经验，加快了新车型的上市速度，并改进了生产流程，这对公认的世界上最精益的丰田来说也是一个惊人的成绩。除此之外，普锐斯还为整个丰田公司罩上了一层光环，令其全线车型一起热销。当底特律的各大车厂挣扎求生时，丰田却赚得盆满钵满。

丰田迅速上升为世界第二大汽车制造商，而且理由充分。这家公司在各个方面都表现优异。而丰田案例的核心在于环保创新驱动了公司对市场的洞察。早在2005年，通用首席执行官里克·瓦格纳就再次承诺让通用生产大型汽车，这在数年之后导致了通用灾难性的财务业绩，相比之下，丰田看到了绿色浪潮的到来并积极响应。它推动了价值创新，并最终推出了可以带来更高利润和持续的股东价值的突破性产品。这就是环保优势的全部意义所在。

"服务化"

能源权威专家埃默里·洛文斯常说：人们喜欢喝冰啤酒、洗热水澡，但他们并不真正关心冰箱如何工作或者热水如何而来。了解了客户的现实情况，你就打开了一条通往环保优势的趣味之路。

企业通过提供服务而不是提供产品，减少了材料和能源的使用，并以尽可能低的成本提供该服务，从而赢利。例如，洛文斯认为，空调制造商应将供冷作为一项服务来提供，而不是提供作为产品的空调机，这样他们就有动力提高制冷系统的能效。在一些环保企业中，将产品重塑为服务的理念，通常称为“服务化”，是环保创新的最终目标。

一些开拓型企业正在接受挑战，不以传统的产品定义满足客户的最终需求。因为互联网使得顾客能够很容易地直接从制造商处购买产品，总部设在美国康涅狄格州的化学品经销商华铂豪公司（Hubbard Hall）面临着严重的“去中介化”挑战。因此公司将其产品服务化，为客户提供化学品库存情况跟踪，处理与监管相关的文书工作，按客户所需为其补货，并负责运走空桶。这种新的商业模式使客户减少了管理时间和遵守法规的成本，从而为其节约了资金。它还使华铂豪公司保住了在市场上的位置，并增加了公司的利润。

问题是，服务化并不总是奏效。因特菲斯地面装饰公司以常青品牌推出的地毯租赁尝试就以失败告终。其商业模式看起来很吸引人：因特菲斯为客户提供地毯并进行维护，而且根据需要更换（并回收）旧地毯。其潜在的环保效益很明显。因特菲斯有动机将其地毯做得更耐用，并有机会回收自己的产品，从而节约能源和自然资源。

但公司董事长雷·安德森告诉我们，事情并未按计划发展。事实证明，税收和会计规则对销售业务比对租赁业务更有利。而且，在大多数公司中，地毯采购费用出自资本预算，租赁费用出自经营预算。而一般来说，这两项预算是由不同的人员管理的。简而言之，公司是不愿意将费用从资产负债表转移到利润表的。

所以服务化并不总是能够得益，但是从降低对环境的影响来考虑如何将产品服务化，却是一种很有启发性的思路。消费者真正想从你销售的产品中获得什么？还是那句话，一般商品需要考虑的都要考虑：有市场吗？客户将如何反应？他们有充分的理由购买产品吗？我们能够说服他们吗？这真的能够降低我们的成本或减少环境足迹吗？

策略8：无形价值——培育公司信誉和可信的品牌

在如今知名度为先的世界上，品牌很重要。由于信息时代为客户提供了过量的产品选择与配置，品牌就成了他们识别其喜欢的产品的捷径，对挑选雇主的人才来说也是如此。公司在保护声誉、建立品牌信任方面做得越好，在获得并保持竞争差异方面就会越成功。

“超越石油”

2000年，英国的石油业巨头英国石油公司开始了一项庞大的品牌重塑行动，据悉成本高达两亿美元。它淘汰了旧的盾形徽标，取而代之的是名为“太阳神”的较为柔性的旭日标志。这一变动的关键是一个大胆的宣言，表明在环境保护方面英国石油公司远远走在了竞争对手的前面。在电视和平面广告上，人人都会看到这家公司宣布将要“超越石油”（Beyond Petroleum，缩写为BP）。

并不是所有人都接受这种说法。英国石油公司遭到了一些环保主义者的严厉批评，甚至还有一些甚为幽默的反驳。一家非政府组织的名为《2005年不要被愚弄》的报告列出了十大“漂绿”（green-washing）广告行动，其中英国石油高居第二名，仅次于福特汽车公司。另一家组织则宣称该活动是“超越荒谬”，以及“超越华而不实”、“超越虚荣自负”、“超越故作姿态”、“超越自大放肆”，还有“超越过分宣传”（英文缩写均为BP）等。绿色和平组织甚至给了英国石油的首席执行官约翰·布朗一个“奖项”——“环保主义者最佳模仿奖”。

这些批评公正吗？有对的，也有不对的。英国石油在减少温室气体排放方面取得了傲人的成绩，它还是世界上最大的可再生能源产品（如太阳能电池板）供应商之一。但是，即便到2008年其太阳能业务达到10亿美元的目标，在英国石油每年约3000亿美元的收入中，也至少有98%来自石油和天然气业务。所以归根结底，英国石油公司还没有超越石油的范畴。

那么究竟这家老牌石油公司想要通过这些广告达到什么目的？它是轻率地开始这项广告活动的吗？“品牌的定位必须非常谨慎。”高级咨询顾问、为布朗起草宣布重大政策转向演讲稿的克里斯·莫特斯黑德说：“太阳神的设计和整个品牌定位花去了很长的时间和大量资源……这些都经过了深思熟虑，并且经过了深远、漫长的痛苦过程。”这个活动的要点在于，披露英国石油的主要目的，并与所有利益相关方沟通公司新的整体方向。

莫特斯黑德说明了背景情况：

> 你是在告诉大家你认为未来将会怎样，以及自己在这样的未来中将扮演的角色。为什么大家开车到英国石油的加油站加油而不去埃克森的加油站？因为这表明了他们的志向和对未来的预期，并不是因为从那里买的油质量更好……也不像可口可乐与百事可乐那样的确有口味上的差异。这样做就像是一个宣言，告诉员工、政府、民间组织和一些消费者等他们支持的立场。

在短期内，英国石油受到了很多打击。但公司明智地撤下了很多广告，并改变了其措辞。它将广告标语重新调整为更稳妥的“这是个开始”。但是长期来看，英国石油完成了所有预期目标，甚至更多。尽管身处对环境有着巨大影响的行业，但英国石油现在被视为环保企业。事实上，英国石油在我们的潮流驾驭者排名中非常靠前，而布朗也连续5年入选《今日管理》杂志“最受爱戴的首席执行官”。

此外，还有些切实的证据可以印证这个观点。根据无形资产评测专家的评测，英国石油的品牌价值猛增。一项关于品牌力量的研究列出了近年来品牌价值增幅最大的10家公司或产品。按总品牌价值增加的多少排序如下：谷歌、英国石油、赛百味、iPod、得伟（DeWalt）、索尼 Cyber-Shot、跳蛙（LeapFrog）、格柏（Gerber）、Sierra Mist 和 Eggo。英国石油名列第二，仅次于获得了百年难遇的成功的谷歌，领先于史上最伟大消费类产品之一的 iPod。这项研究显示，英国石油收获了超过 30 亿美元的品牌价值。

在另一项衡量此次行动的成功度的研究中，英国石油发现自己已成为更受工程类毕业生欢迎的雇主。确切衡量收益多少是不可能做到的，因为多数只是个人体会。但是正如莫特斯黑德所说，“我们再没有 10 年前那样招不到人的烦恼了。而且当我和 100 位新聘用的员工谈话时，虽然他们中没有人从事过可再生能源类的工作，但所提的每个问题都是关于绿色环保与可持续发展的”。

如果说模仿是最诚挚的恭维方式，那么英国石油也做得很好。壳牌有一个长期开展的广告活动，宣传其致力于环保的诚意。现在，一些行动迟缓的石油和天然气企业也搭上了这班广告列车。雪佛龙推出了直白的平面广告，警告说“轻松获得石油的时代已经过去了”，并宣传了公司对环保行动的承诺。就连埃克森美孚都在谈论环保问题，并投入资金进行可再生能源研究。

真实非常重要

将品牌定位为环境友好型产品，只有情况属实才能奏效。一些公司忘记了简单的一点：试图在产品定位上打环保牌之前，要确定一切工作都已做妥。在 20 世纪八九十年代，出现了很多假的环保声明。其中有一些简直是可笑的。比如，海弗蒂公司高调推广的可生物降解垃圾袋，在阳光下会分解，而在其实际归宿的垃圾填埋场却不能分解。这样很不好。

"绿色创想"

通用电气曾推出"绿色创想"行动，包括一连串令人惊叹的公开承诺：加大对环保技术研发的投资，达到15亿美元；在5年时间内，将环保产品的销售额从100亿美元提高到200亿美元；将公司的温室气体排放减少1%，同时使业务持续增长。在规划这一行动时，公司的首席执行官杰夫·伊梅尔特并没有避开严苛的目标。通用电气新任的专门负责管理"绿色创想"行动的副总裁罗林·伯尔辛格说："关于温室气体排放的目标，我们提出了5个方案，杰夫选了最难的那个。"

那么"绿色创想"产品到底是什么样的呢？在一开始的时候，通用电气从所销售的数千种商品中仅挑选出了17种，因为这17种商品能够提高客户的经营绩效和环保绩效。其中有些商品本身就比其替代品更环保，如风力发电机和太阳能电池板。而这17种受青睐商品之外的，则是进行了改进的一般商品。例如，安装在波音和空客的新型喷气式飞机上的GEnx喷气式引擎所燃烧的燃料将减少15%，而噪声降低30%，氧化亚氮的排放量减少30%，而且运行成本也会有所降低。同样，通用电气希望所有"绿色创想"产品能够为客户既带去环保效益，也带去经济效益。

从2005年年中起，这些商品以及整个"绿色创想"计划的平面广告和电视广告随处可见。超级名模推着低硫的"洁净煤"出现在煤矿中，跳舞的大象宣传"科技与自然同行"，这些广告帮助通用电气将自己定位为一家环保公司。

如伯尔辛格所指出的，"绿色创想（Ecomagination）一词是经过精心策划的，‘绿色生态’（eco）的意思显而易见，而‘创想’（i-magination）则呼应了通用电气的口号‘梦想启动未来’（imagination at work），我们做了大量研究工作才将其确定下来”。对于那些认为通用电气的广告太过火的人，伯尔辛格则表示：“这个计划的部分目的就是让这个主题受人瞩目，这些大胆的表现都是有意为之的。”

通用电气通过让公众信赖自己的品牌，创造了无形价值。之前，通用电气与环境问题（如污染哈德孙河）绑定在一起，现在，它已成为一个备受尊敬的绿色品牌。2007 年和 2008 年，几家市场营销机构对美国的消费者进行了调研，并发布了年度十大绿色品牌榜单。上榜的品牌包括全食、丰田、肯梦和宜家等，当然，通用电气连续两年榜上有名。

在此过程中，它做了很好的准备工作。公司设计了“计分卡”，来评估将要在“绿色创想”旗下推广的 17 种商品在环保方面的优势和劣势，以此来仔细审视公司的市场诉求。准备好数据来支持市场诉求是一个明智的行为，而且到目前为止，这种做法使通用电气避免了像英国石油那样因为过度宣传而遭到非议。

“绿色创想”将焦点放在特定产品上，可以说它既是对环保行动的承诺，也是一种产品营销手法：通用电气想要销售那些喷气式引擎，而不是仅仅让环保主义者欣赏它们。不过请大家注意“绿色创想”计划是如何开展的。为了接触喷气式引擎的买家，只需与两家公司建立联系，那就是波音公司和空客公司，而不需要在全球的杂志上刊登广告。但很显然“绿色创想”计划想要做的不仅仅是产品推广那么简单，它还是在为通用电气做形象广告，旨在将其重新定位成提供环保解决方案的公司。

联合利华的“活力”定位

环保形象营销与环保产品营销之间的界线可能很模糊。举例来说，联合利华将其新的主要战略之一聚焦于其所谓的“活力”。这是一个宽泛的概念，包括新鲜活力与健康的生活方式。关键部分之一仍是传统的产品营销。其销售点在于食品是在非常新鲜的情况下冷冻的，有极高的营养。联合利华通过多媒体方式，包括提供多种语言的内容丰富的网站，将活力理念与在可持续农业、可持续渔业乃至产品回收利用，以及其他环保运营方面所做的大量工作联系在一起。这是为整个企业打造环保品牌的手法，不过做法比较巧妙。

所有这些努力值得吗

很多企业，甚至是那些有很多成绩值得大肆吹嘘的企业，在环保措施方面都更乐于保持低调。头昂得过高，可能导致因为实际上做得不够而遭到痛击。

可持续经营专家乔尔·马卡沃讲述了一个案例。他发现李维斯公司所用的棉花2%是购自有机农场，当他请李维斯公司对外公布这一事实时，公司的管理高层却极为谨慎。他们担心，公司会被问及其他98%的棉花，以及为什么李维斯公司会生产含有有害农药的产品等苛刻的问题。这些担心不无道理。正如马卡沃所说，很多公司都有这种顾虑，不希望“在基本上所有公司都存在的未解决的环保挑战方面，引来不必要的关注”。

企业面临的危险，从尖锐的问题到激进分子发起的破坏其形象的活动，应有尽有。福特公司董事长比尔·福特数年前就遇到过。福特曾承诺在5年的时间内将运动型多功能车（SUV）的燃油经济性提高25%。但数年后，公司却被迫宣布无法达到这个目标。比尔·福特对环保事业的投入是毋庸置疑的。在多个环保问题上他都走在了前面，并力图帮助福特公司从绿色环保中掘到黄金。但由于高调地主张企业应该负起更大的环保责任，而其后又未能达到他为公司设定的目标，结果遭到了很多环保人士的嘲笑。

一家名为蓝水网络（Bluewater Network）的环保非政府组织在《纽约时报》上刊登整版广告，将比尔·福特与说谎的匹诺曹相提并论，并声称："不要相信福特的环保承诺，不要买他的车。"令人惊讶的是，2005年底，比尔·福特携一组新的宣传环保与创新的广告重回环保界，并在广告中亲自露面。在这个最新的形象推广活动中，他提出了一系列新的承诺，比如，到2010年，福特每年将卖出25万辆混合动力汽车。他这次能否实现诺言，非政府组织将拭目以待。

让我们面对现实：将品牌与环保属性捆绑在一起可能是危险的。公司与真正的环保企业离得越远，要付出的努力以及要承担的风险就越大。但是，如果采取了正确行动，其成效也是极为显著的。备受公众信赖的强大品牌是一笔宝贵的资产。

即使存在风险，由于公众特别关注和绿色相关的所有事物，一些以前没有发声的公司也开始寻求它们认为自己当之无愧的品牌价值。庄臣公司通过"绿色清单"计划降低了其所有产品的毒性（我们在第四章中对此进行了讨论），该公司改变了"谦逊为本"的品牌调性，开始投放以首席执行官菲斯克·约翰逊为领衔主演的绿色广告，并在稳洁（Windex）清洁剂和其他产品上贴上"绿色清单"标签。

破坏公众的信赖：过度上行可能导致的下行风险

通过增强无形资产来获得环保优势的企业同时也增加了曝光度。它们必须时时遵守其主张的价值观。如果事实与其环保主张不符，那么随之而来的一定是被指责为“漂绿”，伪环保。有时损害公众信任可能是无意之举。比如，美体小铺在得知其某些供应商向不满足“不做动物实验”标准的公司购买原料时，不得不收回其产品成分都不经动物实验的说法。这个错误对美体小铺来说是情有可原的，甚至可以说它是无辜的，但这也显示出深入检查整个价值链以发现潜藏问题的重要性。不论是有意的还是无意的，信任的建立是一个缓慢的过程，但其丧失却可能在旦夕之间。

实至名归的环保美誉相当于针对糟糕事情的发生为公司进行了免疫预防，对其提供保护。例如，英国石油发生的若干起意外，包括在美国得克萨斯州炼油厂的多起爆炸和伤亡事故，以及在阿拉斯加的267000加仑石油泄漏事故，本可能使公司的声誉严重受损，但结果却并非如此。这归功于其正面的环保声誉，它得到了更多的宽容。正如一位知名观察家所指出的，“环保界对英国石油公司的宽容耐人寻味。它在塑造好人形象方面的投资物有所值。如果是埃克森美孚公司做了同样的事，肯定就麻烦大了”。

当然潜在收益可能非常可观。具有更高品牌价值的企业在市场上更有优势，它们的产品的定价可以更高，销量更大，并与客户和员工建立更密切的关系。

让上行收益成为核心焦点：杜邦的可持续发展

削减成本是为了令业务更有效率。相对来说，增加收入则是为了企业的成长发展。这两种“从绿到金”的操作策略都是很有价值的，但在成本方面更有战术性、技巧性，而在收入方面则更宏观，更着眼于企业的前景。

进行了十几年的污染控制之后，杜邦希望内部讨论不要再仅仅围绕成本削减问题。公司一直以来都发现，设定更有远见的目标和提出宏大的宣言，有助于激励员工做得更多更好。所以各个业务单位的主管齐聚一堂，探讨可持续发展的问题，以及杜邦在这一领域应如何运作，最终确定了公司的新焦点：可持续发展。秉持这个新愿景，员工会寻找机会，通过开发新产品或者令原有产品旧貌换新颜的可持续发展方式，促进收入的增长。要点是将具有远见的新目标融入公司语汇，并激发创新思维。

环保优势的关键

以环保意识为产品增加价值，能吸引重视环保的消费者，创造能够产生很大收益的新市场空间，从而带来新的收入。寻找在市场中为企业重新定位的方法，并利用环保战略增加收益，是获得环保优势的新方法。企业应谨记以下 6 点：

- 满足客户切实存在的需求；
- 不要忽视客户的非环保需求；
- 控制成本；
- 牢记环保属性很少能够孤立存在，环保是第二诉求或第三诉求；

- 对不同利基市场采用不同营销方式；
- 不要期望过高的价格。

只有当公司能够支持其环保形象宣传的说法时，推广公司整体的环保概念才能奏效，所带来的无形资产也许极为可观。

第三部分

潮流驾驭者的做法

了解“从绿到金”的策略很重要。然而，真正投入环保不是仅仅了解策略就可以了。我们发现通往成功的环保优势之旅往往始于正确的心态和在企业策略中彻底融入环保思维。我们通过研究找出了 5 种思路，能够帮助企业找到机会抓住竞争优势。在第六章，我们将运用这些方法发展环保优势思维。

只有正确的心态，但缺乏引导就启程，就如同在试图驶向遥远的目的港时，徒有一艘好船，却没有船员和航行图。所以除了正确的意愿之外，我们还为企业提供了把环保思维转化为竞争优势所需要的工具。

第七章展示的是如何追踪环保绩效。有了正确的信息，企业就能够了解环保问题在多大程度上影响它们的价值链和竞争领域。我们称这一过程为“环保绩效追踪”（Eco-Tracking）。

抓住机会降低成本和风险，或者提高收益和无形价值，往往意味着需要重新设计产品和流程。同时，这也意味着帮助供应商和客户改变运营方式，降低环境的影响。在第八章，我们将讨论帮助企业重新设计整个价值链的工具。

最后，在第九章，我们探讨如何建立环保优势企业文化，以及让高管、经理和雇员共同投入这个愿景。用目标、责任感和动机来激励员工，使环保思维彻底融入企业的各个阶层，这将会帮助企业把环保挑战转化为赢利机会。

以环保优势思维为核心，这三件工具共同组成了环保优势工具箱（见图7），这是“从绿到金”行动的有效基础。一些高管甚至在谈论把环保意识和行动植入“企业DNA”的重要性。我们同意这一点，以下的几章将告诉大家如何做到这一点。

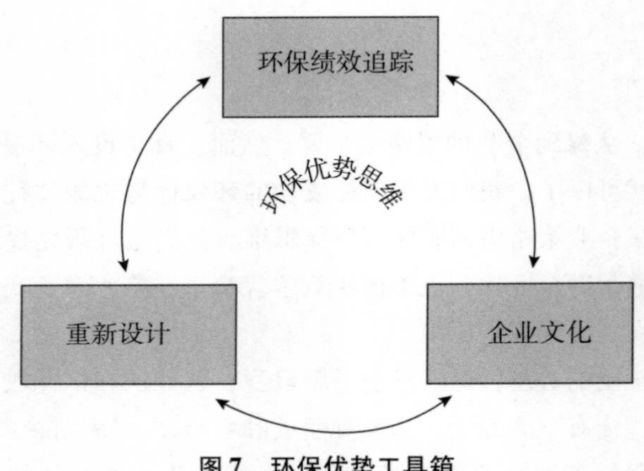

图7 环保优势工具箱

第六章

环保优势思维

1963 年，俄勒冈少年迪克·福斯布里是他所在中学田径队的一名跳高健将，但是还远远没有达到参加国际比赛的水平。5 年后，福斯布里成了世界上最优秀的跳高选手。

在这之前的几十年里，跳高选手都是用同一种方法跨越横杆，即面对横杆助跑，摆动一条腿，再摆动另一条腿。成千上万的教练教会了数百万孩子这种“正确的”跳高方法，并且一直在努力完善这种后来被福斯布里证明并非最优的方法。福斯布里没有使用传统的跨越式或剪式等跳高方法，而是用新的方法跃过横杆。当靠近横杆时，他转过身背对横杆，弓背跃过，双腿同时腾空。这种简单的创新永久地改变了跳高运动。

福斯布里获得了 1968 年奥运会的跳高金牌，打破了美国纪录和奥运会纪录。短短 4 年之后，到 1972 年奥运会时，参赛的 40 名跳高选手中有 24 名选手采用了福斯布里的跳高方式。1968 年之后，几乎所有的跳高奖牌获得者使用的都是如今被称为“福斯布里背越式”的跳法，只有两人例外。

改进跳高这项运动的潜在可能性一直存在。毕竟，背越式的方法很容易掌握。但是只有一个拥有创新思维的人，一个未来的工程师，看到了转变的可能。正如福斯布里对《运动画报》所说的，“我从未试图成为一个离经叛道的人，我只是找到了不同的解决办法。我是个解决问题的人。这正是一名工程师需要做到的”。

所有的人都在谈论跳出框架思考和转换思维方式，然而遗憾的是，我们却很少看到真正彻底的改变。因为用新的视角观察老问题，福斯布里发现了一个迅速见效的竞争优势。与此类似，在商业世界，一些企业也在开发新的方法以应对一个棘手的问题：如何在减少污染和保护自然资源的同时，使企业繁荣发展。

通过重新构建公司内部每个人对待环境问题的态度，潮流驾驭者建立了取得环保优势的基石。对于这些公司，环保思维并不总是战略决策的最后关键，但它一直是战略考虑之一。

在研究中，我们发现这种新的思维方式和观念意识对于管理环保风险、带动创新以及把环保压力转化为竞争优势，是至关重要的。这一章强调了潮流驾驭者如何运用环保视角来改变它们的思维方式，并提高其经营战略的敏锐度。经过一段时间之后，这些公司就不再需要刻意寻找另外的视角。环保思维已经成为公司运营的内在之道。环保优势思维深植于企业内部，在每一次机遇中自然发挥作用。下面这 5 个基本原则可以帮助你做到这点。

- **关注森林（整体），而非树木（局部）。**

潮流驾驭者从宏观角度思考以下问题：

（1）投资和决策的时间跨度；

（2）投资的整体潜在报酬，包括难以衡量的无形收益；

（3）为整个生产链增值的可能性。

- **从高层做起。**我们发现，任何一家善于利用环保优势的公司都是从最高层就致力于环保思维。
- **采用“阿波罗 13 号”原则——没有“失败”这个选项。**在一些顶尖企业中，管理层设定大胆的环保目标和看似不可能完成的任务，并且拒绝接受失败。

- **承认感觉就是事实。**顶尖企业知道，非政府组织、员工、客户、企业所在地和其他利益相关方对于公司环保绩效与名誉的感觉，可能比事实更加重要。
- **做正确的事。**我们一次又一次地发现，潮流驾驭者会根据关爱环境等核心价值做出选择，即使这种选择在短时间内可能不划算。

关注森林（整体），而非树木（局部）

如果迪克·福斯布里固守传统的跳高技巧，他可能永远都无法获得奥运金牌。然而，福斯布里首先看到了大问题（越过横杆），然后反过来推理，找到了解决问题的最好方法。他把注意力集中在整体，找到了战略优势。潮流驾驭者也会做同样的事。的确，很多商业图书都推行宏观思维方式，但是环保观点需要把这种思维向新的方向推进一步。毕竟，自然界涵盖的范围相当广泛。

在把环保考虑纳入战略思考时，潮流驾驭者在三个关键的方向会从大处着眼。它们同时从短期和长期两方面来考虑问题。相比其他公司，它们从更宏观的角度来计算收益，而且加入了更多无形成本和收益的考虑。它们不让传统的疆界来限制自己的视野，而是搜索整个价值链，寻找提高收益的方法。

时间：战略时段

潮流驾驭者会考虑短期财务影响，但它们在做重大决策时却对季度财务报告不予理会。因为它们知道，股东价值最大化与季度利润最大化是两回事。并且它们认识到，要想对一些问题（包括很多环保挑战）做出合理分析，需要较长的时间。

企业时时都面对长期经营决策。它们在产品研发方面投入数百万美元，即使未来的回报并不确定。它们进入回报不明确的新市场，例如中国和印度，期望业务迅速发展。它们投资于领导力培训，以培养“后备精英”作为未来领导者的储备。环保优势思维也需要企业对环保战略采取同样的长期眼光。

里克·鲍尔森是亚利桑那州凤凰城附近一个产值数十亿美元的英特尔芯片生产厂的厂长。作为“二二”厂[①]的厂长，他的职责是用世界上最先进的技术生产英特尔最高端的量产芯片，而且他必须以更快速、更便宜、更安全、更能获利的方式生产。但是和英特尔所有的高管一样，鲍尔森的考虑必须超越当下的运营。英特尔的生死存亡在于它兴建下一个芯片厂，生产下一代芯片的能力。“二二”厂很快就会落后于时代，所以鲍尔森必须考虑到英特尔未来的生产需求。他知道，为了一个简单的原因，他必须让当地社区、环保主义者以及执法机构满意：他们的不满可以很容易地使英特尔的工厂扩张减缓甚至停滞，这将使公司损失数百万美元。毫无疑问，鲍尔森在做决策时并没有考虑短期，而是注重于“战略时段”。

“战略时段”究竟有多长？这要视行业而定，有可能是一年、两年，甚至更长的时间。在20世纪60年代晚期，荷兰皇家壳牌集团的高管开始想办法应对越来越不稳定的石油市场。他们成立了一个规划团队，致力于描绘可能的前景——帮助公司思考长期的企业前景。这个团队曾做出包括欧佩克的兴起和苏联解体等成功预测。

这种前景分析已经帮助壳牌建立了环保战略。我们访问了这个团队的领导者阿尔伯特·布雷桑德和其他资深经理。在荷兰海牙公司总部共进午餐时，他们解释了前景分析如何帮助他们设计更好的企业战略。

---

① “二二”厂：Fab 22，英特尔内部的工厂代号。——译者注

负责健康、安全和环保方面的副总裁雷克斯·霍伊斯特表示："首先应该明确，前景分析不是预测，而是关于可能的未来的持续性图景。"负责撰写壳牌年度报告的马克·温特劳布补充说："我们自问，'到2020年，会不会有20%的新车以氢燃料电池驱动呢？'我们不知道，但是我们可以为这种前景规划一套策略，并且问自己，'在这样的世界里，我们的计划足够健全吗？'"

整个世界是否会向能源高效型发展，因此需要更多的可再生能源呢？如果是这样，壳牌可能面临大转型，或面临使公司受到威胁的变化。所以考虑长远情况、提出困难的问题以及描绘未来的图景是非常值得的。这类前景分析帮助壳牌做出率先涉足氢燃料业务的决定。

其他公司的讨论方式没有这么正规，但是也考虑了长期情况。宜家家居的高管正在研究如何大幅降低公司的业务对化石燃料的依赖。基于现在的基础设施和技术，一个家具厂商能够完全不使用石油或天然气吗？这看起来似乎是不可能的。但是宜家高管知道世界正在发生变化，并且希望能比竞争对手领先一步做好准备，主动转向未来的能源环境。即使是像英国石油和壳牌这样精明的化石燃料供应商，都已经准备好应对化石燃料使用比例大幅降低的未来能源境况。

什么样的长期环境压力可能击垮你的公司？哪些环境压力又能为你的公司提供发展机会？只有严肃而系统地思考这些问题，才能把握未来，否则就将被未来的状况控制。两者之间有极大的差异。

值得注意的说法：孙辈测试法

对于辛辛那提能源公司的首席执行官吉姆·罗杰斯来说，长期的概念能持续一代人或两代人。当被问及为什么一家通过烧煤来赚钱的公司开始考虑环境和气候变化的问题时，罗杰斯说："我使用一种被我称为'孙辈测试法'的方法。简单来说，当我的孙子们到我这个年纪的时候，会不会说他们的爷爷当时做出的英明决策仍然是个好的选择。"

所以，潮流驾驭者考虑长远未来。你可能会说，很好！但是保持长远眼光可能会给当下造成非常棘手的问题，而且市场对于短期问题也从不手软。如果只考虑财务成本，权衡的结果看起来似乎更加不明智。因为改变长期以来的生产流程或者改造成功的产品往往需要巨大的前期投入。然而，如果不注意大环境的改变和包括环保问题在内的新的压力，业务将会受到更大的伤害。

收益：不要只注重快捷和显眼的收益

任何一家公司都面对着下一美元应该投资到何处的数不清的决策。我们是否应该投入更多资金用于产品研发、购买新设备或开展新的市场活动？所有公司都有一些正规或非正规的程序来计算投资收益并做决策。对于大多数公司来说，这些决策视成本开支和回报而定。

潮流驾驭者的运作和其他公司一样，但是它们的想法不同。它们做决策时，不仅仅考虑显而易见的金钱回报。在考虑一项投资的回报时，它们把其他因素也考虑在内，如提升品牌形象和公司声誉，提升员工士气，取得社会团体的支持，降低政府繁文缛节对企业的限制，提高产品上市速度和竞争差异。这些无形收益很难衡量，尽管如此，精明的企业还是把无形收益也包含在企业战略计划之中。卓越的经理已经学会在每个拐点把无形收益纳入计算范围，因为他们知道无法衡量的优点有时候却能产生巨大的价值。

工业巨头3M公司的一个事例令我们印象深刻。没有哪家公司比

3M 更了解小事物的美妙之处，它使小小的黄色即时贴成长为一项价值数十亿美元的业务。第一张即时贴的发明是一个典型的意外惊喜，但是这个品牌成长为公司的主要业务并不是偶然的，因为公司一直很善于找到产品扩张的机会。不过下面的故事与此无关，而是关于收益估算、坚持价值、履行承诺以及对决策的真正收益秉持宏观的态度，这就是环保优势思维。

3M 的产品经理们发现了一个新兴的并且正迅速成长的即时贴市场。消费者想要把他们的便条放到类似电脑显示器这类垂直的表面上，但是正如上百万人无奈地发现，在这种情况下，即时贴很容易掉下来。简单的解决办法就是设计一种黏性更强的胶，3M 公司世界一流的科学家们很快做到了这一点。然而，这却导致了一个很大的内部问题。

新的黏胶需要使用一种会释放危险污染物——挥发性有机化合物（VOC）的工业溶剂。这种有毒化学物质会给 3M 带来一系列问题，包括空气污染、工人安全以及潜在的责任。为了避免这些问题，3M 的首席执行官利维奥·德西蒙在 20 世纪 90 年代初宣布新投入的产品不能采用会产生挥发性有机化合物的技术，绝对不能有任何例外。

这个命令使品牌经理们空守着一个潜在的热销商品，却无法上市。他们请求产品研发人员再发明一种不需要 VOC 溶剂的黏胶。经过漫长的 6 年，2003 年，3M 公司推出的“超强即时贴”取得了巨大成功，销售额达数百万美元。

3M 对这 6 年等待所失去的机会成本一直保守秘密，但是从即时贴的业务规模来看，我们相信 3M 为了坚持不使用有毒溶剂的承诺，放弃了数千万美元的收入。然而现在，当我们问及这种选择是否值得时，3M 的高管们回答“当然”，部分原因在于，他们看待收益的方式和其他公司的高管截然不同。

在做出这个决定时，3M 计算了使用溶剂的“总成本”，其中包括一些难以衡量但却非常重要的花费。通过信守不使用有毒溶剂的承诺，着眼于战略时段而不是短期的考虑，3M 降低了新的空气污染法规对自己的影响，削减了监督和遵循法规的成本，降低了被美国环保局和地方政府罚款的危险。同时，3M 告诉其客户、企业所在地、监管机构以及非政府组织，它对于减少自己的环境足迹非常认真。这个决策同样向员工表明 3M 重视安全胜于利润，进而大幅提高了员工忠诚度。

正如 3M 副总裁凯西·里德所说，考虑到这些无形收益，使用有害溶剂型产品的成本实在太高了。当然德西蒙并不知道不能使用有毒溶剂的规定使产品的销售推迟了 6 年之久，但他显然知道这样的选择肯定是有代价的。

计算环保成本

在大多数公司中，没有人真正知道环境问题会对企业造成多大损失，也没有人知道改变业务实践能给企业带来多少利润。问题是，相关费用可能分散在多个不同的部门，或被深深地隐藏在“日常与行政开支”账户中。许多公司正努力找出这些费用，它们通常未受到管理层审查。单独列出环境支出有助于厘清公司产品或工艺的全部成本。美国东北公用事业公司的环境部门则更进一步。当帮助线路运营部门解决了某个环境问题时，它不仅估算节省的直接成本，还估算因减少管理时间、减轻法规遵守负担和避免其他间接成本而实现的节约。在年底，它将这些节约的成本制成表格，并发布一份被称为“我们实现的价值”的报告，强调这些节约对企业的价值。

最终，不使用有毒溶剂的解决方案也对长期的财务收益产生了正面影响。生产即时贴的厂长瓦莱丽·扬表示："新技术将成本降低了一半，但使生产速度提高了一倍。"由于省去了对有毒溶剂进行特殊处理的步骤，工厂提升了产能，并消除了一些严重的健康风险。

不过，问题的关键是，那时候，3M 没有任何人能承诺无溶剂技术最后会更便宜。开发新的无溶剂技术和更改生产流程看上去主要是一笔开支——虽然是被首席执行官要求的，但毕竟还是开支。如果只看收益，3M 公司不会把"强力即时贴"的上市推迟 6 年之久。然而，如果没有考虑财务收益之外的无形回报，3M 永远不会寻找更好的发展路径。

在这个案例中，"树木"就是 3M 公司很容易迷失于其中的"强力即时贴"上市的短期收益和利润，"森林"则是对员工更安全、对环境更有利、长远来看更能获得利润的健康事业。

在某些时候，"看见森林"的意思就是它字面上所说的那样。与自然资源有关的领域（林业、石油和矿业）中的精明企业，现在已经开始考虑它们的行为如何影响野外空间以及生活在那里的动植物（科学的叫法是"生物多样性"）。从环保优势思维的定义来说，这些行业是破坏生物多样性的。为了得到矿物和石油而砍伐树木或扫荡土地，会摧毁当地的自然环境。

当提到采掘业的时候，我们很难联想到"环保"这个词，所以当我们请环保人士举出一些在生物多样性方面做得比较好的公司时，他们的回答令我们非常吃惊。全球性非政府组织保护国际（Conservation International）下属的环保领导与商业中心主任格莱恩·普克里特提到了矿业巨头力拓。他说："20 年前，一个非政府组织专门针对力拓公司成立，让力拓吃尽苦头。现在，力拓拥有最详尽的生物多样性策略。"

人类对铜、铝、铁等矿物和金属的需求日渐增长，若想满足这种需求，力拓必须获取土地进行采掘。但是随着公共空间的消失，开采许可证越来越难以获取。正如马克·吐温曾经说过的，“买地吧，因为土地已经停产了”。土地所有者、社会团体、当地居民和政府现在对开发土地已经没有多大兴趣。尽管有很大的经济利益，他们还要看到公司表现出足够的诚意。

为了设法取悦掌握土地控制权的企业所在地，力拓必然地成了生物多样性的关照者。不过，它的努力已经超出为自己牟利的范围。力拓让我们阅读了其内部指导性文件《维护自然平衡》，这份文件列出了它为什么关心生物多样性以及如何进行管理。这份令人印象深刻的操作手册描述了一个五步骤的流程，说明在开发潜在矿用土地时，如何与当地社区和非政府组织合作，想办法把开矿造成的破坏降到最低。力拓永远不可能使所有批评者满意，甚至也无法完全弥补开矿造成的破坏，然而通过与利益相关方合作，它正在向更好地平衡经济增长和环境保护的方向迈进。

以前环保计划和社区参与对于企业来说，被认为是可有可无的，现在则是必需的。正如力拓的首席环保顾问戴夫·理查兹所说的，“我们的运营执照不只是工厂大门外的社区所给予的，而是由整个社会颁发的。如果你跟这些利益集团硬碰硬，日子会很难过。我们必须主动把风险变成机遇”。

界限：延伸到工厂大门之外

在“镉危机”之前，索尼公司可能不会把它在中国生产控制线的不知名的供应商算作“家庭”内部成员。但是一旦经历了1300万美元的游戏设备在圣诞节前一个月被堆放在荷兰仓库无法上市的遭遇，索尼对“家庭”的定义恐怕就会大幅放宽了。

认为公司仅仅是自己的工厂、办公室以及其他实体资产的想法已经过时。企业在一个全球的生产网络中运作，生产流程的各个部分都有不同的供应商参与，彼此之间的界限已经很模糊。品牌价值以及员工知识技能这类无形价值已经成为公司价值的一部分，这就是潮流驾驭者从绿色环保中挖掘到的黄金。这些“软”资产同样是一种资产，并且需要受到格外的保护。

当道格·达夫特邀请丹尼尔·埃斯蒂参加他新组建的可口可乐环保顾问团时，简明扼要地解释了他对这个新团体的期望：可口可乐的市值为1150亿美元，但是账面的资产只有150亿美元，其余就是价值1000亿美元的庞大的无形资产。简单来说，正如他的继任者内维尔·艾斯戴尔所说的那样，如果你是世界上最有价值的品牌的守护者，环保方面的错误能使公司损失上百万甚至数十亿美元。

对于企业来说，仅仅说“我们已经对地球尽了自己的力量”已经不够了。那是20世纪的说法，并且通常都是说说而已。现在我们生活在一个“生产者责任延伸”的世界里，企业已经无法逃避在其价值链上下游产生的环境问题，从最遥远的上游供应商到最下游的消费者都是如此。简单地说，那些发生在你的围墙之外的问题往往对你有更大的影响。

这个现实要求企业对自身提出新的问题：供应商的工厂里的工人是不是处在有毒环境以及其他危害健康的环境？供应商有没有向当地的河流排放有毒废水？消费者丢弃你的产品时有没有产生废弃物和污染？这些问题和很多其他问题现在都摆到你的桌面上来了。

互联网最可爱也最可怕的地方就是信息随处可得。世界上任何地区发生的一则疑似雇用童工或向河流里倾倒有毒物的消息都会立刻传开，使品牌声誉受损甚至毁掉品牌价值。在思考环境问题对产品和生产流程的影响时，把范围扩大到工厂大门之外，不仅是明智的，而且是必要的。

低成本家具生产巨头宜家家居投入了大量资源追踪所有的产品来源，尤其是木材。公司设定了很高的目标：绝不购买有高度保护价值的林区的木材，绝不购买非法采伐的木材，并且逐步转向只购买那些通过认证的可持续采伐林区的木材。

宜家是否对发生在自己业务范围之外的事情负起了太多的责任呢？毕竟，宜家家居并不直接购买木材，而是只购买用木材做成的家具。宜家的高管并不这么看，他们相信这正是消费者对宜家的期望。

在瑞士哥尔特金登宜家公司明亮的开放式办公室里，宜家家居森林事务主管古德蒙德·沃尔布里奇告诉我们他的团队是如何创造价值的："我们的森林事务员（共18名）每年在外出差多达140天，亲自视察家具和木材供应商的状况。"沃尔布里奇表示，这种昂贵而大范围的努力并不只是为了做正确的事。他说："如果我们无法发现商业价值并将其列入商务议程，我们就失败了。我们发现了解供应链是检查业务的好办法，同时，也能更好地了解我们的业务。"由于努力追踪，宜家提高了效率并且找到了避开中间人的方法。宜家公司一直以能给热切的消费者提供价格合理的产品而自豪，对它来说，这种成本上的进步是重要的战略成就。

宜家已经认识到其上游供应链不仅仅是一个风险来源，与之类似，其他公司也发现了价值链下游存在的机会。例如，惠普公司发现其客户不知道如何妥善处理打印机的旧硒鼓。它还发现，一些新公司因出售再填充硒鼓而崛起，使惠普的销售滑坡。因此，惠普公司决定不让客户自己处理旧硒鼓，而是推出了非常成功的回收和再利用业务。

打印机是惠普的拳头业务，如今，再填充硒鼓已经成为一个高利润、产值上亿美元的业务，每年大约有1100万个硒鼓被重新利用。自1991年以来，超过8000万个硒鼓被回收利用。更重要的是，如果惠普不创建这个"地球伙伴"（Planet Partners）回收再生项目，其他公司就会做这件事。起初，考虑产品的整个生命周期是一个防御行动，但是这种防御却证明也是一种很好的进攻——一个带来高额利润的成功案例。

宜家、惠普以及其他的精明企业在整个价值链上寻找机遇。这种对生命周期的思考方式产生了改进产品和生产流程的灵感。它同样帮助管理者更好地了解他们的业务，并抓住在价值链任一环上发现的价值。

从高层做起

很多时候，寻找环保优势要求来自公司各个阶层的广泛努力，但是真正的环保努力却是从高层开始的。我们所认定的每一家潮流驾驭者都告诉我们，来自最高层的决心是成功的关键，也是使中层经理和一线员工投入环保事业这一挑战的唯一方法。如果没有首席执行官的要求，英国石油炼油厂的厂长如何能主动降低排放？如果没有最高层的指令，3M 的产品经理怎么能等待数年之久才让强力即时贴上市？

在我们选出的所有潮流驾驭者中，首席执行官和其他高层经理都专注于可持续发展问题，有些时候还是以非常个人化的方式进行的。在杜邦公司，查德·霍利迪不仅仅是董事长和首席执行官，据他声称，自己还是“首席安全环保官”，这个头衔在整个公司传递了强有力的信息。霍利迪同时也是世界可持续发展工商理事会主席。他与他人合著了《言出必行》（*Walking the Talk*）一书，提倡企业的可持续发展。

对于推动可持续发展，可能没有哪个首席执行官比新象公司（GrupoNueva）的领导者朱利奥·穆拉做得更彻底。这家公司的运营成本高达 24 亿美元，业务遍布中美洲和南美洲，旗下拥有林业以及建筑用 PVC（聚氯乙烯）管材制造等产业——一个看起来一点也不环保的企业。然而这家公司就是以环保思维创立的，并且在穆拉的坚持下，公司高层经理都为解决环保问题而不懈努力。

新象公司的一个重要任务就是在制造 PVC 的过程中消除铅基稳定剂的使用。由于这个问题是在上游供应链中产生的，公司派出人员到供应商那里解决问题。“我们的化学家花费了一年时间与供应商合作，最后拿出了钙锌稳定剂的解决方案。”负责社会和环境问题的副总裁玛丽亚·埃米莉亚·克里亚告诉我们，“公司的目标是把制造成本的上升幅度控制在1%以内……他们真的做到了！”

迎接挑战

我们已经讲过英国石油的故事。首席执行官约翰·布朗宣布要使他的公司“超越石油”，这个似乎很轻率的许诺已经为公司节约15亿美元。布朗在大胆公开地承认气候变化是一个真实迫切的问题之后做出了这项承诺，时间远早于其他同业公司。相反，埃克森美孚石油公司前首席执行官李·雷蒙德仍然坚持质疑全球变暖的科学依据。今天，布朗已经在几乎所有讨论环保法规和未来能源策略的正式会议上，为英国石油争得了一席之地。随着李·雷蒙德退休，他的公司一定会改变论调。固执地坚持反对环保的代价（包括官方和大众对公司的看法）正在逐渐上升。

然而，这项成功却是暂时的。新象公司无法承诺足够让供应商改变流程的采购量。这时，领导团队想到了一个奇妙的解决方案——与竞争对手分享想法。穆拉开始四处游说，告诉其他的PVC管材购买者，铅会危害工人以及居住在秘鲁供应商工厂附近的孩子。他请求这些竞争者和他一起向供应商承诺充足的采购量，以激励供应商采用钙锌技术。这个方法竟然奏效了。还有什么“言出必行”的例子比这个更好呢？

采用“阿波罗 13 号”原则：没有“失败”这个选项

“休斯敦，我们这里出问题了。”

1970 年 4 月，“阿波罗 13 号”的探月任务几乎已经让人感觉稀松平常了，因为那时人类已经进行了两次月球漫步。然而这一次，氧气罐在距离地球 20 万英里的地方爆炸了，航天员杰克·斯威格特用无线电发回了这句简单却令人难忘的消息。这让美国宇航局的航天指挥吉恩·克兰兹面临一个看似不可能完成的任务——帮助斯威格特、任务指挥官吉姆·洛弗尔和航天员弗雷德·海斯在 4 天内，通过两人登月舱安全返回，这时舱内的二氧化碳过滤器已经不堪重负。

如果你看过汤姆·汉克斯演的电影，肯定会记得克兰兹对他的工程师团队下的命令。他要他们找到一个办法，用航天员手中仅有的设备来过滤空气，否则他们在返回之前就将性命不保。克兰兹说：“没有‘失败’这个选项。”这句话现在已经成为经典。最后这句话真的奏效了。工程师们在非常有限的条件下创新，使三名航天员在全世界焦虑的注视中成功返航。

在商界，情况通常不会如此严峻，然而在环保方面做得最好的企业往往也抱着不能失败的心态。与吉恩·克兰兹一样，潮流驾驭者为自己的组织和员工设定艰巨的、看似不可能完成的任务，而且在达到目标之前会承受巨大的压力。

20 世纪 90 年代初，当美国新的《排放毒性化学品目录》把杜邦列为美国甚至全世界头号污染企业之后，杜邦开始努力朝环保方向发展。为了不在这个糟糕的领域排名第一，查德·霍利迪的前任埃德·伍拉德向业务部门传达了清晰的“减少有毒废弃物”的目标。伍拉德是认真的，他为全公司设定了“零污染”的目标，下属业务部门很快就发现了他多么认真。

得克萨斯州维多利亚的大工厂成了测试个案。维多利亚厂从 1951

年开始，专门制造尼龙中间体。这种中间体是制造 Stainmaster 地毯、莱卡高弹纤维，以及从行李箱到安全带、连裤袜等各种产品的原料。然而，它的制造过程却相当肮脏。1990 年，维多利亚厂制造了 3500 万磅有毒废弃物，如苯、硫酸等毒物，大部分都存放在深井里。

作为冗长价值链的中间产品，尼龙中间体只有微薄的利润，这是第一个问题。第二个问题就是处理这些废弃物的成本看起来相当高，远非微薄的利润所能承担。当相关高管向伍拉德汇报大幅削减有毒废弃物的成本会达到 5 亿美元时，伍拉德简单地回答："算错了。" 于是他们回去重新修改计划，又回来说差不多需要两亿美元。伍拉德还是说："算错了。"

最后，改变维多利亚厂的成本净现值接近于零。通过改变生产流程，工程师们找到了从源头上削减有毒物质的方法。它与当地合作，在工厂周围建设湿地，使水得到自然净化，而且它出售了一部分原来被当作废弃物的副产品。到 2002 年，尽管产量提高了，但是维多利亚厂排放的有毒物质却不到1000万磅，减少了 70% 多。

如果把聪明的经理们关在一个房间里，告诉他们想不出一个能保护利润同时也对环境有利的方法，就不能离开。在这种情况下，你往往就能得到令人满意的结果。

潮流驾驭者对所有人都很严格，包括供应商。当戴尔想要用再生纸印刷产品目录时，纸品供应商说他们做不到，但是戴尔不肯让步。现在，戴尔的印刷品有 10% 使用了再生纸。当联邦快递金考和天木蓝想要在它们的一些工厂使用可再生能源时，两家公司都要求可再生能源供应商提供平价能源合同，并且都取得了成功——至少在前期是这样。当公司向供应商提出看似不可能完成的要求时，通常供应商的第一反应都是"不"，但潮流驾驭者会坚持要求得到合理的解决方案。

顺便提一下，自从采用"阿波罗 13 号"原则以来，杜邦公司一直秉持这种精神。公司设定了一个新目标——使公司所耗用能源的

10% 为可再生能源，同时还要节省 8% 的成本。杜邦工程师现在的感觉恐怕和当时美国宇航局的那些工程师差不多。

“阿波罗 13 号”原则

要从大处着眼，考虑获得环保效益的机会。为各项业务制定看似不可能完成的目标，要能够反映远大的环保愿景，然后放手让企业进行创新。要求它们找到办法，在不增加成本的情况下，减少生产产品所耗用的材料、能源，以及产生的废弃物。成功来之不易，而且也不是每次都能获得成功，但是通过施加相应的压力可以驱动惊人的进步。

承认感觉就是事实

在晴朗的天气里，飞往美国亚利桑那州的凤凰城令人心情愉悦，目之所及是棕色与红色的美丽的沙漠旷野。当你降落到凤凰城国际机场时，视野中会闯入大片大片与周围景色不太协调的绿色。那些都是高尔夫球场。

可能高尔夫爱好者们从 5000 英尺的高空，就能够分辨出一些最著名的球场。《高尔夫杂志》这样描述斯科特斯戴尔附近的北特伦高尔夫俱乐部：“四周的茫茫沙海上，是花岗巨岩，高低起伏的地势，以及壮观的球道。”但是在这个水源极为有限的地区，与这里其他的高尔夫球场一样，北特伦俱乐部对水的需求也是无穷无尽的。

美国西南地区的高尔夫球场比美国其他地区的球场耗水量更大，

每个球场每年需要大约8800万加仑（约合33万吨）的水。仅亚利桑那州一个高尔夫球场所需的水，就能注满12000个游泳池，或者满足1500个美国人（或两万个非洲人）的全部用水需求。

我们说这些并不是要谴责高尔夫球场。我们的重点是，如果寻找减少耗水量的方法，高尔夫球场会是个很好的起点。但是，在亚利桑那，像在其他所有地方一样，把矛头对准企业利益比指向个人享乐的一些事要容易得多。因此，亚利桑那州的钱德勒有两个大型半导体制造厂，有着大片设施的英特尔公司就备感压力。如同里克·鲍尔森厂长所说，“在这里，用水是热点问题”。

事实上，生产芯片的用水量的确不少。整个钱德勒生产基地，每年的用水量超过6亿加仑（约合227万吨）。但是，与附近各高尔夫球场80亿加仑（约合3030万吨）的用水量相比，这简直微不足道。如果当地高尔夫球场喷洒水的效率仅提高7%，就足以弥补英特尔公司的全部用水量，但只有这些有利于企业的事实还远远不够。

在亚利桑那，要让当地社区满意，就意味着用水必须小心仔细。如果是有高知名度的《财富》世界500强企业，且在当地有大片实体厂房，就更是如此。像英特尔公司在钱德勒那样，每年在水的循环利用上花费数百万美元，不是只关注每季度财务绩效的公司会进行的投资。英特尔实施水资源管理计划也不是迫于法律要求，而是公司高管感觉这是应该做的事。由于他们表现出了对当地需求的体察，令英特尔公司始终保有经营许可。

英特尔仅用几个月就得到了建设新芯片生产厂的批准，这个过程原本可能会耗时数年之久。快速获得批准建造新厂的价值有多大？当然，这无法精确计算，但是能加快价值数十亿美元的工厂的开发速度，其价值极其巨大。

在我们看来，英特尔处理当地压力的做法极为明智。做正确的事与做对业务有利的事并不是互相排斥的。

在空气质量问题上的认知差距更为突出。英特尔在钱德勒的厂区产生的挥发性有机化合物的总量，与当地的一家加油站相当，但是里克·鲍尔森指出："无论公众对于英特尔对空气质量影响的认知是否真实，我们都很难改变，这与数据无关，如何认知才是关键。"让工程师忽视真实数据而去处理感知问题，这并不容易。

孟山都公司的可持续发展行动为何事与愿违

罗伯特·夏皮罗是大受环保人士欢迎的人物。在 1995—2000 年任孟山都首席执行官期间，夏皮罗将可持续发展列为企业战略的核心。在他的展望中，通过生命科学、基因技术以及生物化学科技的创新，可以做到不使用农药或肥料种植庄稼，不浇水就可以使草地绿意盎然，用稻米和其他食物就可以提供充足的维生素。他是一位梦想家。

夏皮罗和孟山都的科学家团队知道他们将带来一场农业革命，而且确信自己能够安全地做到这一点。毕竟，美国人食用利用生物工程技术生产的大豆和其他粮食已经有数年时间了，并没有哪怕轻微的迹象表明这些食品有不良作用。但是，夏皮罗和他的顶层管理团队所不知道的是，欧洲消费者对转基因食品的理念根本就不热衷。

罗伯特·夏皮罗满怀信心地将这场以转基因技术为基础的革命带到了欧洲，却不料引发了抗议风暴。当四面都是不绝于耳的"恶魔食品"的抗议声时，孟山都的高管们试图通过以科学为基础的理性讨论，来消除法国、德国及意大利等国消费者的恐惧，但全部徒劳无功。没过多久，孟山都公司就退出了欧洲市场，整个公司也摇摇欲坠。超级分析师夏皮罗所忽略的一点就是，感觉即为事实。

很多公司都陷于工程师的分析结果与公众认知之间的分歧中而难以抉择。还记得壳牌公司对将布伦特斯帕石油钻井平台沉入北海的计划所做的详细分析吗？这个解决方案虽然并不完美，但几乎是最好的选择。不过，对于世界各地的抗议者和壳牌的消费者来说，他们的感受迅速盖过了事实。或者想想通用电气与监管部门之间关于如何恰当处置哈得孙河中的有毒物质多氯联苯，展开的长达数年之久的争议。水务专家告诉我们，通用电气的做法基本是正确的，将这些化学物质留在原地虽然并非尽善尽美，但可能是减少人类接触的最佳方式。可是哈得孙河沿岸的居民不相信这种说法。

聪明的企业逐渐认识到，对公众来说，他们的市场观感与企业披露的事实一样真实。就像英特尔公司，它已经发现，管理认知并诚恳关注企业所在地对环境问题的顾虑，能够为盈利带来积极作用。了解这一现实，对于企业培养正确的思想意识以创造环保优势至关重要。

带品牌的垃圾

可口可乐和麦当劳这类大品牌获得了太多的公众关注，这有好处，也有坏处，比如“带品牌的垃圾”问题。当人们看到路上有印着金色 M 的垃圾时，潜意识里会认为：“麦当劳到处扔垃圾。”这可能不是麦当劳的错，但人们就是这么感觉的。

做正确的事

宜家家居是著名的精益求精的公司，这是由其创始人英格瓦·坎普拉德一手推动而形成的作风。据说坎普拉德是世界十大富豪之一，但宜家强烈否认这项传闻。坎普拉德乘飞机时坐经济舱，出行住廉价旅馆，用的车子是已经开了数年的破旧的沃尔沃。

美国新泽西州帕拉姆斯的宜家家居店店长鲍勃·凯伊告诉了我们一个小故事，从中可以看出坎普拉德有多么节俭。一次坎普拉德正在巡视凯伊的店铺，这位公司创始人在一堆扫到一起的尘土和碎屑中，看到了顾客和员工在店内随处使用的小铅笔。凯伊描述了当时的情景："英格瓦说，'鲍勃，让他们别把铅笔扔掉'。于是我只好蹲到地上捡起了这些根本一文不值的铅笔。"

鉴于宜家如此关注浪费的每一分钱，它在环保计划上花费数百万美元看起来可能有点奇怪。例如，在凯伊的店铺，工人在新货入库时，会对产品包装进行分类。他们把塑料、木头和金属分门别类地堆在一起，店铺会付钱对其进行分类回收。所有这些做法都不是出自法规的要求。而且，这一额外的步骤还降低了库存补充的速度，并增加了劳动力和废品管理上的成本。但宜家将这些工作视为其职责所在。

所以，为什么极为节俭的宜家会在环保方面投入额外资金？大部分答案可以从办公室内到处张贴的标语上找出："低价，但并非不惜一切代价。"这句标语不仅停留在文字上，对我们所遇到的每个宜家员工来说，它有实际意义。宜家公司也以各种行动，包括对废品的回收利用，践行了这句标语。

你需要长期坚持绿色环保思维吗

企业并不一定在建立之初就拥有环保理念，坚信保护环境是应该做的事。当然，一些潮流驾驭者对此已经探讨了很多年。赫曼米勒公司的创始人德普利笃信宗教，感觉对世界负有深深的责任，他在20世纪50年代宣布赫曼米勒公司“将为环境善尽职责，成为优秀的企业邻居”。即便这不是企业界第一次提到环境职责，也肯定是极早的例子。

是的，如果长期坚持企业的职责，那一定会有所助益。不过，每家企业都可以做出新的环保承诺，并找到创新的方法来将其坚持下去。一些企业过去一直不重视环保，而现在看到了环保的价值。例如，金吉达就是世界上有着最惨痛公司历史的企业之一。但是现在，金吉达的高管表示，他们近来对环保和社会问题的关注是公司成功的关键。

并不是只有瑞典的私人公司认识到企业理应保护环境，惠普公司的前任首席执行官卡莉·菲奥丽娜并购康柏公司时运不佳而黯然离去之前，曾做过一次演讲，内容是为何企业应将环保和社会责任当作业务经营的核心。在她演讲的4个主题中，有3个聚焦于重视环保将给业务带来什么益处。她提出的第一个原因，就是“这是应该做的事”。

耐克、麦当劳以及加拿大铝业集团等企业的高管，也以类似的话语公开表达过相同的看法。赫曼米勒公司的首席执行官布赖恩·沃克尔在他的在线价值宣言中写道：“我们倡导环保的原因很简单，因为我们相信保护脆弱的环境是应该做的事。”

在研究过程中，我们一遍又一遍地问："你们为什么这样做？为什么投入资金做对环境有益的事，或者类似的没有直接收益的事？"一次又一次，我们听到了同样的说法，通常还伴有不解的表情："这是该做的事啊。"怀疑论者可能会说，这些企业领导只是在说空泛的陈词滥调，但是我们听到的是诚恳的承诺。我们也已经看到，这些企业高管在采取行动落实承诺，甚至常常要冒着短期收益受损的风险。

一线人员比其他任何人都更清楚、更关注这一问题。如果他们相信自己的雇主正试图在道义和利润上实现双赢，如果他们看到这种精神从公司的最高层不打折扣地一直执行下去，他们就更愿意以全部力量担起责任。这就是创造真正的环保优势的方法。

环保优势的关键

要想在"从绿到金"的世界里获得成功，培养正确的观念是至关重要的。要将环保视角纳入企业的战略焦点，应该：

- 关注森林（整体），而非树木（局部）：全面考虑时间期限、利弊得失以及界限。
- 从高层做起：高管，尤其是首席执行官必须参与愿景的设定。
- 采用"阿波罗13号"原则：制定严苛的环保目标，绝不接受"失败"这个选项。
- 承认感觉就是事实：情感和认知有巨大的影响力，而且客户永远不会错。
- 做正确的事：明晰的环保价值观可以激励员工、顾客、监管者以及潜在对手。

第七章

环保绩效追踪

环保优势思维是一种强大的动力，也是环保视角的核心，它能帮助企业迎接挑战，寻找抓住环保优势的机会。但这仅仅是个开始，企业还需要实施的工具。本章开始说明具体工具，它们能帮助企业了解目前所处的境地。

要想了解具体情况，还需要思考和分析，这可能并不容易。追踪环保绩效有助于回答往往不太常见，但是很基本的问题：

- 企业对环境有什么重大影响？
- 这些影响于何时何地出现？发生在生产过程中，还是在运输和分销过程中？在上游的供应链中出现，还是在下游或客户的手中出现？
- 其他各方对企业的环保绩效有何看法？

这些问题可能很难回答。一些领先的企业使用一组核心环保绩效追踪工具（见图8），对公司的环保情况进行自我描述，并管理环保优势。我们建议大家也按照它们的做法去做：

- 跟踪企业的环境足迹；

- 记录数据并创建衡量标准；
- 建立环保管理系统；
- 为取得优势而进行合作。

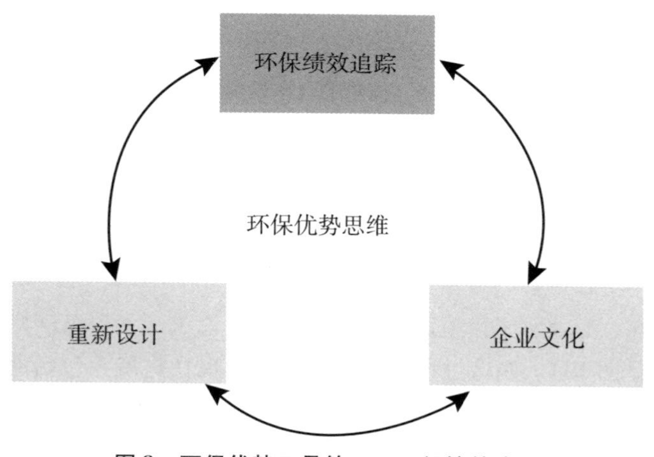

图8　环保优势工具箱——环保绩效追踪

追踪你的环境足迹

每个企业都会通过生产的产品或提供的服务在地球上留下痕迹。所使用的资源或造成的污染越多，其环境足迹越大。

设想一个极为简化的汽车价值链（见图9）。从制造商的角度来看，发动机、车门、挡风玻璃、安全带以及其他上千种零部件从工厂的一端进入，工人将各部件组装起来，喷漆，然后将其送出厂门。完工的轿车和运动型多功能车离开车间，被装上卡车、火车或集装箱货轮，运往世界各地销售。汽车经销商将其售卖给数以百万计客户。

以前，要求汽车厂商追踪其环境足迹多半会令其迷惑不解。“什

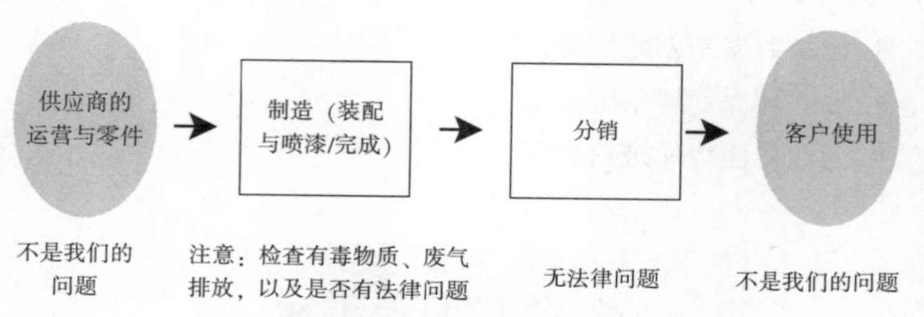

图 9　简化的汽车价值链

么是环境足迹？”公司高管们可能会这样问。即便是见多识广的高管，其答案也可能仅限于制造过程所带来的影响：工厂设备所排放的废气、废水，可能还有喷漆过程中造成的空气污染等。价值链中的其他环节根本不在他们的考虑范围之内。

现在，企业对于价值链和环境足迹的新看法，涵盖范围则要宽泛得多（见图 10）。制造过程仍包括在内，但现在扩展到包括能源使用等未受监管的环保议题。企业所关心的问题也沿价值链有所扩展，包括上游供应商的运营，以及下游客户对产品的使用和最后的弃置处理。正如我们多次重申的，在社会要求生产商承担更多责任的情况下，在工厂大门之外发生的事情，现在也必须计入企业的环保资产负债表。

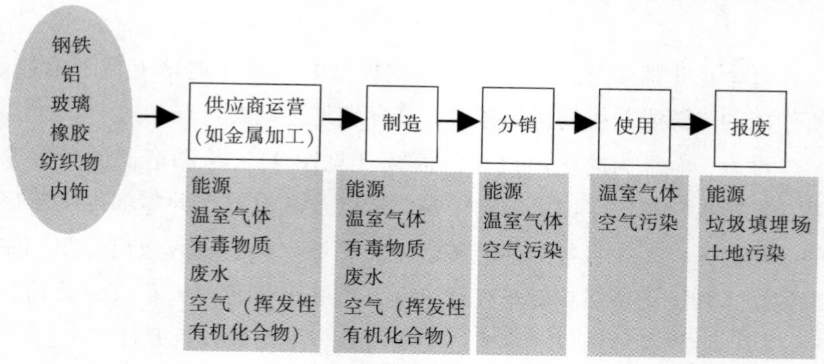

图 10　扩展的汽车价值链

要了解一辆车的真实环境足迹，制造商必须询问其供应商的运营情况。所用的钢材从何而来？是如何锻造的？在金属加工的过程中会排放哪些有毒物质？然后，再检查价值链的下游：在产品的使用阶段，驾驶者会用去多少燃油？尾气中排放的温室气体有多少？若干年后汽车报废运至废车场时会如何处置？现在，完整的环境足迹可以反映汽车的整个生命周期。

企业足迹的某些方面是正面的，如服务客户、支付员工薪资，以及为当地提供资助等。但在环保方面，企业足迹反映了其污染为社会带来了多少负担，以及耗用了多少自然资源。社会开始越来越多地坚持耗费地球资源者必须减少人为影响，为其造成的损害付费，并采取措施将危害降至最低。潮流驾驭者极为重视对其足迹的衡量，并设定明确的目标来减少负面影响。

企业在减少环境足迹之前，必须了解其概况。衡量企业环境足迹最有效的工具之一，就是产品的生命周期评估（Life Cycle Assessment，LCA）。

生命周期评估

生命周期评估追踪一个产品从最初所用原材料起直至最终报废处置的整个周期对环境的影响。生命周期评估是一个重要工具，它能帮助公司做出自身的环保情况描述，并找到将危害降至最低的方法。良好的生命周期评估可以明确在整个价值链中减少资源消耗并降低成本的方法。

让我们再看一下汽车的价值链（见图 11）。

我们现在看到的是一个圆环，而不再是一条直线。起初，汽车的原材料是从地球上获取的自然资源，如铁矿石、铝以及用于制造皮革内饰的牛等。供应商收取这些材料并制作成各种不同汽车零部件。汽车公司将零部件组装成车并分销到世界各地。汽车上路行驶 20 万英

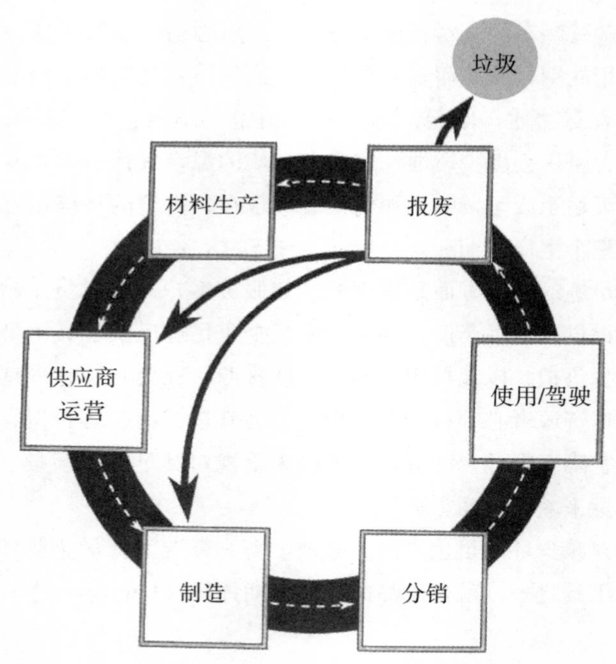

图 11　简化的汽车生命周期

里后，就进入报废阶段。一些部件可以当作废钢铁卖给原材料生产商，其他一些部件整修翻新后可以重新在其他车上使用，剩下的部分会被送到垃圾填埋场。

生命周期评估检查这一完整的周期，并衡量每个阶段对环境的影响。它所提供的基础信息帮助企业了解其必须解决的问题，并提供有助于找到环保优势的线索。整个过程中哪个步骤所使用的水最多？哪个步骤造成的空气污染最多？可以重新使用或者回收制造过程中产生的各种副产品吗？可以回收整个产品吗？价值链中的哪些步骤造成的环境影响会引起不同利益相关方的关注？浪费与效率低下发生在哪些地方？答案可能令人惊讶，并且因产品和行业不同而迥然不同。

以政治上较受关注的环境问题之一——温室气体排放为例，假设我们将生命周期只分为三个阶段：生产前（你的公司上游）、生产（你的公司），以及使用（你的公司下游）。简而言之，就是供应商、你公司的运营，以及客户。

现在我们来看一下以下三种不同产品的大致温室气体排放情况：运动型多功能车、银行账户、皮靴（见图 12）。这三种产品的温室气体排放情况截然不同。对于运动型多功能车来说，温室气体排放主要不是来自生产过程，而是驾驶者驾驶时燃烧燃料所产生的，也就是说来自使用阶段。对于开立银行账户的银行分支机构这样的服务业企业来说，运营期间使用能源进行照明、供热和制冷等，占其直接环境足迹的绝大部分。对于靴子生产来说，大多数温室气体排放出现在上游的供应链中。

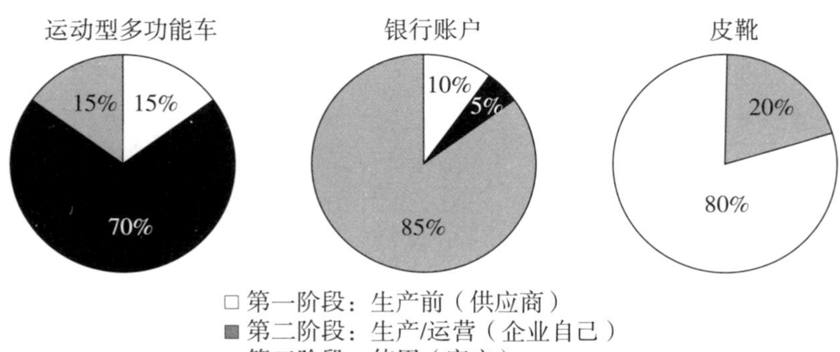

图 12　产品生命周期中的温室气体排放

由于每种产品、每家企业都不尽相同，因此这里的数字并不是非常精确，但是它们都切合现实。事实上，天木蓝对其一项产品——皮靴进行了生命周期评估，并计算了价值链中所有阶段的气体排放量，其中包括像提供皮革的养牛业者这样的二级供应商。令人惊讶的是，到目前为止，牛群所排放的气体最多。牛在消化过程中会产生甲烷，这是一种威力很强的温室气体。

牛皮重量仅占牛体重的一小部分，因此天木蓝公司只将牛制造的温室气体排放的7% 计入靴子的环保资产负债表。即便仅计入了这样一个很小的百分比，在生产皮靴所产生的温室气体负担中，牛群的排放仍占了80%。

为什么这种评估方法很重要？理论上来说，充分了解靴子生产所造成的各种不同方面的环境影响的规模和性质，天木蓝公司就可以有针对性地采取措施，至少公司的高管们也能更好地了解他们所面临的利弊权衡问题。公司中没有人真的考虑生产靴子可以完全不使用皮革，也没有人能够阻止牛排出甲烷。但是天木蓝公司现在知道，减少每只靴子所使用的皮革数量，远比降低装配车间或分销中心的能源用量更能减少对气候变化的影响。

生命周期评估还能引导产品的开发。3M 公司已经在迅速推广其生命周期管理计划。现在，新产品的规范中包括对供应商、3M 公司内部以及客户的环保、健康、安全问题的评估。对旗下产品的整体影响的了解，令3M 公司有了一个构建环保优势战略的坚实基础。以3M 公司最喜欢使用的工具环保效率为例。如果你知道系统中的压力点，并知道在何处能产生最大影响，你的战略就能收到更好的效果，在减少污染和废弃物时就可以杀鸡不再用牛刀。

了解产品生命周期的企业，还能够找到令客户生活得更好的方法，借此驱动收入的增长。例如，3M 公司基于一次生命周期评估的结果，开发了一种用于学校和医院的低毒、即开即用的工业用消毒剂。减少客户的环保负担能够驱动销售的增长。

有重要的一点需要注意：进行生命周期评估往往有很大的挑战性，其分析可能涵盖一种产品、一个部门，乃至整个企业。一些计算相对来说较为简单明了，而另一些则要进行仔细分析，并做出一些重大假设。

一个核心问题是，在价值链中，上下游要追溯多远。天木蓝公司从牛群开始测量排放量。它应该将为牧场运送饲料所用的燃料造成的排放也包括进来吗？那么种植喂牛的玉米的农场使用农业机械，其耗用的燃料产生的温室气体是否也该计入？

应该在研究深度和研究成本之间进行权衡。简单的分析往往也能得出重要的见解。因此，在进行深入的生命周期评估之前，要记住 80/20 原则——80% 的工作量来自 20% 的问题。如果未做出合理的假设，以合乎逻辑的方法划定界线，并了解分析的限制，生命周期评估可能很快就会失去控制。一些过分详尽的生命周期评估，甚至将生产产品所涉及的人食用的食品生产时所使用的能源都包括在内。

归根结底，知识就是力量。了解整个价值链的环境足迹，能帮助企业投入污染防治工作，发掘服务客户的新机会，避免与利益相关方发生冲突，并在竞争上得到很大助力。这就是环保优势。

我们的方向何在

可持续发展领域最大的挑战之一，就是定义对企业的要求。非政府组织自然脚步（Natural Step）提出了一个包含 4 项原则的实用框架，帮助企业了解可持续发展对其意味着什么。对目标有了明确的愿景之后，企业就可以开始规划达到目标所需要的步骤，自然脚步的创始人卡尔－亨里克·罗伯特将其称为“回溯原则”。

很多潮流驾驭者，如麦当劳、星巴克及因特菲斯等，都相信罗伯特的方法能够帮助他们提高关于可持续发展的认识。比如，宜家的高管就描绘了一个具体前景：降低照明成本且不危害环境。目前市面上的节能灯价格昂贵，而且含有有毒物质汞，这违反了罗伯特的系统条件。因此宜家的团队开始探索一种新的替代方案，最终确定了一种改良生产流程，能够将汞的含量减少75%。“我们的方向何在?”这个问题令企业将注意力集中在长期存在的问题上，并驱动企业进行创新，以解决这些问题。

收集数据并创建衡量标准

“被衡量的事物才会被管理。”这个说法可能有点太宽泛，但是衡量标准，尤其是与奖励联系起来的标准，会吸引人们的关注。管理任何方面的企业绩效，都需要信息。在环保领域，数据并非始终是决策、战略或政策的核心，但应将数据视为核心，因为无论如何，数据始终是真实可验证的环境改善的重要先兆指标。

仅《排放毒性化学品目录》计划一项数据跟踪法规，就让很多潮流驾驭者纷纷走上了环保领先者之路。在被要求评估并报告多种有毒物质的排放情况后，各家公司才发现其环境足迹有多么大。很多企业也认识到很多有价值的化学品就这样顺着烟囱排走了。

追踪目标

每家企业都应该追踪一些基本的环境影响——使用的资源，排放或废弃物等。领先企业会跟踪其在多个领域的绩效（见表4）。

如果从环境影响中提炼单一的衡量标准当然是最好不过的，但这不可能做到。赫曼米勒公司的首席执行官向我们表达了他的沮丧之情——他无法将环保衡量标准总结为若干关键项，构建其平衡计分卡。事实上，保护环境是一个不可避免的多层面挑战。

表 4　关键环保指标

环保成果	基本指标
能源	消耗的能源 使用或购买的可再生能源
水	总用水量 水污染
空气	温室气体排放 重金属及有毒化学品排放 粉尘、挥发性有机化合物、硫化物及氮氧化物的排放
废弃物	有害废弃物 固体废弃物 可回收材料
法规遵守情况	违法通知 所受罚款或惩罚措施

环保指标与财务标准相类似。每家企业都会提供评估财务状况的基本工具：利润表、资产负债表以及现金流量表等。但每家企业都会更关注某些特定指标，如净收入、权益负债率水平，或者自由现金流等。对于这些指标，我们都需要进行评估，但根据情况的不同，其中一些指标比其他指标更重要。

对于使用平衡计分卡来管理业务的企业来说，分类账中环保一栏的表现方面，我们所列出的衡量标准可以提供一个良好的起点。那些关注“三重盈余”的企业，则必须加入社会责任方面的衡量标准。

每家企业都应该根据自身情况采集数据，以适应其核心问题，并制定企业或行业的特定指标。例如，星巴克就密切跟踪纸品使用中出现的若干方面的情况，如回收原料或未漂白原料所占的比例等。数以百万计的纸杯累计起来，其结果是极为可观的。可口可乐公司则密切关注可能影响企业运营的问题，它追踪生产一升最终产品要使用多少升水。

对于环保数据和衡量标准，我们提出以下三个基本指导方针。

- **既跟踪相对标准，也跟踪绝对标准。**例如，在测量温室气体排放时，既跟踪每一美元销售额的排放量，也跟踪二氧化碳的总排放吨数。人们更喜欢以相对比较的方式展示所取得的进步，但是某些环境问题是绝对的。将减少温室气体排放与销售额联系起来会有所助益。但如果销售量大幅上涨，这一问题仍会恶化下去。关键的利益相关方不会被这种变化带来的所谓进展打动。
- **收集企业内各个层面的数据。**从国家、地区、部门到企业所在地乃至生产线，一路深入挖掘下去，能够帮助企业找出要解决的问题区域，或者突出要复制推广的先进经验和最佳做法。
- **在整个价值链收集同样的信息。**在工厂大门外发生的，从供应商、分销商到客户的事情，的确可能是至关重要的。

在整条价值链收集信息，看起来似乎花费巨大，其实并不一定。良好的评估体系往往是与严格的运营管控密切相关的。即便是规模很小的罗能纺织公司（它是我们所访问的企业中规模最小的之一），从1993年起也开始追踪数十项环保指标了。稍后，我们会介绍通用电气如何利用一个内容详尽的环保数据跟踪系统来节约资金。

供应链衡量标准和材料数据库

到目前为止，我们已经谈到最适合有具体产品的企业的衡量标准。服务业企业使用能源，也可能产生废弃物，但可能不需要追踪其排放情况。不过，即便是服务业企业也依赖产品，它们的供应商也可能面临不同的问题。因此跟踪供应商的绩效是个好主意。银行会不会需要对自动取款机生产商造成的环境问题负责？这听起来可能有点荒谬，但是非政府组织和媒体会对谁紧追不放呢？是默默无名的生产商，还是面向客户，坐拥数十亿美元的大牌企业？

麦当劳已经开始要求其供应商追踪主要环保指标。麦当劳本身的运营所造成的环境影响主要集中在耗能和废弃物方面，但是汉堡包和煎炸食品会带来其他环境负担。养牛业和产业化农业的环境足迹都极大，关于麦当劳所用的肉类是否来自砍光雨林而得到的牧场，非政府组织对此提出了很多质疑。这让麦当劳的高管认识到他们也需要对这些影响进行处理。

一些潮流驾驭者不仅追踪基本衡量标准，还要求供应商为其提供专业信息。赫曼米勒公司建立了一个材料数据库，来规范指导其环保型产品 Mirra 椅的生产。负责这项工作的两位经理人要求每家供应商为其提供每种部件的确切成分。一些公司对共享这些信息有所踌躇，但赫曼米勒只会购买遵守这一要求的供应商的产品。

根据毒性和对环境的其他影响，赫曼米勒公司将每种化学品和成分都分别标上以红、黄、绿为代表的不同等级。管理层会告知设计师，他们可以放心使用绿色等级的材料，但要尽量少用黄色等级的，并应避免使用如 PVC 等红色等级材料。借助这个包含 800 种材料的数据库（谁知道一把椅子里会有这么多种东西呢），赫曼米勒公司可以精确计算其椅子中每种成分的含量。由于这个工具也可以算出整体产品从 1 到 100 的得分，现在，设计师在设计每代新产品时就有了目标。

数据管理是在风险、成本、收入及无形资产等方面取得环保优势的重要工具。如果消费者想购买对环境影响低，同时又不必担心室内空气质量问题的家具，那么，Mirra 椅会满足他们的要求。更环保的产品也能起到提升品牌价值的作用。总而言之，确切了解产品的成分可以降低风险，并可能因此节约数百万美元。

索尼公司的镉危机，为整个电子行业敲响了警钟。例如，戴尔公司就花费数百万美元对其材料数据库进行了完善。戴尔的主要环保高管之一唐·布朗告诉我们："如果我们的货物到达欧盟国家的码头时遇到问题，我们可以用数据来回答任何疑问，从而避免上万件产品被扣压在海关。"

了解原始数据以创建衡量标准

有对自身有利的数据是一个良好的开端。使用所获得的信息，以有趣且相关的方式描述环境影响，可以将员工的注意力集中在正确的事情上。以每个员工的能耗问题为例，将节能挑战放到个人层面，比降低总能耗更能引起每个人的关注。

杜邦公司重视一个看起来很明确的衡量标准：每磅产品的股东增值（Shareholder Value Added，SVA）。没错，据杜邦公司自己的说法，其制造的所有产品的重量曾一度接近200亿磅。杜邦公司正在厘清一个意义深远的事实：即便在废弃物和能源问题上有着激进的明确目标，但还是企业生产的产品越多，其对环境的影响也会越大。所以杜邦公司回到关键问题，只评估量的增减。杜邦收集了90个部门6年间每磅的SVA数据。这一举措的非正式目标是在全公司范围内，将所评估的资源生产率这一指标翻4倍。

2004年，当杜邦公司将其尼龙业务出售给科氏工业集团时，也将包括莱卡和氨纶在内的一些标志性品牌一并让出。这一出售行为与上述以产品磅数进行衡量的标准有何关联？杜邦公司的保罗·特博以市值进行解释，他画了一个理论图，其中一个轴是每磅的SVA，另一个轴是不同企业或行业的市盈率。图表的一角，是像微软这样高市盈率、每磅SVA高值的企业。另一端则是大型重工业企业，如尼龙制造企业，它们的市盈率和每磅SVA都比较低。杜邦认为图的两个轴是相互关联的，并希望移动到高附加值的一端，获得更高的增长率和更高的市值。

我们始终都需要产品和材料，但是市场更重视附加在这些材料上的服务与知识含量。随着我们向信息经济转变，字节代替了比特。因此，从某种程度上来说，跟踪每磅 SVA 也是抓住了全球都朝去物质化发展的精神。一个小小的计量指标需要很多积累，但它的确起到了应有的作用。

数据与竞争精神

排名常常是争论的发端。看看《美国新闻》的年度大学排名所带来的骚动吧，或者看看每年决定哪个大学的橄榄球队进入职业棒球大联盟时的排名所带来的纷扰。正如我们所发现的，即便是干巴巴的环保数据，也会引起争议。

我们在耶鲁大学的研究团队与哥伦比亚大学的地球研究所合作，创建了一个基于可持续发展衡量标准的国家排名。排名结果在一年一度的世界经济论坛上发布以后，在很多国家引起了强烈反响：当时的墨西哥总统埃内斯托·塞迪略坚持要求其环境部官员到耶鲁大学抗议；比利时的首相受到了国会的质询；新加坡的环境部则认为这个排名结果是不成立的，甚至可能是违宪的，因为新加坡的排名接近垫底。

环保衡量标准表明了一家企业的环保现状。数据和指标对于基于事实进行决策和完善的环境管理来说，至关重要。它们能够促进持续的进步，并使管理者能够对照污染控制和资源生产率目标，标记自己所取得的进展。可持续发展更像一个旅程，而不是一个终点，但了解自己位于路途上的哪

个位置仍是有帮助的。

潮流驾驭者知道数据会助燃竞争之火。它们会跨生产场地、地区或部门来比较环保绩效。拉丁美洲的联合大企业新象集团，每月在集团内部公布旗下各机构的所有指标，从而使车间的管理人员了解在包括环保绩效在内的多种议题上公司的表现如何。宜家家居对门店经理的内部评审中，也包括门店在所在国家和大洲的环保指标排名。这就是人的本性：没有人愿意做垫底的那一个。

建立系统

在报税季总是凸显两个基本类型的人：一种是已将发票、银行对账单、经纪报告单以及抵押贷款存根分门别类准备妥当的人；一种是我们这样的——各种票据信息散乱地放在旧鞋盒里、书桌抽屉的底层，没有建立一个有条不紊的系统收集这些信息。

对企业来说，它们没有这种二选一的选择。财务报表必须遵守公认会计准则，而且上市企业必须公布其业绩。在美国，根据《萨班斯-奥克斯利法案》，如果企业的财务报表不合格，其首席执行官和首席财务官可能面临牢狱之灾。现在，环保问题已被视为企业必须包含在此类会计报表内的潜在责任的一部分。

因此，无论企业的规模大小，都应该建立环境管理系统（EMS）。建立这样一个系统需要付出时间和精力，但是一旦优良的系统就位，管理者就能够更好地了解其业务，找到减少废弃物并令流程运转更有效的方法，还能避免出现严重问题。以通用电气为例，对于这家以面向数据作为企业文化的公司来说，建立一套用来追踪环保绩效的详尽系统，并不令人感到意外。该公司的高级副总裁史蒂夫·拉姆齐向我们介绍了这套 PowerSuite 内部网络系统，它能提供详细的流程信息，就像一个监管日历一样，提醒管理者应该做什么，以及何时将文件存档以满足要求。

这一实时“数据库”包括环保绩效、资源使用、安全性及法规遵从性等衡量标准，评估范围从整个公司到单独的生产流程，几乎涵盖所有层级。如果这些环节中任何一个地方出现问题，工厂管理者和他们的上司都会了解并采取相应措施。

通用电气用了大约 1000 万美元开发这个跟踪系统。这种对数据的重视，加上通用电气对六西格玛效率管理体系的坚持，带来了可观的环境管理成果。在 10 年的时间里，通用电气将超出法规允许范围的污水排放次数减少了 80% 以上。它还通过提高环保生产率和安全生产率，节约了数千万美元。这套新系统使公司迅速获得了数倍于成本的回报。

环境管理系统

环境管理系统并不需要自行开发，现在已经有开发好的标准的环境管理系统平台。国际标准化组织（ISO）的环境管理标准 ISO 14000 尤其有帮助。与指导企业将质量管理构建到运营中的著名的 ISO 9000 标准一样，ISO 14000 提供一个建立环境管理系统的模板。有着良好数据与系统的企业并非都需要 ISO 14000，但是如今在大客户要求下，它们中有很多正在谋求获得这一认证。

在实施 ISO 14000 的过程中，企业可以从多种不同渠道获得帮助。世界可持续发展工商理事会和全球环境管理协会都可以提供指导。除了 ISO 14000，还有其他替代方案可用。一些欧洲厂家就已经采用欧盟的生态管理与审核方案。我们所研究的很多公司都开发了自己的系统，与注重流程的 ISO 标准相比，这些系统通常更重视结果的改善。

所以，尽管建立完善的管理系统可能看起来有些单调乏味，而且花费不菲，但我们的研究显示，采用某些系统的确物有所值，而且会带来最优绩效。

如果出现问题

还记得在瓦尔迪兹号油轮泄漏后的日子里，埃克森公司的高管们经历了怎样的煎熬吗？最终埃克森公司花费了 30 亿美元来清理泄漏在威廉王子湾的油污。迄今为止，其他的处罚、罚款及法律判决已使它损失了 120 多亿美元。而且，关于这起发生在 1989 年的事故，各种图书至今仍在讨论。

系统中最后一个值得特别关注的部分，是风险评估与应急管理。假设某处生产设施出现了问题，比如某种有毒物质泄漏，或者更糟糕一点，发生了实际的伤亡情况，那么公司应该采取什么措施？谁负责解决问题？谁负责应对传媒？谁负责与员工沟通？这些问题不应该在紧急情况下仓促回答。当出现危急情况时，时间是最宝贵的。当事故发生时，企业需要一套清晰的应对程序。参与应急响应工作的每个人，都必须了解自己的角色。例如，IBM 就有一个公司危机管理团队，他们有明晰的责任，并有特定的管理人员作为发言人。

企业需要远在危机发生之前就制定一套流程，来辨识潜在的环保风险。我们在第二章简要描述的 AUDIO 工具，就是一个不错的起点，它可以帮助企业找出价值链的哪个环节可能出现问题。

很多工具都可以帮助企业发现并突出重要问题，尤其是在日常运营层面。我们已经与美国东北公用事业公司等企业合作，进行关于环保风险的简单问卷调查。其中的问题促使企业中至关重要的中层管理者开始思考企业的挑战和劣势何在。他们知道自己该如何处理紧急情况吗?对事故进行响应所必需的设备是否都已备妥?人员是否都已进行培训和演练?这个问卷能帮助企业进行差距分析，并找出系统中的漏洞。

潮流驾驭者会在风险演变为问题之前就防患于未然。例如，宜家家居就有一个材料风险管理委员会，他们定期开会来审视化学品方面的最新动态。被认为过于危险的化学品会被列入黑名单，从供应链中清除出去。

企业在购入新资产的时候，会面临尤为严重的暴露点。合并与收购量相当大的通用电气，对于所有交易都会进行严格的环保与风险评估。当估算潜在新资产的价格时，它会将以下成本计入：令新业务完全符合法规要求的成本，建立通用电气的环保、健康与安全系统的成本，及处理遗留问题的成本。环保问题审核团队的主要成员每月都会与管理层开会，讨论进展中的各项交易。

如果发现风险，一宗交易则可能宣布告吹，或者要求强制执行补救措施。通用电气的团队讲述了几年前收购一家巴西公司时发生的令人不寒而栗的故事。在交易审核期间，他们注意到，公司附属的托儿所就在一个储藏有大量化学品的区域附近，于是要求这家公司将孩子们转移到其他地方。大约三个月后，这里的化学品失火，托儿所的部分建筑被烧毁。通用电气的高管们毫不怀疑，如果不是及时迁移，很多孩子肯定会葬身火海。“这个例子说明了为什么我们需要进行系统化评估。”通用电气团队这样告诉我们。如果他们仅从财务方面审核这笔交易，就无法发现这一隐患。

为取得优势而进行合作

如果企业已经建立跟踪工具和系统，你可能认为对大的环境问题就有了把握。但通常来说，非政府组织和企业所在地对环境问题持有极为不同的观点。请记住，感觉即是事实。我们认为，与外部机构进行合作并切实听取它们的看法，是跟踪了解外界人士在情感层面对企业所持看法的最佳方式。

事实上，建立合作关系是获得环保优势的一个关键工具。有很多书始终都在描述合作伙伴关系，也有很多研讨会以此为主题。在此，我们会简单回顾一些著名事例，并提供我们通过对数十家企业与利益相关方的关系分析而获得的一些重要经验教训。

从理论上说，对于第三章所列出的环保优势参与者饼图中的 20 个利益相关方，企业几乎可以与任一方合作或向其学习。深入考虑与各个利益相关方可能建立何种联系是很有必要的。以下 5 类主要合作伙伴，更有可能带来大的效益，即非政府组织、环保专家、政府、企业所在地，以及其他公司。

与非政府组织合作

如果有关于“最差企业社会责任历史”的比赛，那么金吉达公司肯定是选手之一。在 20 世纪 50 年代，该公司在危地马拉资助了由美国中央情报局领导的颠覆当地民主选举政府的行动，因为它们不喜欢该政府新领导人的农业政策（这就是“香蕉共和国”这一说法的由来）。

现在，金吉达公司已成为环保和社会责任方面的领先者，这段曾经的伤痛历史使它的转变更加非同寻常。金吉达的高管称，它的转变始于 20 世纪 90 年代早期，当时公司与总部位于纽约的非政府组织雨林联盟建立了看似不可能做到的深入、持久的合作伙伴关系。建立这一关系的关键参与者至今仍在为此工作。我们与金吉达的戴夫·麦克劳克林及雨林联盟的克里斯·威尔进行了交谈，他们都在哥斯达黎加工作，并都在世界主要香蕉产地的农场里倾注了大量时间。

今天，金吉达与雨林联盟已在多个层面形成了深入的合作关系。在与其他公司和小型农场等众多利益相关方的携手合作下，对于如何以能取得环保和社会效益双丰收的方式种植并加工香蕉，金吉达和雨林联盟设计了一套指导原则。经历了两年密集且详尽的设计过程后，它们找到了一种新的经营方法。现在，雨林联盟每年都会审核各农场是否符合其“优质香蕉计划”的标准，并向合格者颁发证书。然后，金吉达会发布一个极为诚实的环保报告，将这些结果与公众分享，其中甚至包括对最微小的失误的说明。试举一例，它们在报告中称：“在哥伦比亚共和国的特波，公司的一套自动化设备漏油，油污可能进入附近的溪流。”

这种令人惊异的透明度，令金吉达公司获得了优异环保报告奖，并使欧洲谨慎挑剔的客户变成了它的忠实客户。与很多公司的举措相比，如盖普公司公开其供应商的绩效情况，金吉达这些报告的出台领先了数年。

金吉达与雨林联盟的合作伙伴关系是世界上最具战略性且最有效的合作关系之一，也是最奇怪的，至少在外界看来是这样。在 20 世纪 90 年代初，在对整个香蕉业，尤其是针对金吉达的批评者中，雨林联盟一直是声音最大的一个。而如果将金吉达比作罗马帝国，那么在其高管眼中，非政府组织就是成群结队进行劫掠的野蛮人。

值得注意的说法：事急从权的临时伙伴

就像保护国际的格伦·普里克特所说：

> 这些阵营间一度是界线分明的。现在，这些之前的对手

却以一种不那么舒服的、有争议性的，但却通常非常有效的方式进行合作……在内心深处，可能多数非政府环保组织的领导者更愿意采用公共政策解决方案，而不是与企业合作。大多数企业高管则更乐于专注于业务，而非环保工作，但我们生活在一个不得不权且与陌生人结伴而行的时代。

1991年，雨林联盟初步制定了一套标准，规范农户种植香蕉的行为，但被业界拒之门外。麦克劳克林告诉我们，当时金吉达认为这可能是一个圈套。高管们认为，尽管对方是出于善意，但是曝光度的增加可能导致公司成为批评者的目标。非政府组织的领导者也承认，这种恐惧并非毫无根据。克里斯·威尔坦承："很多非政府组织提出的批评是不公正或是以偏概全的。它们将在哥斯达黎加发生的所有坏事都推到一个行业或一家公司头上。"

简而言之，所谓的关联几乎不存在，但是很多力量共同将金吉达推上前台。欧洲的买家提出了很多针对香蕉种植的尖锐问题，金吉达知道它必须拿出有诚意的改进措施。与雨林联盟合作就是一个可靠的起点。以一次简单的会议开始，双方的关系慢慢改善。麦克劳克林和威尔一起走访农场以发现问题。随着信任的逐渐建立，金吉达同意在两个农场开展一项试点计划，测试新的标准，了解哪些措施切实有效。但双方的关系仍不稳定，有些时候甚至颇为冷淡。我们前面提到过，《园林看守者》杂志曾发起了一项引导孩子们给金吉达公司的首席执行官写信的行动。实际上，雨林联盟是这个行动的幕后推手，而这发生在它与金吉达开始合作之后。

不过双方的信任仍在不断加深。随着时间的推移，它们的合作关系已经将健全的科学理论、实际情况以及对运营的深入了解结合在一起。优质香蕉计划就是一个详细的运营攻略。金吉达公司在头10年里花费2000万美元，在整个拉丁美洲推动变革，但是节约的运营成本高达一亿美元。农场的生产率也提高了27%，每箱香蕉的成本则下降了12%。金吉达的管理者也认定这些农场的运营情况比以前更好了。

同时，这个计划的环保绩效也极为显著。金吉达的农场大幅减少了农药的使用，并彻底淘汰了某些杀虫剂。对于以前一度随意丢弃的塑料和坏掉的香蕉等废弃物，各农场现在也进行了细致的管理。威尔告诉我们："农场与以前截然不同了。从前乱丢的塑料堆到过膝高，并且被冲到河里去。对这项计划一无所知的旅游者来说，他们可以分辨出哪个是获得认证的农场，因为这样的农场更干净，而且组织和管理更完善。"

此外，员工士气方面的改善更为显著。金吉达香蕉业务的一位高管对威尔说，仅仅改变工作态度这一项，就令该计划所投入的资金完全值得。

值得注意的说法：金吉达的改变

金吉达的香蕉园里发生的所有运营方面的改变都很重要，但它的高管们真正赞不绝口的，则是公司内部的变化，正如戴夫·麦克劳克林所说：

说到最后，让我感兴趣的并不是证书，真正最有价值的部分是流程。让全公司都参与进来，跳出框架去思考，获得新的想法……这些才是最重要的。看到我们的高管与非政府组织成为朋友，这真的是难能可贵。我们的管理层的头脑比以前充实得多。在我们的第一份《企业社会责任报告》中，首席执行官寄语里谈到了与雨林联盟的合作如何使我们踏上了一条全新的道路。我们打开大门，与对手共舞，我们也从中获益。

另一个与非政府组织建立合作关系的经典例子是麦当劳。麦当劳已经与全球知名的非政府环保组织合作了 15 年。一开始，针对包装方面的问题，它开创性地与美国环保协会建立了合作关系。仅仅不再使用聚苯乙烯泡沫包装盒装汉堡这一个改变，就成了国际新闻。后来麦当劳开始与保护国际密切合作，检查其供应链对环境造成的影响。

这两个组织共同确立了一套针对试点计划的原则，包括以系统为基础的方法、长远的视角，以及以真正的科学为基础等。有了这些熟悉的环保优势思维，它们希望了解麦当劳在价值链上游，尤其是在畜类饲养方面对环境造成的影响，包括水污染、水土流失、废弃物管理等。它们的合作方案引入了一些试点供应商，来测试新的衡量标准和目标。我们对麦当劳最大的牛肉和熏肉供应商进行了访谈，他们认为试点计划很严苛，但收效巨大。

作为真正的合作伙伴，非政府组织能够帮助企业追踪环保动态，并了解外界对企业品牌的观感。 吸收它们的智慧并真正倾听它们的想法，将使企业比竞争对手获得更大的环保优势。

愤世嫉俗者可能争辩说麦当劳只是被拉入了这些非政府组织的议

程。我们的看法是，那又如何？如果一家公司采用了非政府组织帮助其设计的完善的环保做法，这也并不是什么权术合谋。麦当劳与这些组织的合作很有诚意。确实，与非政府组织建立合作伙伴关系的公司，受到的公众批评会减少。但是话说回来，这不是因为可批评的事减少了吗？对非政府组织来说，很难攻击自己的合作关系和计划。建立合作关系令公司对非政府组织攻击的防范能力强了很多，但是这些防范能力大部分来自它们所展现出的实实在在的进步。

我们称之为"品牌防疫接种"，这是另一种形式的环保优势。

与专家合作

潮流驾驭者还会通过与知识生产者合作来寻求环保优势。对于大家日益关注的问题，学者和其他环保专家可以提供有价值的观点。与专家展开对话，甚至开放企业运营，接受其监督，可以提供一种同级评审机制，并使企业保持居潮流之先的地位。

加拿大铝业集团审慎地接受了一些大学研究人员的要求，同意他们研究公司在牙买加的铝矿（现已不属于该集团）的运营情况。"他们走遍了我们的运营场所。"加拿大铝业集团的丹·加格尼尔对我们说，"然后我屏住呼吸等待报告出炉。"报告中称，从整个生命周期来看，铝矿的生产运营是"最佳典范"，这让丹等高管松了一口气。它并非处处完美，研究报告帮助加拿大铝业集团就一些问题进行了改进，如在采矿之后对土地进行休养生息等。加拿大铝业集团将专家请进来，而这种提高透明度的回报，就是获得了一份深入的生命周期评估报告。

杜邦公司则定期邀请专家来对其进行"可持续发展优异奖"评判。这些奖项是为了表彰推动可持续发展的员工和项目，但杜邦公司也把这个评审过程当作一种检查。它请来了很多学者、研究人员和非政府组织成员，其中还包括一些常常与它对立的人士。这些评奖组成员会提出尖锐的问题，让杜邦公司知道自己是否有偏离轨道的现象出现。

其他公司则以更为直接的方式进行检查。陶氏化学、联合利华、可口可乐，以及越来越多的企业，无论大小，都组建了环保或可持续发展咨询委员会，定期与公司高层开会。这种同级评审机制可以从独立视角得出对企业环保计划和绩效的看法，反馈给企业。同时企业有机会聆听顶尖的非政府组织领导者、学者及环保管理专家对于新兴议题的看法，并了解环保组织优先考虑的问题。这种前瞻性令企业时刻注意未来可能发生的事情，这非常重要。

最后，还有极少数潮流驾驭者走得更远，它们请环保科学家加入公司。克里夫能量棒公司聘请了一位在耶鲁接受过培训的生态学家，全职从事公司的可持续发展工作。她与各个部门合作，帮助公司开始在产品中更多地采用有机成分，并将更多市场营销活动锁定于全球变暖问题。该公司已经将对一些体育赛事赞助的焦点转变为环保问题，如令自行车赛事减少对气候的影响。这种来自公司内部训练有素的科学家的观点，可以帮助企业找到新的方法，与注重健康、喜爱户外运动的客户建立联系。

与政府合作

在很长的时间里，政府在环境问题方面扮演的角色很明确，如美国国会会通过相关法律，监管部门也会颁布实施条例。“命令与控制”型监管至今仍未消失。但是，现在美国环保局和各州的环境保护部门往往都在寻求与企业合作的方式。美国环保局已经启动数十项志愿计划和行业合作计划，一些计划为政府核准标签的使用设立了标准，如计算机与电器产品方面的“能源之星”评级计划，其他一些计划则更类似于政府与企业间的互利互让。

英特尔公司是首批参与美国环保局的卓越领导计划（Project XL）

的企业之一，这个计划为愿意展现“卓越领导能力”，并承诺以高于法规要求的标准进行污染控制的企业提供管控的灵活度。接受了利益相关方团体的建议，英特尔建立了一套严格的环保目标，定期对其进行检查，每季度都会公布检查结果。作为回报，英特尔的扩张计划获得了完全批准，监管机构对计划的审核也很快完成。英特尔高管对此计划的评价是“巨大的胜利”。

由于欧盟在推进环保监管方面采取了更为激进的态度，因此在这个地区与政府建立合作关系可能尤为重要。例如，诺基亚是在新的整合产品政策下，率先和欧盟官员合作主导一项试点计划的两家公司之一（另一家是家乐福）。整合产品政策着眼于产品在整个生命周期造成的影响。这项试点计划召集了一群利益相关方，包括诺基亚的竞争对手、资源回收业者以及客户等，探索如何减少手机对环境造成的总体影响。

与企业所在地合作

说到企业行动，企业所在地不再只是旁观者。在整个美国，无论城市、郊区还是乡村，每天都有扩张计划或新建设施遭遇反蔓延行动或“不要在我家后院”行动的阻碍。

与其他资源密集型企业一样，壳牌公司过去习惯于与政府或土地所有者做完交易，然后就推动大型项目的开展，但现在这已经行不通了。我们在前文提到过，在位于加拿大阿尔伯塔省的阿萨巴斯卡油砂矿项目中，壳牌与当地合作，形成了一种完成工作必须采取措施的新模式。

这个矿区的沥青砂是化石燃料爱好者的巨大希望。据估计，它的储油量可能接近沙特阿拉伯的储量。但是从油砂中提取石油的过程是一个极大的环保挑战，它对人员、土地、能源、水、资金、时间等资源的需求很大。

因此，当地对此提出了种种质疑完全在情理之中。它对人们呼吸的空气会有什么影响？对水位和本地河流会有什么影响？矿区的人口密集地麦克默里堡在20世纪60年代还是规模仅有千人的小村庄，到90年代已经成了人口达3.5万的繁华小镇。如果油砂矿项目继续下去，那么这里的居民数量将突破10万，这样迅速的增长势必会带来其他各种环境问题。

为了缓解恐慌并为未来做好准备，壳牌公司与当地密切合作，帮助其建立为油砂矿项目服务的配套企业，保留墓地和捕鱼权，甚至教当地人如何准备简历，以便利用就业热潮找到工作。壳牌还与非政府组织、企业所在地以及竞争对手一起，制订区域基础建设计划。“我们做的事情并不是法律要求必做的，甚至壳牌内部的健康、安全、环境管理体系当时也没有要求这么做。”壳牌公司的马克·温特劳布说，“但这些工作使我们成为该地区的‘首选合作伙伴’，帮助我们获得了审批与扩建许可。”壳牌为此已花费大量资金和时间，但是温特劳布相信审批过程缩短了至少一年时间，在一个时间就是金钱的行业里，节约的这一大笔资金极为可观。

与其他公司合作

有些环境问题是单个公司仅靠自己的力量无法解决的。有些时候，整个行业来应对一个问题，或者一群有着共同利益的企业合作寻找解决方案是明智之举。跨公司合作有很多种形式。

- **方法共享**。在联合国环境规划署和绿色和平组织的支持下，麦当劳、可口可乐和联合利华制订了天然冷冻剂计划，共同探寻替代产品，以取代冰箱和冷库所使用的会破坏臭氧层并导致全球变暖的化学品。美国环保局对这项计划表示赞同，在2005年为它们颁发了气候变化奖。

- **循环使用**。艾伯森超市着眼于木质托盘、食用油以及其他材料的回收利用，建立了创新的供应链合作伙伴关系，因此赢得了美国的市场回收奖。
- **承诺改变市场**。微软公司、凯泽永久医疗集团及瑰珀翠公司与60家企业合作，逐步淘汰产品和包装中使用的PVC塑料。

像改变市场这样富有雄心的合作计划，需要真正投入，并且需要有人愿意站出来承担领导工作。与非政府组织麦特夫合作的多家公司，包括史泰博、时代集团、星巴克、联邦快递金考、耐克及丰田等，共同创建了纸品工作组。这些公司曾经自己努力定义环保纸张并寻找能供应这种纸张的供应商，现在它们走到了一起，将用来评估所采购纸张的工具进行了统一。它们联合起来的购买力超过全球纸张需求的1%，令此举提高了环保纸张供应，并降低了价格。

2004年，惠普、戴尔和IBM等顶尖电子产品生产厂商合力推出了《电子产业行为准则》，来统一电子行业的供应商标准。通用的行为准则在实施和培训方面能够产生规模效益，从而为供应商节约大量的时间和资金。其他行业也已经注意到这些电子公司的举措。无论是制药公司，还是汽车制造商，都在静悄悄地联合起来制定通用的政策来管理其供应链。

世界可持续发展工商理事会

在将近15年的时间里，世界可持续发展工商理事会一直在推动企业和行业的合作关系。其执行董事比约恩·斯蒂格森已经帮助许多行业的企业联合起来，共享最佳方法，尤其是环保效益方面的。他还帮助企业规划可持续发展战略。

在某些情况下，一家公司单独提高标准可能是不利的，大家一起合作才更有意义。在高度竞争的行业里，即便是成本上的微小差异，也可能决定企业的存亡。一家公司单独冲锋在前，负担会非常沉重，而且还要承担其他对手规避了的环保成本。在这种情况下，明智的企业会寻求建立整个行业的全面合作。已经做好准备满足更苛刻要求的领先企业可能还会发觉，悄悄地游说政府进行更严格的监管是最好的方法。

由于行业合作泯灭了抓住竞争优势的机会，当企业希望拉平大家在竞技场上的地位，或共同行动能够为每家合作企业节约资金并推动行业前进时，合作就会成为最优战略。但是，在单独行动能够为获得环保优势打下基础时，合作就没有意义了。

关于合作的 8 个经验教训

通过分析数十宗或成功或不尽如人意的合作案例，我们可以得出一些基本的经验教训。

1. 在选择合适的合作伙伴之前，要先了解自身的情况

企业在坐下来与其他机构商讨之前，要明确自己的环保问题。AUDIO 分析是一个不错的起点，然后掌握自己的关键问题，并了解哪些团体擅长解决这些问题。

2. 了解正在与自己打交道的是谁

所有合作伙伴，尤其是非政府组织，都不尽相同。可持续发展专家约翰·埃尔金顿定义了一种很好玩，但又非常实用的非政府组织类型学。他将非政府组织分成鲨鱼、杀人鲸、海狮和海豚 4 种类型。鲨鱼总是攻击的一方，在数英里之外就能闻到血腥味并察觉对方的弱点。杀人鲸使用的是威胁和欺凌的方式。海狮则是谨慎行事，总是专注于自己非常了解的情况。海豚非常聪明，有创造性，能躲避鲨鱼。埃尔金顿所表达的重点是：有些非政府组织更容易合作，要注意避开鲨鱼型组织。

3. 要有耐心

如果我们只能分享一个经验，那肯定是这个。信任是随着时间逐渐建立的。仅是在内部推动对外合作，可能就需要数年时间。就像金吉达公司的戴夫·麦克劳克林所说的，“我们不是在冲调果珍，不是‘加水并搅拌’就能做好，我们应该培养长久的关系”。

4. 了解彼此的文化和价值观

宜家家居和世界自然基金会在开始合作之前，仅仅讨论价值观问题就用了 6 个月的时间。营利组织与非营利组织之间的差异可能是非常巨大的，但是价值观和文化的不同并不是无法逾越的。还是那句话，要努力学习以对方能够理解的方式表达自己的意见。

5. 设定可行的目标

需要谨慎地规划和确定合作目标。达到这些目标不仅必须在环保方面取得所有合作伙伴都满意的进展，还要与核心业务目标相关并为其提供支持。应该设定适中的短期目标并将其超越。切勿对公众做出过度承诺。

6. 确立合作关系的维护者

每个合作伙伴都需要有一个明确负责项目与合作关系的运营领导。公司最高层领导的支持也是至关重要的。宜家家居就定期向首席执行官汇报其与世界自然基金会的合作情况。此外，还需要有负责实际业务的部门经理。麦当劳只有在供应链经理也参与到流程中，而不是仅仅企业责任人参与的时候，才会启动其供应链方面的工作。

7. 大处着眼，小处着手

将供应链变得更环保是一个值得努力的目标，但这并不能一蹴而就。试点计划是一个很好的方法，可以对预设的情况进行测试，建立信任，并为未来更大更广泛的合作计划奠定基础。

8. 协调沟通

良好的合作关系可能会因为一方贸然宣布胜利而急速恶化。非政府组织会觉得对方是在“漂绿”，伪环保；企业则会认为对方过于贪婪。你不能假定自己对于某一问题的谈话方式正是另一方将要采取的方式。同理，除非你有可靠的证据可以证明所取得的进步，否则不要宣布在环保方面取得了突破。

从企业对非政府组织的防御心态得出的启示

改良派非政府组织如果放下手中的攻击武器，找到与企业有效合作的办法，通常就能更迅速地达到目标，保护环境。我们发现了以下这些获得更大成功的指导方针。

- **不要一味批评**。如果得到鼓励，企业会更愿意聆听。
- **要有建设性**。没有企业是刀枪不入的，因此摧毁它们很容易，但是你能使它们强大兴旺起来吗?
- **如果将所有业务都视为邪恶的，就不要期望成功**。反对市场或反对资本的做法不可能为企业参与环保工作打下良好基础。
- **理解企业面临的压力**。通过制订可靠且实际有效的计划，为企业高管提供保护，令他们管理更高效。

- **标示利益相关方，并注意背后的状况。**非政府组织与企业合作，可能被指责是背叛行为。雨林联盟在构建"优质香蕉计划"时发现，它从企业获得的支持比从其他非政府组织那里获得的多。
- **对一些事不妨放手。**互相妥协是合作关系取得良好成效所必不可少的。要记住："过于追求完美反而难以成功。"
- **承认错误。**不要害怕改变观点或立场，即便是长期坚持的，也不例外。

总之，对于合作，如果有一条明确的建议，那就是不要害怕与最严厉的批评者开始对话。听到大量批评意见可能是痛苦的，但这总比发现它们在网络上到处泛滥要好得多，至少各方都会了解到一些东西。了解企业在众人心目中的位置，是追踪环保绩效的关键，也是建立有竞争力的环保优势的第一步。

环保优势的关键

在此我们列出了追踪环保绩效的最优工具：

- AUDIO 分析
- 生命周期评估
- 建立一组核心的环保指标
- 建立材料数据库

- 驱动竞争的比较性衡量标准
- 环境管理系统
- 应急程序
- 合作

第八章

重新设计你的世界

环保设计师比尔·麦克多诺常说：人类应该谦虚，不应自视过高。毕竟，我们花了 5000 年才学会给行李箱装上轮子。

麦克多诺认为，我们应该以一种新的方式看待环保问题。他认为一味追求环保效益是不够的，因为这往往只会令错误的事情效率更高。麦克多诺看到了重新设计产品，甚至改变使用方法和使用理由的巨大机遇。他展望了这样一种愿景：在顾客使用完之后，产品被分解为可安全弃置的生物元件（如食物垃圾和棉花等），或者可以重新进入工业系统变成新产品的技术元件。他认为，只有支持这种愿景的设计，才能引领我们向着更深远意义上的可持续发展前进。

重新设计产品、流程乃至整个价值链，是环保优势工具箱的第二部分（见图 13）。要通过减少废弃物及提高资源生产率来获得真正的环保成果和收益，企业需要对自己（可能还有客户及供应商）的做事方式进行根本性的改变。

设计是至关重要的，因为产品对环境的影响，很大一部分在设计阶段就已确定不变了。正如天木蓝的特里·凯洛格所指出的，“一旦你确定了产品的规格，能源、水、化学物质、有害废弃物等 90% 的环境足迹就已经确定了”。设计是真正确保产品环保性的环节。

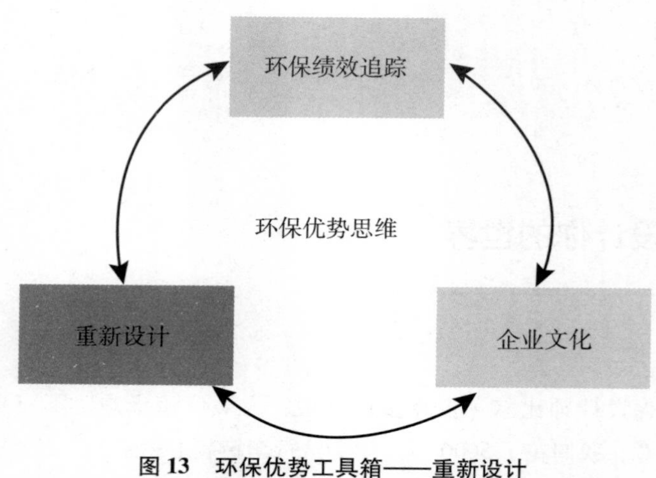

图 13　环保优势工具箱——重新设计

污染防治层级

麦克多诺和他的合作伙伴迈克尔·布朗加特将他们的理想化理论称为"从摇篮到摇篮"。对大多数企业来说，环保思维的最高表现是更节制，可以用一句口号概括，那就是"减少、再利用、回收"(3R)。这个简单指导原则的意思是，最好的污染控制方法，就是减少资源的使用和消除废弃物。其次，是物品的整修翻新再利用。最后，是回收剩下的东西，只有在实在没有其他办法的情况下，才能将物品扔掉。大多数企业都还在努力将这种 3R 原则融入生产流程。但是，为什么就到此为止了呢？

污染防治层级多了两个层次（见图 14）。在减少使用之前，企业应该探索新的方法，重新设计产品及产品的生产方式。甚至早在这之前，企业还应该尝试重新构想产品或流程。在 21 世纪，要想获得竞争优势，创新起着关键作用。环保视点可以驱动创新思维，并帮助企业找到新机会，令其产品和服务增值，并使客户满意。企业已经认识到，一般来说减少使用比再利用、回收及弃置成本更低，现在它们也会发现，重新设计和重新构想通常能带来更多的收益。

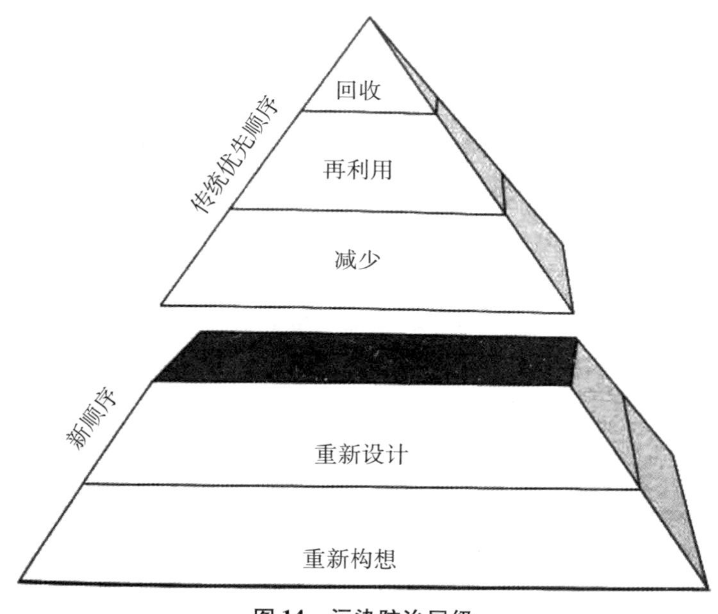

图 14　污染防治层级

环保设计

瑞士的纺织品企业罗能纺织在 10 年前，就开始努力成为可持续发展市场中的领先者。从老牌企业如开发环保友好型产品的赫曼米勒，到新创公司如总部位于纽约的 Q Collection——一家设计可持续型家具的公司，罗能看到了对不危害环境的纺织品的需求日益增加。为满足这些市场需求，罗能的经理们知道，他们的工作必须不能仅限于改进流程，还应该探索产品的构成成分。

罗能的管理者与麦克多诺和布朗加特展开合作，他们首先自问公司应该使用什么材料。他们选择了羊毛和苎麻，这些天然纤维能够避免与棉花相关的很多环境问题，尤其是杀虫剂的使用。然后他们转向真正的挑战：用于将装饰材料染成各种颜色的化学染料。

罗能希望只使用符合严格环保标准的染料：这些染料不会致癌，也不含持久性有毒物质或重金属。在罗能要求其提供染料成分信息的60家化工企业中，只有汽巴—嘉基公司一家给予了详尽的回应。在汽巴—嘉基公司使用的1600种化学品中，只有16种，也就是仅仅1%是达标的。直到现在，罗能仍然仅使用这些合格的染料。最终，罗能生产出了被称为Climatex的新产品，一种可生物降解的对环境无害的织物，其废料可以用作地面或植物根部的覆盖物——你可以使用普通布料比较一下。

在任何方面，企业都要面临利弊得失的权衡取舍。罗能的产品符合各种产品标准，但除了一项——它所使用的染料无法调配出纯黑色。我们在瑞士与罗能的首席执行官阿尔宾·凯林坐在一起察看布样的时候，根本分辨不出“真正的”黑色与罗能所用黑色之间的差别。但是，一些室内设计师是可以分辨出来的。

环保设计是对罗能所采取的这类行动的统称。它是一种系统化的方式，从一开始就将环保思维融入产品和流程设计。环保设计力求将原料采购、生产及使用中对环境的负面影响降至最低。

一旦企业感受到环境问题在价值链的何处出现，就可以进行重新设计来避免这些问题。例如，如果报废产品的处置是一个问题，可以重新设计产品，令其能够简单经济地被回收。赫曼米勒的新Mirra椅就是经过严格环保设计的产品，它在15分钟内即可拆解成若干部件，这些部件的96%都是可回收的。Mirra椅另一项设计上的改变，是椅背采用了独特的蜂窝设计，使其如化学增塑剂那样富有弹性。这一突破使赫曼米勒的团队可以在椅子设计中完全摒弃这些化学品的使用。

日立公司的洗衣机部门采用了环保设计战略，领先于日本回收法令的规定。在对产品进行重新设计以令其更易拆卸的过程中，日立公司开发了一个流程，使洗衣机仅需使用 6 颗螺丝即可组装起来。这种新设计不仅方便了产品的回收，仅使用 6 颗螺丝的结构也使制造时间缩短了 33%，并大大减少了所需零部件的库存量。日立公司还发现这种新型洗衣机所需维修较少，这样消费者能感觉到产品更可靠，维修费用更低。日立公司的努力所获得的成效使洗衣机更环保，并且提高了产品的价值和消费者满意度，降低了生产成本和处置成本。

循环使用与产业共生

可持续发展的理想主义者埃默里·洛文斯认为："废料就是养料。"他所说的是自然界中的循环再生。当树木倒下，它就在泥土中分解，为新的植物提供养分，废料变成了下一代的养料。

在商业环境中，废弃物是一种浪费。这通常意味着企业正在浪费金属、化学品及能源等宝贵的资源。潮流驾驭者们已经吸取这一教训。它们寻求各种方式，如回收废水、再利用材料、从废气中分离出有价值的气体等，重新获得这些资源。通过这些举措，它们减少了自己的环境足迹，提高了资源生产率，而且往往节约了资金。

以陶氏化学为例，它重新设计了制造有机氯化物所使用的盐酸的分离流程。重新设计后的流程能够重新提取盐酸，使公司每年的腐蚀性废料减少 6000 余吨。仅仅 25 万美元的投入，其回报却是在原材料上每年可节约 240 万美元，而且还降低了处理废料的成本。

赫曼米勒公司则在其一处工厂建造了垃圾发电站，通过燃烧废纤维织物，可以满足工厂 10% 的能源需求和全部采暖需求。有趣的是，随着赫曼米勒公司效率的提高，它必须从其竞争者处取得废料来保持发电站满负荷运转。废料不足是一个不常见的问题，但有这种问题倒也不错。

流程重新设计可以远远超出回收的范围。荷兰的鲜花业界必须减少化肥和杀虫剂的使用，因为会污染附近的江河与溪流。在这种压力下，它们开发了新的方法，在水中和一种被称为岩棉的材料中栽培鲜花。在这种封闭的循环系统中，肥料和杀虫剂都在水中循环使用，减少了所需用量，并消除了对地下水的污染。这种新方法还降低了病害的风险，并减少了栽培种植环境的变化，从而提高了鲜花的质量。此外，鲜花的采摘和搬运成本也降低了。作为这项重新设计计划的成果，荷兰的鲜花业者提高了产品的价值，降低了投入成本，减少了废料，并提高了资源生产率。对于这个缺乏稳定日照和面临激烈竞争的国家来说，这一切成果都转化成了提升的竞争力和在全球市场上的领先地位。

这种产业生态学的典型案例，还可以在丹麦小镇凯隆堡找到。在这里，一些企业通过一个资源和废弃物排放网络互相联系起来，有人将其称为“产业共生”。这个共生系统的中心是一个发电厂，从其涤气塔会排出蒸汽、热量、灰尘以及污泥。而这些废弃物对其他产业来说是有用的资源。一家墙板厂使用了污泥，诺和诺德公司的制药厂和一家炼油厂使用了排出的蒸汽，多余的热能也被凯隆堡镇居民使用。同时，挪威国家石油公司的炼油厂也向发电站输送废水和废气。这一联系网络还包括当地的农场、生物技术工厂以及水泥厂。每家参与企业都节约了资源、时间和金钱。

空间的重新设计与重新构想：绿色环保建筑

采用环保设计的建筑是绿色浪潮的重要组成部分。可持续发展设计原则可以使建筑更节能、更明亮、通风更好。回望20世纪70年代，耶鲁大学的著名建筑史学家文斯·斯考利曾嘲笑在建筑中设计太阳能供热系统是“管道工程”，不是建筑，现在不会有这种情况了。今天，设计师对绿色环保建筑都相当重视。

美国绿色建筑委员会在关于环境无害建筑的设计与建造标准中，会对使用回收材料、在设计中包含节能措施，以及其他对环境有益的举措，予以分数奖励。根据总得分，一幢建筑可以被授予能源与环境设计先锋奖（LEED）的银奖、金奖或铂金奖。美国的各城市及各州都在积极通过各项法案，要求所有新建政府建筑必须按照 LEED 标准建造。

潮流驾驭者们一如既往，在绿色建筑浪潮中也站到了前端。在我们的研究开始时，赫曼米勒公司在绿色建筑方面是无可争议的冠军，它有两栋建筑获得了 LEED 金奖，全美仅有 11 栋建筑获此殊荣。这些获奖建筑更明亮、更美观，而且通风更好。不仅如此，还有证据表明这些建筑能够提高员工的效率，这正是环保优势所在。通过认证的建筑都具有节能性，因此运营费用也较为低廉。赫曼米勒公司的一栋建筑与一般建筑相比，每平方英尺的公用设施费用要低 41% 。

现在绿色环保设计已经成为主流。纽约世贸中心的重建就遵循了 LEED 标准。位于美国纽约市的美国银行的新总部大楼，就意在成为世界上最环保的办公建筑。它瞄准了 LEED 最高的铂金奖，会在新楼宇中采用最先进的设计，将能耗与用水量减少一半。在这个方面，诺基亚公司已经是一个真正的领先者，其总部建筑使用回收材料，并采用了被动式太阳能供暖与照明系统，是对公司环保承诺的最有力证明。

重新设计供应链，并使其绿色环保化

凯西・李・吉福德真是不幸。1996 年，她只不过是一个电视明星，授权一系列服装使用她的名字。自然，她也从没想过，自己会被卷入轰动一时的非政府组织反对雇用童工的活动。直至今日，她仍无法摆脱那个糟糕的标签。在互联网上搜索"凯西·李"，最上面的几个链接会带你进入有关雷吉斯·菲尔宾（凯西·李·吉福德在电视节目中的搭档）的网站，或者有关血汗工厂的网站。真惨！

除了吉福德的悲惨遭遇和耐克备受关注的血汗工厂问题之外，供应链的各种问题也受到了广泛关注。你的产品从何处而来？由何人制造？如何制造？所有这些问题，以及其他很多问题，现在都成为攻击目标，对于大品牌来说尤其如此。企业再也不能说："哦，这真的跟我们没关系。"它们也不能再声称对供应商的产品成分不了解。

潮流驾驭者们正在制订大型的供应链检查计划，帮助重新设计其产品的制造方式。它们也正在力图了解所有的供应商。在如今这个网络时代，任何供应商的一点问题，无论多么小，都有可能迅速破坏一个大品牌的声誉。

不过，供应链检查并不只是为了防范公关灾难。如果供应商在环保或社会表现方面落后，这通常标志着它们在以后会有更多问题。例如，IBM 曾发现，在检查中表现较差的供应商，以后在其他方面，比如在交货时间和质量上出问题的概率也很高。

宜家家居的供应链重新设计与阶梯模式

即便像宜家家居这样真正的环保和企业社会责任标兵，在 20 世纪 90 年代早期也曾因供应链丑闻而遭到攻击。一部瑞典纪录片显示了巴基斯坦儿童工作的情景，据说制造的就是宜家家居的产品。在环保方面，它也因为使用来自濒危雨林的木材而受到指责。这种种公关噩梦往往能造成数百万美元的损失。虽然仅有比利书架一款产品被发现甲醛含量超过法定标准，但仅在丹麦，宜家家居的销售业绩就下降了 25% 。

这些问题令宜家家居的管理团队备受打击。在深刻反省之后，它构建了世界上最严格的供应商检查系统，称为"宜家家居产品采购原则”，或简称为 IWAY，这是一项广泛、深入、严格、彻底，且经过深思熟虑的计划。

这项计划仅在规模方面就令人瞠目。全球各地的“交易工作室”（采购部门）共有约 80 名员工，他们会拜访供应商，并评定其社会和环保绩效的等级。还有 18 名经过培训的林务员，他们的工作就是专门了解宜家产品使用的所有木材来自何处。其林务员队伍的规模甚至比某些国家的林业部的规模还大。这些检查人员联合行动，已经对数千家供应商进行了检查。

宜家家居与我们分享了 IWAY 评估清单，这是一份令人惊异的问题列表，涉及法规遵守、排放、废弃物、化学品、安全性、童工、工作环境、林产品采购以及其他 10 个领域的方方面面的内容。对于这份长达 15 页的表格来说，“清单”是一个极为保守的说法，它要求检查员必须亲自动手，花上数天的时间来完成。仅从评估清单中随处可见的“检查员须知”中举一个例子，是关于有害废弃物的：“检查规定程序是否切实执行，检查空集装箱和空桶如何处理。”

另一条须知则鼓励检查员“说明宜家家居的理念……检查供应商是否了解对环境的主要影响并且开始对其进行评估与跟进”。这些都显示出宜家家居流程的一大要素：宜家家居并不是只突击检查一下，评个等级，然后就走掉了事，而是与供应商密切合作，帮助他们达到标准。

从墨西哥到孟加拉国，宜家家居的供应商已纷纷改善了运营，投入数百万美元购置污水处理装置等新设备。宜家家居也直接伸手相助，帮助供应商降低对环境的影响。一家罗马尼亚的家具供应商就利用从宜家家居贷得的款项，投资购买现代化设备，包括新的锅炉、通风设备、空气过滤器等，还安装了一台将废煤砖转化成能源和利润的机器。

IWAY 的核心要素就是宜家家居所说的“阶梯模式”，这个模式将供应商的业绩分为四个等级。第一级是基本上不合格，意味着供应商必须制订行动计划来达到第二级，也就是宜家家居的最低标准。每家新供应商在发送第一批货物之前，都必须通过检查。第三级是更高的标准。第四级则要求供应商满足更为严格的第三方标准，如森林管理委员会的认证，这是公认的可持续发展林业领域最严格的标准。

正是这种阶梯模式，将宜家家居的供应链检查提升到了高于绝大多数类似计划的水平。如果一些企业中供应商检查制度的确存在，那么大多数也都是问一些关于法规遵守情况的基本问题。这最多也就是一种只求自保的商业策略。而宜家家居采取了前瞻性态度，要求不断改进，与它们是全然不同的。宜家家居正在敦促其供应商改变运营方式、木材原料来源地、员工的薪资等。这样的深度挖掘，代表着真正的价值链重新设计。

那么这些举措的成本有多少？这是个很好的问题，不过答案可能令人惊讶：没有人知道。“我们从来没有做过预算或者计算过成本。”宜家家居的丹·布兰斯特罗姆说，“这的确很奇妙。”不要误会，实际上宜家家居非常关注成本。它一直以有价值意识著称，有人甚至会说它小气吝啬。但是对于宜家家居来说，降低供应链风险的代价如此之高，与之相比，花费数百万美元支付员工工资与大量的时间都是无足轻重的。正如宜家家居负责社会责任报告的高管托马斯·伯格马克告诉我们的，“对于 IWAY，我们几乎没有设定最低回报率……如果不这样做，就会有风险，我们别无选择……我们的品牌才是最有价值的”。

为保护这种价值，宜家家居甚至对检查员进行审核。布兰斯特罗姆曾负责对公司零售业务进行密集的店铺检查，现在，他是宜家家居的合规主管，负责确认企业的供应链也符合相同的高标准。除了内部检查以外，宜家家居还定期请第三方验证机构审核其整个流程。这种三层式的核查系统能够尽可能地降低供应链风险。

最后，如果公司内任何人质疑宜家家居对其供应链工作的重视程度，可以直接向监督公司整体运营的 IWAY 委员会提出质询。委员会主席就是宜家家居的首席执行官安德斯・代尔维格。

环保优势的关键

潮流驾驭者不仅追踪环保问题，还进一步改变产品、流程、工作环境，乃至供应链。为了实现重新设计，它们采用了多种工具，其中包括：

- 环保设计
- 循环使用系统
- 产业生态学
- 绿色环保建筑以及 LEED 认证
- 供应链检查

第九章

培养环保优势企业文化

1997 年，康诺克公司的一艘油轮在美国路易斯安那州的查尔斯湖附近与一条拖船发生了碰撞，撞出了一条约百英尺长的大裂缝。现在，很少有人还记得这起事故，原因很简单，因为没有一滴油泄漏出来。当时隶属于杜邦公司的康诺克，早在法令规定的数年前就已投入资金，使用“双壳”油轮。当事故发生时，外层船壳被撞破了，但内层却没有破损。杜邦公司负责环境问题的副总裁保罗·特博告诉我们：“如果没有双层船壳，泄漏情况会比埃克森瓦尔迪兹号油轮还严重，而康诺克很可能就此销声匿迹。”

这个案例与创建关注环保的企业文化有什么关联呢？关系很大。早在 1989 年，当大多数美国企业还没有关注环保问题时，杜邦公司富有远见的首席执行官伍拉德就发起成立了一个董事会级别的环保政策委员会，并建立了环保领导理事会，由资深高管组成，每月召开会议。伍拉德的绿色环保理念激发了杜邦公司各业务单元的创新思维。

康诺克公司的董事长阿彻·邓纳姆也是这个理事会的一员，特博骄傲地告诉我们，邓纳姆是一个“观念大转变者”。带着新晋转变者的极大热情，1990 年，邓纳姆和杜邦公司的其他高管做出了一个要耗费巨资的承诺——从此只建造双壳船。他们相信，这种巨额投入能够降低企业和环保两方面的风险，因此是值得的。他们的做法极其正确。

很多公司都在谈论建立创新的企业文化，或者声称，“我们把客户放在第一位”。这到底意味着什么呢？其实这往往没有多少实际意义。太多的口号都试图成为快速解决企业病症的万能灵药，但除非有实际的行动和结果支持，否则它们也只能是句句空言。

3M 公司一直秉承创新主张，并用数不尽的先进新产品证明了这一点。这些产品保证了公司数十年的繁荣发展。3M 公司的创新纪录绝非偶然。它使用具体组织工具来保持新鲜活力，并驱动创新思维。例如，公司有一个著名的“15% 规则”，让工程师可以把 15% 的工作时间自由运用于他们自己所选择的项目上，无论他们多么异想天开。

企业文化不仅仅是崇高的使命宣言，或者首席执行官写给全体员工的电子邮件中的语句。它是通过自觉的努力，引导规范员工的行为，一天一天不断积累起来的。企业可以用“硬”规则和标准，鼓励员工提高难以度量的创新性等“软”技能。在《从优秀到卓越》一书中，吉姆·柯林斯以飞轮为比喻——它移动得很慢，但是只要不断朝着正确的方向推进，最终会获得速度和动能。建立能够推动环保思维的企业文化就是一种推动飞轮的工作。

正确的工具能够帮助建造飞轮并令其朝着环保优势的方向快速运转。从执行“从绿到金”的操作策略，到培育环保意识，再到使用环保绩效追踪和重新设计工具，这种种举措都能够为飞轮增加动量。不过，在本章中，我们着重关注一些工具，它们所构建的企业文化，能够为企业获得战略优势创造机遇。

我们所访问的潮流驾驭者使用 4 种构建企业文化的基本工具：

- 设立愿景，并通过高难度目标加以强化。
- 将环保思维融入每一项战略决策。
- 对参与和担负环保责任的激励。

• 面向内部听众和外部听众的沟通。

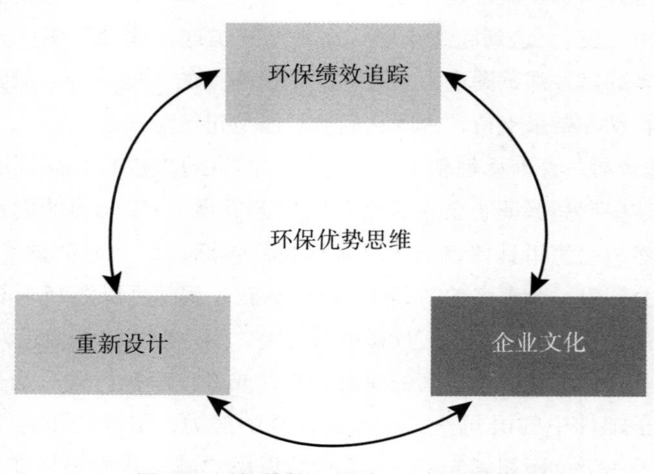

图 15 环保优势工具箱——企业文化

梦想不可能实现的目标

渡边捷昭于 2005 年接任丰田公司总裁时，明确宣布开发环保型产品是他最优先考虑的问题，这一考虑甚至排在安全性、质量以及成本之前。如果说这还不足以令人震惊，那就要说他还承诺丰田的工程师将开发出能够“仅用一箱油就横跨美国大陆”的汽车了。实现这个目标的难度太大了。

一个企业的目标，可以像丰田那样引人注目，也可以更加具体一些。例如，联合利华公司就设定了一个不那么惹眼的目标：令其在印度的 76 家工厂污水排放降为零。渡边在他的每加仑汽油行驶 200 英里的宏大愿景之外，也设定了更为实际的目标，包括每年售出 100 万辆混合动力汽车的销售目标。无论是富有想象力的还是有着具体功能性的高难度目标，都是激发创新思维、提升创新能力以及构建环保优势的重要工具。

哈佛大学商学院的迈克尔·波特主张，那些必须解决的环保难题能够使企业焕发活力，走出舒适地带，寻找创新之路。高难度目标要求达到近乎不可能的结果并对假设重新进行审视，因此可以驱动创造性思维。这些目标迫使每个人都必须探索新方法来满足旧需求。

我们所说的，并不是像“我们谋求成为业界环保领袖”这样唱高调。企业愿景有助于企业设定一个基调并确定问题的优先顺序，但是不能提出具体的目标或者方向。我们所谈论的也不是像“下一年度将能耗减少5%”这样的累进式成果。我们的关注重点，是具有极高挑战性、看起来近乎不可能实现的巨大进步。我们已经看到，一些高难度目标可以激发企业文化的活力，使“绝不说‘不’”这一思想原则落到实处。

我们的研究发现，高难度目标的关键在于，所设定的目标要清楚明确而且远大。其中有些在技术上可以达到，但是非常有挑战性，比如3M公司和耐克公司所设定的将挥发性有机化合物的排放减少90%的目标（两家公司都达到了这一目标）。其他一些高难度目标可能看似只是象征性的，但实际上也会驱动企业落实执行。多年来，杜邦公司一直宣称在废弃物方面“目标为零”。尽管这肯定只是一种志向抱负，但“零”实际上很有意义。它是一个明确且易于想象的目标。如果管道中有东西排出或有东西扔到垃圾堆，你就知道自己没有达到目标。家具制造商赫曼米勒公司列出了其2020年的目标，其中包括零废弃物和完全无排放的环境足迹，它将这些目标称为“完美愿景”。

高难度目标有助于企业明确长期方向，并使员工全力应对挑战。1999年，加拿大铝业集团设定了一个豪迈的目标——到2004年将排放的温室气体减少50万吨。减排行动开始后，其工程师发现，仅在头两年即可减少220万吨温室气体。加拿大铝业集团的丹·加格尼尔的解释，说明了管理层过去如何错失了减排的机会："决定公司在环保问题上做出改善的实际上是最高管理层，但是无论立意多么良好，他们对公司情况的了解总是落后于运营层面的管理者。"

矛盾的是，尽管运营人员通常更了解实际可取得的成果，但是不该由他们来设定高难目标。用杜邦公司保罗·特博的话说："如果你想根据各部门的看法设定目标，那你根本就没有任何目标……你只会了解员工所知道的他们能够做到的事情。"

一些潮流驾驭者正在设定的目标，能够帮助其不仅在自身的运营上减少对环境的影响，也会减少价值链上下游对环境的影响。在生产铝品中耗费大量能源的加拿大铝业集团，人们已经开始谈论"超越零排放"。他们的想法是：每生产一吨铝会产生约 12 吨温室气体。而如果运输业使用更多的铝，会使车辆更轻，从而燃烧的燃料更少，排放的温室气体也相应减少。据加拿大铝业集团估计，一辆车多使用一吨铝，那么其生命周期中排放的温室气体能减少约 20 吨。

批评人士可能认为加拿大铝业集团只是在试图减轻自己减排的责任，或者更恶劣一些，是它在推动这种主张来促进铝产品的销售。这两种说法可能都是真的。放宽思路与规避问题，二者之间的界线可能很微妙。但是，思考你的产品如何融入整个价值链是正确的做法，而这往往也是最好的一种方式，能让你找到竞争对手遗漏的机会，这就是环保优势的定义。

"超越零排放"能够鼓励公司中的每个人，为以前一度认为不可能解决的问题找到新的解决方案。随着时间的推移，过去一度只有象征意义的目标会变为可达到的目标。正如赫曼米勒公司现在希望达到的目标是零垃圾填埋和 100% 使用可再生能源。我们的研究始终表明，严苛的标准往往能够激发创新的火花。

潮流驾驭者先询问内部各部门可以达到什么样的目标，然后设定超出这些目标的高难度目标，以激发创造力，驱动创新，构建环保优势。

我们几乎在每个地方都听到过一模一样的说法：“对于如何做到这一点我们毫无头绪。”深入未知世界的确会使人感到害怕。但是，这也是一些看起来不可能的目标，如零排放，甚至“超越零排放”如此重要的原因所在——这样设定目标才能够突破旧的思维模式。正如杜邦公司的可持续发展总监道恩·里顿豪斯所说，“我们并不是在寻求持续进步，我们所寻求的是战略思维和转型”。

公开宣布目标

想要将目标提升到一个新层次吗？公开宣布企业的环保目标会促使人们采取行动，但是必须谨慎行事。设定公开的目标，其后却不能达到，会是相当痛苦的经历。杜邦公司的保罗·特博简单概括道：“一旦公开宣布，你就别无选择了。”

环保优势决策

在一些公司中，最高管理者几乎决定一切。另一些企业则高度分权化，让各个层级的人都有一定的自由度。我们所研究的各个潮流驾驭者企业尽管有着不同的企业文化，但在决策模式方面，却表现出一些相同的趋势，这能够帮助它们做出艰难的环保抉择。

环保问题往往比较棘手而且复杂。传统的成本收益分析，通常无法计算难以看到或难以度量的潜在收益。但是潮流驾驭者不会忽视这类无形收益。它们知道收效可能存在于未来，或是以传统会计方法难以计量的方式体现，如可以避免事故的发生，转移执法机构的注意，以及与消费者和企业所在地建立友善关系等。虽然环保成本与收益一般都较为分散，或者表现有所延迟，但它们都是实际存在的。

重新思考最低门槛回报率

企业的很多拟投资项目，如新计划、产品上市、营销活动等，都在争夺决策者的关注和资金。为了在其中做出选择，很多公司要求所有投资提案必须达到一个最低的回报，即“门槛回报率”。门槛回报率要求每个提案者都要以确凿的数字证明其提案项目切实可行，从而提供一个标准来评估各种投资选择，避免宝贵的投资被错误分配。但是，在环保领域，由于无形收益可能被低估，而且确切数据也很难获得，因此固定的门槛回报率可能导致错误的决策。

例如，3M 公司就经常将 3P 项目的门槛回报率从公司标准的 30% 大幅降低到仅仅 10% 的水平。宜家家居也特别给予环保投资更多的机动范围。例如，在决定是否给某一门店安装太阳能电池板时，公司允许其回报期为 10 ~ 15 年，比其他投资项目的回报期要长得多。

在某些情况下，潮流驾驭者会将门槛回报率降到零。3M 公司的生产总监之一吉姆·奥姆兰曾告诉安德鲁，他批准过两项数百万美元的项目，当时甚至都没有计算门槛回报率。其中之一是一家工厂减少空气污染物的排放，另一项是治理排入美国阿肯色州小石城的池塘的废水。这两项改变措施都不是法律要求必做的，但是却可以让公司的表现超过利益相关方的预期。“很多问题都可以归于‘能做时尽管去做’一类中。”奥姆兰说，“如果我现在不去处理这些问题，在未来就会面对企业所在地或监管方面的问题。”

明确来说，如果某个项目能即时提供通常商业意义上的回报，那么这就是一个具有较高环保效益的项目，不需要降低门槛回报率。而弹性门槛回报率所针对的项目，都不能迅速产生以确凿数字表现的收益。批准这些项目，需要高管层给予更多的宽松条件，并有勇气对其抱有信心。3M 和其他一些公司所认识到的，是这些项目的无形收益，如降低风险、领先于法规要求、令企业所在地满意、提高员工士气等，尽管难以衡量，但这些收益通常都极为可观。

一些公司使用正规流程来发现门槛回报率较低的项目。联合利华公司的投资流程就要求提供投资项目的环保信息，并可能据此降低门槛回报率。其他一些公司则更倾向于采用不那么正式的流程。麦当劳公司的高管鲍勃·兰杰特指出：“对于某些投资，我不必提出一般的门槛回报率。这不是正式规定，你也不会看到任何书面表述，但我有权做此判断。”

对于这些商业决策，潮流驾驭者在进行投资计算时，都将无形收益（如降低风险、品牌建设以及保护商誉等）纳入其中。他们做出的选择在商业逻辑上是健全合理的。事实上，反而是传统的商业工具忽视了关键的成本和收益。

还有一些公司甚至连非正式流程都没有。它们并不专门降低某些项目的门槛回报率，而是在不计算成本收益率的情况下，做出战略性、方向性的改变。以燃烧油井中释放出的瓦斯气体为例。英国石油及其他石油企业认识到，很多利益相关方越来越不能接受将油田中逸出的多余气体燃烧掉的做法。这不仅会加剧全球变暖，而且也没有经济上的收益。于是英国石油的经理人们直接出台了一个“禁止燃烧”政策。其首席经济学家彼得·戴维斯告诉我们：评估这类政策改变的无形收益“没有必要”。戴维斯并不是说无形收益毫无价值，而是作为一个经济学家，他知道这类收益无法精确计算。这个案例中真正重要的是，不燃烧多余气体的战略决策对于品牌乃至整个公司的长期健康发展来说都是正确的。

配对

天木蓝公司对其鞋盒进行重新设计时，削减了15%的纸板用量，同时也将材料成本大致降低了相同的比例。这明显提高了环保收益。但是负责环保的高层管理者还希望在新设计中100%采用再生纸板。可是，消费后再生材料每磅的成本较高。幸运的是，材料用量的节约抵销了转用较昂贵的再生纸品多出的成本。但是，如果公司选择放弃使用较贵的再生纸品这一改变，能够节约的资金会更为可观。

在改变鞋盒设计的同时，天木蓝公司还在探索改造两个大型分销中心的照明系统，采用节能照明设备的方案。改造项目的总成本为60万美元。由于加利福尼亚州对此提供补贴，该州分销中心的翻修项目不到两年即可收回投资——进行改造显然是大有好处的明智做法。但是，改造另一个位于肯塔基州的分销中心，却需要6年甚至更长的时间才能收回成本，其内部收益率低于公司的门槛回报率。因此，天木蓝公司本可以选择只对加州的分销中心进行改造。

在这两个例子中，管理者将收益不太理想的项目与无须多加考虑即知有利的项目“配对”，并作为一个提案提交上去。鞋盒的重新设计与转用再生材料相搭配，只能节省少量资金，比单独重新设计鞋盒所节约的15%要少得多。改造两个分销中心的回报期为三年，高于门槛回报率，但是比仅改造加州中心的时间要长。为什么会做出这样的选择？因为天木蓝公司一直保持着宏观的眼光，注重公司声誉和长期价值。

我们在很多公司都看到了类似的“不合逻辑”的行为。赫曼米勒公司将26种不同的废料分类后送去再利用。这些材料中有一半可以使公司获利，因为再利用的废料的价值高于分类收捡的成本。不过，处理另一半废料则会亏本。但赫曼米勒公司还是将所有废料都分类，让整个回收计划盈亏相抵。当它找到办法从赚钱的废料中获得更多的收益时，就在整体回收中增加一些处理起来亏钱的废料。

因特菲斯、麦当劳以及宜家家居等潮流驾驭企业，也都使用类似的配对方式来提高可再生能源的使用比例。特别是，它们将从节能项目中节约的资金用于购买价格较高的绿色能源，从而在保持总能源成本不变的情况下，获得更多的环保效益。

使用“配对”这个工具，可以使长期决策不必因短期考虑而被否决，也就是说，在账面上不会出现赤字，能较易得到批准。通过在整体上盈亏相抵，管理者可以在无净成本的情况下获得无形收益，如向利益相关方夸耀成果，提升品牌形象和无形价值，提高员工士气等。

利用“看不见的手”

英国石油公司的彼得·戴维斯告诉安德鲁，他的环保职责很简单，就是确保公司做出正确的理性决策。对于一个经济学家来说，任何决策系统都不会胜过依靠市场所做出的决策。经济学家都信奉亚当·斯密提出的“看不见的手”这个理论。因此，戴维斯表达出对于英国石油公司内部碳交易市场的热情，我们毫不奇怪。

这一计划一开始是为 12 个业务部门都制定了温室气体排放目标，而总体目标是每年将公司的温室气体排放量减少 1% 以上。为达到这一目标，公司建立了一个内部交易系统，让各业务部门可以购买或出售减排配额。如果一个部门削减的温室气体量超过目标，可以将多出的碳吨数出售给其他部门。英国石油公司的业务部门以每吨 5 美元的“影子价格”交易了 200 万吨碳配额。

壳牌公司建立了类似的内部碳交易系统，帮助公司在欧洲市场更快达到《京都议定书》的要求。英国石油和壳牌都清楚公司内部碳交易行为的局限性。它们并不担心是否准确制定了碳价格。管理团队知道内部交易仅是一个工具，可以提高对温室气体排放的关注度，并重视减排的机会。壳牌的环保产品交易经理加思·爱德华在全球市场上实际买卖商品，他认为，内部交易系统虽然并不是真买真卖，但却“是一种有效的激励方式”。

英国石油也承认，它的目的是令各业务部门领导者关注这个问题。英国石油的克里斯·莫特斯黑德告诉我们：“在业务方面，你无法同时关注一万件事情，而只能做好三件左右。有了这个工具，减少公司运营对气候的影响就成为这三件事之一。”

重视污染成本并对危害环境的行为征收内部“税”的理念有很多不同执行方式。1995 年，罗能纺织的首席执行官艾尔宾·凯林宣布：“传统的会计系统无法揭示真实情况。”从此之后，公司开始因碳排放而对自己征税。与之类似，赫曼米勒公司购买“绿色标签”，即可再生能源信用，支持清洁能源的开发，以此令经理人们关注，在限碳世界他们可能必须面对能源成本升高的影响。

一家潮流驾驭者甚至通过由董事会掌控的特殊基金，来为某些最具前瞻性的环保工作注资。这些资金用来支持环保设计试点计划以及其他一些非传统项目。从效果上看，董事会资助这些环保项目，并人为降低这些投资品的价格，从而提高环保收益，驱动创新思维，并鼓励一些原本可能不会出现的冒险行动。

还有一些企业甚至采用环保收费的方式，来帮助消费者和员工在生活中做出更好的决策。宜家家居对塑料袋收取小额费用，并将其捐献给慈善事业，以使消费者明了使用塑料袋并非毫无环保成本。海波龙软件公司（Hyperion Software）和天木蓝公司都在开展帮助员工购买混合动力汽车的计划，海波龙公司提供的补贴甚至高达5000美元。

最终，内部交易或征税机制改变了价格信号。温室气体的排放给全世界造成了损失，但是目前对排放这些气体的人来说代价却是零。市场机制帮助企业“将外部效应内部化”，并使价格更接近环境危害给社会带来的损失。而且，随着监管机制的介入，自己先行采取措施的企业会在新的竞争条件下获得更有利的位置，更易于成功。

广泛参与

如果首席执行官开展一项新计划，公司里的每个人都会忙碌起来。首席执行官离开公司或者被其他要务分散了注意力，原来的计划就会后继乏力直至虎头蛇尾地结束。这种“当月主打”式的管理模式是不是听起来很熟悉？

环保优势计划也不例外。尽管需要首席执行官的领导力来保证优先考虑环保问题，但如果只有首席执行官的参与，这些努力也得不到多少效果。各层级的管理者，最重要的是中层管理者，要将此问题视为己任。

例如，壳牌公司所有业务部门的领导者都必须签署一份“保证书”，承诺遵守公司的可持续发展优先次序（有点类似《萨班斯－奥克斯利法案》要求公司首席执行官和首席财务官在财务报告上签名那样）。

潮流驾驭者们通过以下措施来推动广泛的环保参与度。

- 让运营层面的管理者以环保战略为己任。
- 让生产经营方面和环保方面的管理者交叉换位。
- 依据明确的标准建立对环保业绩的奖励制度。

环保优势倡导者

在很多企业，勇敢的环保倡导者利用系统来推动环保计划前进，有些甚至得到了首席执行官的支持。但环保部门的员工不应是环保行动的唯一源泉。为了获得新思维，抓住并产生环保优势，必须使以环保视角审视各种选择的做法深深植入企业各个部门。仅仅依靠倡导者的战略注定会失败。真正的成功，需要企业从上到下的全方位参与。

视为己任

由6000名员工中的400名组成的庞大委员会，看起来不会是最高效的组织工具。但是，家具制造商赫曼米勒公司的EQAT（环境质量行动小组）却运作得非常好。它是我们所见过的以环保责任为目标，以构建环保优势为挑战，令各级员工广泛参与的最佳工具。

EQAT始建于1989年，当时只有寥寥几人，致力于降低生产过程对环境的影响，现在该小组已逐渐成长壮大起来。目前，EQAT是一个由9个小组委员会组成的松散组织，所涉及的主题多种多样，包括设计、运输、环保营销等。EQAT的层级极少，只有一位环保执行官非正式地协调整个架构，还有数名经理人组成一个核心团队。这个团队只起引导作用而不发布命令，由各个小组根据高难度目标设定并评估进度。作为一种提高参与度的工具，它威力巨大。当某小组需要获得支持时，EQAT 会从整个公司邀请担任关键职务的人士加入这个团队。

当公司的环保设计计划有所进展时，EQAT 邀请负责采购的副总裁德鲁·施拉姆加入该团队。毕竟，如果没有负责采购的人参与，他们怎能设计出环保的产品？

很快，施拉姆就面临有关严重的环境问题的艰难选择。他当年面临的财务指标很严峻：必须将成本削减 2500 万美元。而他的团队也为一种常用部件找到了低价的替代品。这种新的替代品可以为公司节约 100 万美元，但是却含 PVC。不幸的是，EQAT 的环保设计团队已经设定不使用 PVC 的目标。从长期来看，由于法规监管趋于严格，消费者偏好也日益远离含有害物质的产品，公司最好避免使用 PVC。所以，施拉姆拒绝了这可能节约的 100 万美元，他将这一决策汇报给公司总裁，他们一致认为这是上策。但这样，施拉姆就必须找到其他节约资金的方法，他最终做到了。

现在想象一下，还是同一种情况，但施拉姆并不是选择无 PVC 目标的团队的一员，那么可能出现如下对话。

EQAT 成员："嘿，德鲁，不如你放弃节约那 100 万美元，这样我们就能达到不使用 PVC 的目标，怎么样？"

德鲁："哦，好，我会马上考虑。"

即使有点不太公平，施拉姆可能还是会做出同样的选择。但是很明显，作为 EQAT 小组的成员，做出这样的决定并说服老板对他来说更容易。他像小组中的每个人一样，以环保目标为己任。

EQAT 几乎在各方面都很奇怪，尤以规模和涉及范围最为明显。它的上下级关系极为松散，是分权制的最佳典范。小组在认为必要时会将问题上报，如决策项目达上百万美元，即达到非正式的门槛值。但是他们没有固定的汇报日程。赫曼米勒公司的总裁兼首席执行官布赖恩·沃克尔告诉我们，他希望能经常听取 EQAT 的汇报。（有几个企业高管喜欢多听内部委员会的汇报?）不过，沃克尔说：“既然有些东西是奏效的，那为什么要去乱改呢?”

高级别委员会关注环保或可持续发展问题的情况越来越普遍。星巴克建立了一个环境足迹小组，成员不仅包括负责运输、采购以及店铺运营等重要领域的高管，也涉及人力资源、公共关系以及法务等部门。他们每季度碰头，对照目标讨论进度。资深级别的团队也纷纷出现。欧洲的化工企业巴斯夫公司建立了一个可持续发展委员会，由董事会成员和 7 个部门总经理组成。

每位高管都知道，委员会并不是万能仙丹。对忙人来说，委员会通常意味着更多会议，还容易使成员的意见被漠视而事与愿违。但是委员会可以成为一个有力的开始。更好的是，随着环保思维渐渐被纳入企业文化，资深高管组成的委员会的重要性日趋降低。杜邦公司现在就摒弃了每月召开的环保领导理事会会议，而代之以由董事长领导的可持续发展委员会。这个委员会每年只开三次会，看起来好像有投入减少的迹象。但是对于杜邦公司来说，这表明整个公司环保思维的融入已足够深厚，减少了对自上而下式管理的需要。

企业还可以通过让新晋高管真正负责全公司范围的跨部门计划，来进一步推动工作进展。2004 年，芯片制造商 AMD 的首席执行官鲁毅志希望其管理团队都能参与解决环保和社会问题。因此，他让资深经理人和初级经理人各自在公司内负责一个可持续发展问题。

严格之爱：通用电气的 E 类会议

通用电气全球各地区各业务线的工厂厂长和运营主管，必须向一组环境、健康与安全（EHS）高管和业务部门主管以及整个会议室的同事介绍工厂的环境、健康与安全绩效。在这些名为“E 类会议”的年度会议上，由厂长而不是工厂的环保经理进行陈述。

E 类会议是由通用电气著名的 C 类会议衍生而来的（C 类会议是公司评估最高级别人才的）。在 E 类会议上，表现突出并与同事交流最佳做法的管理者会受到表彰，但是他们的失误也会得到直接反馈。“在我 30 年的职场生涯中，从来没有这么丢脸过。”一位在 E 类会议上表现欠佳的资深厂长这样说。

另一位厂长则因上一年度评审后留下的环保与安全问题 78% 都未能解决，先是在 E 类会议上被当众狠批，接着，在几天后发送给所有与会者的 E 类会议总结信中，又提到了这位厂长的错误。这种同事压力是最糟糕的，但也可能是最有用的。担心在众人面前灰头土脸——没有什么能比这更有效地激起一个人的责任心。

通用电气的严格之爱看似苛刻，但确实有效。而且通用电气也不是撒手不管，任凭厂长们自己沉浮。公司的 EHS 团队会提供多种工具，帮助厂长们提高绩效。事实上，那位“丢脸”的厂长在接下来的数年时间里，将其工厂变成了注重 EHS 的世界级工厂。

这项“管理者职责”计划调用了 EHS 部门的员工，并以重要项目来测试优秀人才，以培养后备力量。更重要的是，这可以推动一些原本会由于缺乏支持而有所动摇的重要计划。“管理者职责”计划可以借用高层的支持，帮助消除公司内的障碍，并直接向鲁毅志汇报。

由于该计划参与者都是公司高管，因此他们可以在环保议程上发挥影响力。通过让他们负责行动，鲁毅志也可以确保他们全力以赴。

让管理者分别关注不同环保和社会问题是明智的。天木蓝公司将企业社会责任问题分由三位资深高管负责，他们直接向首席运营官汇报。该公司的特里·凯洛格告诉我们："我们的首席执行官仍是社会责任计划的主导者，但是现在我们在公司的 7 位高级管理人员中选出 3 位负责传递信息。"

交叉换位

在接任宜家家居的首席可持续发展执行官前，托马斯·伯格马克负责餐厅及家庭办公家具业务。在担任 3M 公司首席环境官之前的 20 年中，凯西·里德一直负责生产运营。杜邦公司的保罗·特博在负责环保工作之前，则一直经营公司的石油化工业务。注意到其中的趋势了吗？

一个警告：公司将资深高管安排在环保岗位作为其职业生涯的最后一站是不妥的。环保管理议程极为复杂而且耗时费力，对于数着日子等着领退休金的人来说，处理起来太吃力。

潮流驾驭者们有意识地将具有业务经验的管理者安排到重要的环保岗位上。环保专才的确富有才干，而且对企业很重要。但是当负责环保的高管提出需求，生产管理人员很可能用一句"你不了解我们所承受的财务压力"，就马上把他们推到一边。可这种反驳对于像伯格马克、里德或特博这样的经理人来说就不管用了，他们都曾经在那些

领域工作过。

来自运营领域的富有经验的高管，利用其人际关系和信誉，可以推动环保议程的进展。他们了解业务重点，而且通常都能更好地发现创造环保优势的机会。

人员交叉换位在各个层面上都是一种强有力的工具。当伯格马克需要一名环保经理来居中联络店铺运营工作时，他找到了曾在德国最大的宜家家居门店长期担任运营经理的尼科尔·施耐德。为什么选择她，而不是环保专才？施耐德这样告诉我们："关键是要在环保事务与业务之间建立联系，跳出只考虑环保问题的局限。我知道我在业务部门工作时是怎么想的。"

人员交叉换位还意味着将平常不会互相交流的人聚在一起。当丰田公司计划打破既有模式开发新一代汽车，即后来取得惊人成功的普锐斯车型时，最高领导层与来自全公司各个部门的代表进行头脑风暴。赫曼米勒公司则在力争达到零垃圾填埋的严苛目标时，将物业工人与工程师聚在一起，讨论公司内哪里会产生废料。

人员交叉换位与担当己任都是事关整体。当每个人都通过环保视角来审视业务时，企业就有机会在竞争中领先。潮流驾驭者会动员所有员工寻找环保优势。

对于一些有着优秀企业文化的公司来说，人员交叉换位的最终目的，是使环保思维成为很多人工作的一部分。这样，就不需要再特别开会来弥合不同观点。在这方面，可能耐克公司是走得最远的。在耐克的约三万名员工中，有数千名或多或少负有与可持续发展相关的职责，而其中数十位更是连职位名称都与这一议题相关。例如，公司的

设计师们遵循“一的力量”（Power of One）原则，意味着他们必须为每季产品找到一个设计元素，要能够反映对可持续发展的重视。耐克公司将这种思维的普及归功于公司最初以设计和营销起步，没有内部生产业务，也就不需要遵循传统的管理。当公司在价值链中纳入可持续发展和责任等内容时，他们就找到了令整个公司人人参与的方法，让环保理念蔚然成风。

激励：报酬、职位与奖励

如果“被衡量的事物才会被管理”，那么毫无疑问，人们如果能得到报酬或者提升，就能够被管理得更好。我们得承认，大多数经理人听到“绿色”这个词的时候，他们想到的是美元，而不是环保①。所以潮流驾驭者将环保绩效因素纳入管理者的奖金和报酬看起来也是合理的。但实际上，有些企业这样做了，但并非全部如此。

当然，潮流驾驭者们都主张，环保问题必须成为每个人工作中无可争议的一部分，就像20世纪80年代和90年代安全性和质量问题的地位一样。但是每家公司对这一理念的执行都有自己的做法。在很多企业里，环保成果现在都是评估管理者业绩的一项重要指标。而在其他一些公司，奖金的计算中也纳入了环保绩效因素。还有一些公司，环保绩效已经深植于企业文化，可以影响职位升迁甚至在公司的去留问题。

1999年，美国东北公用事业公司因未遵守污染法规而做出一系列认罪答辩，从而步履维艰。因此，公司重新调整了关注焦点，规定每个管理者的绩效评估和奖金计算中，环保业绩要占20%。这一措施发出了紧迫的警示。

将奖金与环保挂钩的原因并不都是那么明显，很多公司仅仅认为

---

① 美元是绿色的，“green”（“绿票子”）是美元的俚称。——译者注

环保是应该鼓励的合理的优先事务。在壳牌公司，根据主要企业社会责任指标，如温室气体排放、油污泄漏、损伤、多样性等来评定的绩效，占管理者奖金的比例最高可达25%。庄臣公司将评估毒性和环境影响的生产线“环保清单”得分，纳入了经理人的奖金计算。金吉达公司则将农场管理者的奖金与对雨林联盟香蕉认证计划的执行情况挂钩。

在我们所访问过的一些公司里，报酬与环保绩效之间并无明显关联。如果环保思维已经深植企业使命之中，那么金钱激励就是多余的。在那里，运营时不考虑环保的做法已经不为大家所接受。如果不明白这一点，你的工作就岌岌可危了。在3M公司，高层管理者都知道，关心环保是基本职责。“如果你不认同这些价值观，就不可能得到管理者的职位。”凯西·里德对我们说，“因此，如果想谋求职业发展，你必须将环保问题纳入考虑……没有什么激励能保住你的工作。”

即便不涉及金钱，将环保因素列为绩效审核的重要部分也传递了一个明确的信息。迪克·亨特作为戴尔电脑公司负责生产与分销的副总裁，要与董事长迈克尔·戴尔进行一次两小时的运营回顾。他们的谈话从安全与环境讲起。作为一种企业文化的涓滴效应，亨特与下属员工进行工作回顾时也是这样开始的。

在一些公司中，这种影响作用非常实际。宜家家居建立起IWAY供应商检查计划之后，一些经理人似乎不太认同，而且并未密切管理供应商的绩效。因此，委婉地说，宜家家居“更换了一些区域贸易经理”。换掉无法认同环保理念的人员，公司就无须再为环保问题费尽心思。

奖励

最后，我们简单谈一下非常明显的构建企业文化并影响行为的因素——奖励方案。对于找出办法节约资金或开发新产品的员工，大多数企业都有某种奖励方式，如奖章、大餐或者现金等。

潮流驾驭者则开发了专门针对环保议题的奖励方案。3M公司有一系列奖励措施，其中大部分都与其污染防治项目3P相关联。虽然比不上奥斯卡那样万众瞩目，但是在午餐会上接受“最佳有害废弃物防治奖”也是一项殊荣。3M公司每年会颁出数百个3P奖项。在获奖者中，有一些会获得“环保领导董事长奖”，奖励内容包括飞往明尼阿波利斯与公司要员一起参加大型晚宴。

联邦快递金考公司发起了一个“年度环保分店”计划，奖励环保绩效最优的数家店铺。天木蓝公司则启动了对大规模的环保活动实行可观现金奖励的计划，如公司位于荷兰的分销中心大范围转用可再生能源的项目。卡登·威尔士奖以备受爱戴的一位公司前管理者命名，给人一份亲切感。该奖的获得者会获得1000美元的现金，公司另有1000美元捐给其首选的慈善项目。

星巴克的任务审核

如何确保公司运营达到理想状况？可以授权员工进行检查。在星巴克，如果出现看似违反公司6项指导原则的情况，任何员工都可以要求公司做出解释。一次，有几名员工注意到，发自一家烘焙厂的货品到货时有一些箱子未装满。考虑到浪费纸张和燃料，他们质疑将箱子装得半满是否符合公司在环保责任方面的原则。结果，厂家升级了计算机系统，以保证满箱发货。给予员工质疑一切的权利，是提高员工参与度的有力工具。

讲述令人信服的故事

多年前，一位英文老师告诉安德鲁的一段话令他至今记忆犹新：世界上只有8种典型故事，而《旧约》基本上全包括了：男孩遇到女孩（亚当和夏娃）、对抗竞争（该隐和亚伯）、对权威的反抗（苹果）等。

公司也会讲故事，这些故事通常都围绕常见主题，诸如“小伙子，喝我们的啤酒，性感女人会爱上你”等。但在讲述公司的环保故事时，情况要复杂得多。利益相关方会认真听取环保诉求，如果事实错误或者所主张的内容不正确，他们一定会让你知道，有时甚至会大造声势。保持透明度与实话实说并不是传统营销方式的特点，但是在环保营销方面，你的表述最好清楚明晰，而且正确。

我们在探索与营销和无形资产相关的“从绿到金”操作策略时，在沟通方式上有所涉及。在这里，我们侧重一些特殊的基本问题。我们会将受众分成两大组，外部受众（主要是企业所在地、监管部门和非政府组织）与内部受众（主要是员工）。

外部受众

企业可以将沟通既作为矛，又作为盾。宣扬公司的环保品质，可以让非政府组织、监管部门、媒体，以及最终受众——公众，将其看作负责任的企业公民。告诉消费者某一特定产品的环保属性，只要所宣称的益处确实存在，也可以使企业在市场上脱颖而出。

3M开发了一个简单的流程来管理这些问题。它的环保营销宣传委员会是一个跨职能小组，成员来自公共关系、EHS与产品责任以及法务等部门。这个委员会会检查广告以及产品包装等环节上的营销宣传内容，并思考某一特定诉求在市场中的反响如何。他们说，这样做部分是基于法律原因，最主要的则是为了维护企业的声誉：“我们希望公司以诚信而闻名。”

关于公司的环保品质，有很多更普遍的沟通形式。很多公司现在都会发布年度环保报告或可持续发展报告，或者针对环保与社会问题两方面的企业社会责任报告。有些公司只是在网站上公布相关信息。哪种方法最有效？这一点都不重要，重要的是内容。

优秀的环保报告应该讨论企业环境足迹的重要影响，应使用量化标准，并涵盖废气排放、水污染、有害废弃物处理、能源消耗、温室气体排放，以及违反法规的事例等核心问题。

如果未能回顾公司在所有方面的影响——毕竟大部分都是公共信息，会给利益相关方这样的信号：公司想要隐瞒某些事情。公司应诚实地处理化学品泄漏、法规处罚，或者污染的趋势是上升而不是降低等坏消息。公开自己短处的企业，就可以以自己的方式讲述情况，并用自己的语言说明公司是如何解决问题的。在遭遇 20 世纪 90 年代的一连串麻烦之后，美国东北公用事业公司发布了一项环保报告，封面刊登了公司当时的首席执行官迈克·莫里斯所写的一封内容严肃的信，坦率承认公司所犯的严重错误。莫里斯（现任美国电力公司首席执行官）承诺，公司将改进其环保绩效。在接下来的 10 年中，它取得了极大的进步。

我们还要记住的一点是，现在所有企业都在一个极为透明的环境中运作。如果非政府组织或媒体发现企业试图隐瞒环保错误——它们一定会的——肯定会毫不留情地大肆宣扬。由于规模大，曝光率高，跨国企业尤其易受攻击。即便是小型企业，在本地非政府组织和日益扩大的监管队伍的注意下，也无法将坏消息隐瞒不报。博客作者和其他自封的公共利益监督者能够保证，没有什么事情可以长期保密。

环保报告可以，也应该同时包括好消息，比如员工对海滩或河流进行清理，与环保组织建立合作关系，或者介绍在企业所在地做志愿者的员工等。只是要确定，在被要求提供公司真实的环保业绩时，不要只依赖于这些感人故事去搪塞。企业可以只大谈好消息，发表的报告中通篇都是可爱动物的光鲜照片的日子已经一去不复返了。

对于一份优秀的报告应该解决什么样的问题，或者如何更好地发布环保信息，并没有一定之规。全球报告倡议组织（GRI）曾试图开发一个可持续发展报告模板，但是它早期开发的模板较为复杂，在与一般大众的沟通中作用有限。在没有模板的情况下，请记住，现在任何一份报告的关键，都是出色的图表。大多数公司都发现，通过过去数年的业绩展示趋势，根据过去和未来的目标追踪结果，这些都是很有效的。而且，所有报告和最新的数字都应该放到公司网站上，这样容易受到关注（我们的网站 www. eco-advantage. com 上有很多获奖报告和最佳实践的链接）。

成功的环保报告

成功的环保报告应实话实说，应坦率对待坏消息。透明度是推动绿色浪潮的强大力量，人们对提高透明度的期待也日渐提高。明了公司遵循的是什么衡量标准，未跟踪的是什么衡量标准，并以相对和绝对格式显示。可以报告每单位收入相应的温室气体排放量，但是调整分母大小是无法蒙骗认真的读者的。如果排放总量迅速增长，反而很可能触怒读者。环保报告是与所有利益相关方建立信任关系的有力工具，不要浪费这个机会。

最后一点，这些报告，尤其是网络版报告，在提供倾诉机会的同时，也提供了聆听机会。讲故事应该是一种双向沟通。了解其他人对你的业绩及政策抉择的看法，是很有价值的。例如，壳牌公司的"告诉壳牌"计划，就得到了对公司看法的广泛回馈，帮助其重塑了公司形象，调整了公司考虑事项的优先顺序。现在壳牌在报告中会同时引述批评者和支持者的意见。同样，庄臣公司也邀请了世界各地的专家和消费者，针对可持续发展问题通过电子邮件与之进行交流互动。

与投资者们谈论环保计划需要特殊技巧。年度报告和季度分析是企业与华尔街投资商沟通的常规渠道，它们通常都侧重一件事：季度收入增长。在这种极为注重短期收益的讨论中，长期的可持续发展策略很难获得认同。因特菲斯公司的董事长雷·安德森告诉我们："我花了 7 年时间，才能和股东探讨削减成本和废弃物计划以外的东西。"杜邦公司的首席财务官加里·法伊弗表示，如果公司希望探讨可持续发展问题，也必须使用华尔街的语言："华尔街永远也不会接受诸如'100 年之后你会觉得我们做得很对'之类的说辞，它们想知道的是我们如何做到。"

为了让金融分析师们高兴并愿意倾听，可持续发展计划必须细分成大小合适的模块，并以战略术语加以说明。通用电气公司的杰夫·伊梅尔特并没有将"绿色创想"作为一个使公司看起来更环保的感人行动来进行宣扬。他所谈的是，低油耗喷气式发动机、更好的水处理技术等环保产品和服务的市场正在飞速增长。对于投资者来说，销售增长的消息要容易理解得多。

内部受众：给员工讲故事

员工对企业的认同感受对企业声誉影响甚巨。几乎每个人都希望为自己喜欢的公司工作。在当下的知识经济时代，最有价值的员工流动性高，而且通常极为注重雇主的环保业绩。

在员工谈到对其公司企业社会责任报告的看法时，我们一次又一次听到这样的说法："我不知道我们做了这么多，我感到非常骄傲。"减少排放、节约能源、赞助企业所在地等故事打动人心，能建立起员工对企业真正的忠诚。即便失败的案例，也很重要。无论如何，员工都已经对这些故事知之甚多，但是看到管理层自己站出来承认过失，却能够让员工树立对公司的信心。

除去感人的方面，环保报告还可以带来可观的有形收益。首先，公开的报告确立了一个标志，告知所有员工应重视什么问题。壳牌公司的马克·温特劳布表示，《壳牌报告》就是一种利用员工力量的形式，帮助公司"管理根本绩效"。由于这份报告会发送给包括 12 万名员工在内的 200 万人，因此如果管理者负责的业务被提及，他们会提起关注。报告会公开评估公司对可持续发展所做出的承诺。没有哪个员工希望自己看起来做得很糟。

其次，出色的报告能够帮助员工了解，环保或可持续发展为什么被列为公司优先议题，为什么对公司业务是有利的。温特劳布指出，壳牌公司力图"不只讲述拯救鲸鱼一类的快乐故事，而要把宣传范围扩展到商业案例上来"。想创造发现环保优势的机会，要求企业中每个人都必须了解将环保思维融入日常战略的价值。

最后，报告是在整个企业内分享知识和经验的极好方式。通过收集数据，往往能看出哪些工厂领先，哪些落后，以及为何如此。企业还能够发现以前不知道的战略和环保收益，而且现在可以将其广泛分享。温特劳布表示，壳牌公司将其报告作为企业的一面镜子，可以从中了解什么奏效，什么不奏效。

报告之外

分享最佳做法可以只是单纯交流，也可以鼓舞他人效仿。一个有说服力的故事能够让人开阔思路接受新事物。新象集团的子公司阿曼科在参与联合环保效益计划之后，发现了削减废弃物和减少资源使用的新方法，从而节约了600万美元的巨额资金。公司负责环保与社会责任的副总裁玛丽亚·伊米莉亚·科雷亚表示，事实证明，与其他部门分享成果，是开阔思路的有力工具。“成功故事会让人们感兴趣。”她说，“阿曼科公司节约的600万美元就像一根魔杖，立刻让人们眼界大开。”

企业需要多种工具来传递环保信息。有些企业正在尝试多媒体演示、大力宣传环保奖金、凸显员工贡献的年终奖励以及内部网络等种种形式。赫曼米勒公司和联邦快递金考公司则采用在全公司播放视频影片的方式，讲述公司正在环保方面做着哪些努力。杜邦公司建立了主动式能源领导小组，下到各业务部门分享有关能源管理的最佳做法。英国石油公司则通过公司内部网来共享信息，其中包括案例研究、关于降低石油平台二氧化碳排放量的报道，以及减少燃烧的瓦斯气体排放量的方法等。

对于传递信息的各种方式，没有哪一种是放之四海而皆准的。只要能将信息传递给员工，并教给他们如何提高运营水平，就是最好的方式。

环保培训

培养环保意识，找出实施“从绿到金”策略的机会，以及开发并使用创造环保优势的工具，所有这一切都不是轻而易举就能做到的。与学习所有其他技能一样，要掌握这些技能必须培训和教育从上到下各个层面的员工。在这里，我们重点介绍潮流驾驭者用来创建环保优势文化的三种培训课程。

- 针对重点主题，如法规遵守或环保效益的培训。
- 非正式教育，提高员工对环保问题的基本认识。
- 针对高级管理层的有关可持续发展的宏观课程。

在第一个类别中，潮流驾驭者针对特定环保主题开发了大量培训模块。加拿大铝业集团推出了被其称为“环境、健康与安全至上”（EHS First）的培训课程，利用培训来宣传公司这一核心愿景，以强调其重要性。领导团队中开发这个计划的西蒙·莱迪查克告诉我们，该计划的主要目标是将此理念融入核心业务。“所有员工，以及800位高层经理，乃至特拉维斯（公司首席执行官），都已经参加为期4天的EHS培训课程。”当加拿大铝业集团并购另一家大型制造企业普基集团时，它拨出了2000万美元的预算，用于统一两个企业的EHS方法，并确保每个人都达到EHS标准。

第二类课程，则是培养员工对环保问题的兴趣，并增加其环保知识，可以采取非正式的趣味性方式进行。

小公司也可以采取适当行动。罗能纺织公司的员工非常满意公司在可持续发展上做出的努力，甚至要求公司做得更多。一些人想知道为什么公司没有在屋顶上安装太阳能电池板。公司首席执行官艾尔宾·凯林知道，对罗能纺织来说太阳能并不适用，尤其是公司所在地瑞士每年的光照时间很有限。但是为什么要做宣布坏消息的人呢？凯林采取了另一种方式，在一年一度的夏季烧烤会上，他策划了一个演示，用太阳能电池板来驱动电冰箱。在夜幕降临之前，一切都没问题，但是日落之后，啤酒和葡萄酒都变得温热了。大家都明白了他的意思。还有一次，凯林举办了一个为期两天的研讨会，没有能源供应，只提供一点点水。他让每个人用木柴做饭，以此使大家明白资源的稀缺性。在这两个例子中，凯林所做的与编辑给作家的建议相同：不用说，而是要展示。

也许罗能公司在培养环保意识方面走得比较超前。不过，有很多企业利用内部通信或其他非正式方法来共享信息，并普遍提高员工的知识水平。克里夫能量棒公司推出了名为《向可持续发展前进》的内部通信，针对有机农业的优势等重要业务议题，对员工进行教育。它还有更为灵活的方式，比如利用名为"公司生态学家手记"的系列电子邮件，来说明与人们日常生活相关的问题，如干洗剂的化学成分对环境的影响等。

对于高管，教育和不断的知识精炼则更为重要。越来越多的企业都希望确保下一代领导者能加快可持续发展事业的进展，并了解为什么这对公司来说非常重要。20 世纪 90 年代末，联合利华公司的联合首席执行官尼尔·菲茨杰拉德和安东尼·伯格曼带领公司的 200 位顶级高管进入了哥斯达黎加的丛林。这次外展培训实质上是为了进行团队建设，但周围的环境也有助于大家深思公司的未来。

莱迪查克告诉我们，加拿大铝业集团的高管培训是"结合技术性问题和软性问题……将价值观融入日常实践，针对的是意识的培养"。与之类似，美国东北公用事业公司为中层管理人员开发了一个创新的培训课程，其核心内容是"高难度抉择"。它并不回避一线管理者背负竞争的压力而将环保目标放在次要位置这一现实，而是坦率承认这些问题，探讨在两者之间取得平衡的方法。

环保优势的关键

杰出的企业使用很多方法来建设环保优势企业文化：

- 设定高难度目标。
- 决策时专门考虑环保问题。
- 将环保相关项目“配对”，或者调整门槛回报率以反映被低估的无形价值收益。
- 通过内部市场凸显隐藏的环保成本。
- 成立管理者委员会，推动高层管理人员的参与。
- 让运营层面的管理者以环保为己任。
- 评估环保绩效，并清楚界定结果的责任归属。
- 环保专才和业务负责人交叉换位。
- 根据环保绩效决定奖金和奖励。
- 在主要绩效指标中纳入环保因素。
- 发布环保或可持续发展报告。
- 在网站上实时发布环保信息。
- 授权员工质疑与公司环保承诺不一致的行为。
- 进行环保培训。

第四部分

落实
到行动

在前三个部分，我们已经涵盖了成功的环保策略的所有方面。一旦公司拥有了从环保角度规划企业战略的基本工具，并且开始灌输环保优势思维之后，所有的事情就能够平稳发展了吗？不完全是。正如我们以前说过的，环保计划经常会误入歧途。

在第十章，我们梳理了一些需要避免的主要问题。我们的研究证明，公司会因为自身组织的原因，或对挑战性质的错误理解而导致计划失败。不过，我们已经找到一些解决方法，后面会逐条说明。

很多商业畅销书宣称，执行才是一切的关键。与此类似，获得环保优势并不只是一个头脑体操。把思考转变为行动需要真实的努力。在第十一章，我们提供了一个兼有短期、中期和长期的具体指导的行动计划。

最后，在第十二章，我们将回顾“从绿到金”的环保策略。对于仔细阅读了全书的读者，这一章可以粗略读过。对于那些快速阅读下来的读者，到这里可以放慢速度。在第十二章，我们把全书中提到的关键概念放在一起，进行了简明扼要的阐述。

第十章

环保计划为什么会失败

位于美国密歇根州迪尔伯恩市鲁日河畔的福特工厂有一段传奇历史。该厂建于大萧条之前，在全盛时期有 10 万名工人，但是近几十年却每况愈下。福特的董事长小比尔·福特决定重新改建这一其曾祖父时代最辉煌的工厂，以象征公司的重生。重建行动同样要反映公司的环保承诺，并且“把 20 世纪的工业象征转变为 21 世纪可持续制造业的典范”。

福特聘请了著名环保设计师比尔·麦克多诺对这个庞大的工厂进行整体思考。经过斥资 20 亿美元的翻修后，新工厂堪称是效率与环保设计的楷模。里面有一个 10 英亩草皮构成的“活屋顶”，可以收集雨水，降低整个建筑的能源需求。工厂还使用了太阳能电池板、燃料电池，并有人造湿地。听起来很不错吧？

是，但又不尽然。这个环保工厂可能确实是个奇迹。然而，它并没有解决福特公司真正的环境问题——公司生产的高油耗汽车对气候变化和当地空气污染的影响。从整个生命周期来看，福特最重要的环境足迹是在产品使用阶段。如果它不在燃料效率和温室气体排放方面做出切实持续的改进，环保主义者永远不会认为福特是一家环保型企业。

那么工厂的重新设计是一个失败吗？不全是。但是这个项目达到的效果远远比比尔·福特希望的要差得多。教训是，如果一家公司只是狭隘地专注于自身问题——在这个案例中就是生产流程——而忽视价值链上的其他重大问题，是行不通的。我们的研究发现，对生产者责任延伸运动的现实掉以轻心是导致环保计划失败的首要原因。

快速翻阅过去 10 ~ 15 年商业环保方面的文献，你会得到这样一个印象，生命中充满了鲜花和美酒。已出版的图书、文章以及案例分析都在大谈环保计划成功的故事。随意翻阅文献的读者甚至可能受到误导，以为企业的环保战略永远都会得到双赢的结果。

然而事实却是纷繁复杂的。在很多案例里，在环保效益上的努力和其他环保投入确实收到了良好的效果，但更多的计划却没有达到预期的效果。其中一部分没有取得预期的环保收益，一部分从经济的角度来看无法奏效，还有一些在两方面都失败了。

当然，这并不是什么新鲜事。每天都有新产品上市失败的例子。市场推广活动也并不总能带来销量的激增。产品研发的投入有时候没有产出任何成果。与这些常规的失败一样，环保的错误也能让我们从中得到很多经验教训。

获得环保优势的机会数不胜数，但成功地利用这些机会却并不容易。假装这些都很容易是不明智的做法。这就是为什么我们将在这一章里介绍 13 种障碍——造成环保计划失败的共同原因——并提供一些想法，告诉大家如何避免这些失误。

只见树木，不见森林

福特花费了相当数量的资金使鲁日河工厂更环保，但是制造过程并不是汽车工业环境问题的核心。相反，公司应该研究自己的环境足迹，并密切注意自己产品的环境问题。当福特忙于在厂房顶上种草的时候，丰田正在推广油电混合动力技术，并使这股潮流席卷了整个汽车业。福特未能引领潮流，现在只能追随人后了。它已经取得丰田的一些混合动力技术许可，并承诺在2010年以前生产25万辆油电混合动力车。

我们并不是有意对福特汽车和比尔·福特挑刺儿。在企业环保战略中，忽视真正问题的情况其实是很普遍的。比尔·福特的环保热情值得敬重，如果所有企业的首席执行官都有他这样的执着精神，世界将会变得更好。我们的观点是，只有热情是不够的。经过深思熟虑的选择才能把热情变成有意义的行动，从而给企业带来环保优势。

福特曾经捐助2500万美元用于建立保护国际组织的商业环保领导中心。这是一个高尚的举动，但这个非政府组织的主要议程是倡导生物多样性（尤其是在热带雨林地区）。尽管生物多样性是一个紧迫的环境问题，但它并不是福特的核心环保问题。福特及其新合作伙伴正在努力解决与福特的环保挑战关系更紧密的问题，例如气候变化，但成果甚微。的确有些人从捐助的资金中受惠，但捐助者并不是主要的受益者。

解决方案：了解自己

为了避免关注错误的目标，企业需要了解自己的环保劣势在哪里。类似生命周期评估和AUDIO分析等工具可以帮助企业着眼于森林（整体）而非树木（局部）。与非政府组织和专家合作，以外部视角了解公众如何看待公司同样非常重要。基本原则很简单，把有限的资源集中投入到与公司环境足迹和环保声誉最相关的核心问题上。

例如，比较一下福特选择保护国际这个奇怪的举动与沃尔玛与美国国家鱼类和野生动物基金（NFWF）的合作行为。这个零售业巨头斥资3500万美元，保留13.8万英亩野生动物栖息地，与其修建超市、停车场和分销中心的面积大致相当。这些土地保护项目直接回应了对于沃尔玛制造拥堵和无序扩建等问题的批评，真是恰到好处。

同时也不要忽视整个价值链。记得联合利华的故事吗？它仅仅是一个鱼类产品买家，却帮助成立了海洋管理委员会，并投入大量时间和资金来提倡可持续渔业。可口可乐也一样，它知道自己对灌装厂的一举一动都负有无可推卸的责任，尽管它们完全是两家独立的公司。所以在亚特兰大的可口可乐总部，有一位专门负责水资源的环保副总裁帮助协调全球各地的水资源保护计划。

错误估计市场形势

引领商业潮流和错估市场形势之间往往只有一步之遥。因特菲斯公司打算通过商业地板材料“服务化”来提倡可持续发展——它试图为消费者提供地毯租赁服务。这个主意听起来很不错：因特菲斯为消费者铺设地毯，等地毯用旧之后收回，重新加工再利用。但是，正如我们前面描述过的，这个有利于环保的新型商业模式最后失败了——这个市场不适合地毯租赁业务。公司通过这种努力在市场上赢得了声誉，然而消费者更希望把地毯的费用算作一次性支出的资产预算，而不是把它加入每年的运营预算。

因特菲斯并不是唯一错误判断市场对环保产品和环保服务接受程度的公司。很多成功的大企业也栽过类似的跟头。联合利华尝试从可持续发展渔场采购所产鱼条的原料，但是由于某些地区的消费者不接受公司试图用产量更高的白鱼替代鳕鱼，这一环保行动因此被迫减缓。正如冷冻食品市场部高管德尔克·彼得斯告诉我们的，“一些人把英国称为‘鳕鱼的祖国’……鳕鱼是最高的标准，所以有很多消费者不愿意购买白鱼”。

还记得在20世纪90年代，生物科技巨头孟山都因为不了解美国和欧洲市场之间的差异而一蹶不振吗？公司拥有卓越的转基因生物技术，而且其首席执行官罗伯特·夏皮罗把可持续发展作为商业策略的核心。但是它开拓欧洲市场的行动却遭到惨败，因为孟山都忽视了这样一个基本的市场现实：欧洲消费者对转基因食品非常抵触。

解决方案：强调基本面评估

人们很容易为一个新的环保计划而感到兴奋，环保产品除了会让世界更美好，还有可能帮助公司把握新市场。但决定一个环保创新产品在商业角度是否合理的过程，应该基本上与任何其他新产品一样：我们需要填补的市场需求是什么？新产品有消费者基础吗？新产品的成本结构如何？是否已经有人占据这个利基市场？我们的环保优势受专利保护吗？或者新的竞争者很容易进入这一市场吗？简而言之，创新计划可能很环保，但是常规的基本工作和评估还是必须做的。

不但要考虑近期，还要考虑长期。要考虑到无形因素，例如企业形象与声誉、要避免（或者要承担）的监管压力，以及客户忠诚度。尽可能为无形资产估出数据。客户忠诚度值多少钱？从赢得客户的成本开始算起。员工士气的影响又值多少钱？从员工流动的成本算起。不要仅仅因为一些无形收益很难估算，就回避风险和收益的基本评估程序。

期望过高的价格

正如我们在第五章中已经明确指出的，仅仅以环保特征来推销产品很少奏效。质量、价格以及服务对于消费者来说仍然非常重要。巴塔哥尼亚销售用有机棉和回收材料制造的环保产品。但是，如果质量不稳定，客户忠诚度仍然不会很高。

有时候客户愿意为产品的环保品质和环保形象付更多的钱。巴塔哥尼亚的产品是市场上的高端产品，而丰田普锐斯在最高点时，售价比竞争车型高 5000 美元。然而这些例外并不说明问题。在当今市场里，环保产品并不一定能卖高价钱。从壳牌的环保汽油 Pura 在荷兰的遭遇，到尝试把节能灯泡卖到 10 倍于普通灯泡价格的很多次努力，都说明想把环保产品卖高价钱的想法很难实现。

即使长期看来会为客户省钱的产品，例如节能家电等，在市场上也很难立足。就算这些商品获得了成功，也是因为它们通过长期省钱或者耐用等特点来销售产品，而不是环保属性。人们不愿意在一开始就花高价钱。正如经济学家所说，消费者在购买商品的时候，都期待着极高的“折现率”。相比于未来将节省的钱，他们更在意自己口袋里的钱。

这种基本的消费者状况使环保产品的销售相当困难。例如，天木蓝发现它很难在保证赢利的前提下销售生产成本比普通 T 恤高 25% 的有机棉 T 恤。有机棉 T 恤没有给消费者带来任何功能上的进步，只有情感表达方面的区别。所以，它很难让消费者因为一时的环保优越感而花更多的钱。巴塔哥尼亚确实有一些成功销售高价格产品的案例，这是因为它已经建立一个广泛的环保先锋的品牌形象。不过坦白地说，因为它不是一家上市公司，所以不那么在乎每件产品都要赢利。

解决方案：把环保特点作为产品的第三个卖点

正如我们曾经强调过的，不要让环保特征成为产品唯一的卖点。如果仔细看丰田普锐斯的广告，你将得到双重信息。这种车拥有一个获奖的传动系统，将使你获得极佳的速度感，而且它有很酷的技术性能。同时，它对我们地球的环境有益。环保特点成为第三个提到的卖点。即使是巴塔哥尼亚这样极注重环保的公司，也并不是只谈产品的环保属性。它首先强调产品质量。经过多年落实质量承诺后，它才把环保属性加入产品卖点。

误解消费者需求

麦当劳的餐馆会产生大量垃圾，这并不稀奇。但是谁能想到这些垃圾里有30%（从重量上讲）是液体？当垃圾掩埋场按重量收费时，这些液体的确是令人烦恼的耗费成本的东西。瑞典麦当劳开始要求消费者把冰块和饮料倒入单独的垃圾桶内，而不要和其他垃圾混在一起。这项建议非常奏效。75%以上的消费者愿意把自己的垃圾分类。垃圾重量下降了25%，这为麦当劳节约了数百万克朗。然而，当麦当劳把同样的办法拿到美国试行的时候，消费者并不按照要求去做，仅仅因为美国并不是瑞典，反之亦然。

如果一项环保创新需要改变消费者的行为习惯，那一定要小心了。 如果这种改变不能让人们节省时间或金钱（有时候即使能够节省时间或金钱），人们不会接受它。

解决方案：了解消费者的局限性

每一个买了咖啡匆忙带走的人都知道，如果不想让手指烫伤，一个纸杯是不够用的。然而，给每个人两个纸杯又太浪费了。于是星巴克决定解决这个明显的浪费问题。他们设计了一种带有内部隔热层，能防止手指被烫的新型纸杯。这种纸杯成本更高，使用了更多的材料，但是消费者只需要用一个就够了。这对于环境和公司效益都是一个双赢的举措。然而，试用这种纸杯之后，他们发现，消费者还是想要两个。

管理高层经过详细计算，确定只要超过10%的消费者还要拿两个纸杯（星巴克不会拒绝消费者的请求），推行这项环保举措就比维持现状还要糟糕。星巴克知道，试图改变消费者的行为习惯是困难的。于是他们选择了一个折中的方案，就是我们现在到处可见的咖啡杯套。这种杯套可以保护消费者的手指，而其用纸量只有普通纸杯的40%。

一些环保人士可能会认为这是个失败的案例，其实不然。使用环保纸杯，消费者还是要两个杯子，这在财务和环保方面都是失败的。星巴克不得已放弃了创新的解决办法，而使用了折中的方法以避免失败。正如星巴克的业务实施副总裁苏·梅克伦伯格所说的，期望消费者做出正确的环保选择，往往会令人大失所望。

中层经理承受压力

在整个企业中，中层经理往往是追求环保优势的关键，但也往往是环保努力失败的起点。高层管理团队从首席执行官那里得到了追求环保的意向，底层员工往往都希望公司变得更环保。但是中层管理人员却不得不承受来自各方面的压力。他们每天都要面对艰难的利弊权衡与抉择：必须增加销量与产出，削减成本，增加利润，现在还得兼顾环保问题。

公司的激励因素往往与环保目标不一致。年终业绩回顾通常只看公司关注的重点，而不是环保目标。英国石油的资深顾问克里斯·莫特斯黑德把这一问题描述为“业务表现和环保目标之间的拉锯战”。

莫特斯黑德的老板、首席执行官约翰·布朗承诺英国石油将降低在气候变化方面的环境足迹，这意味着它必须减少公司炼油厂的温室气体排放。要达到这一目标，最简单的办法就是降低炼油厂的产量。然而，工厂经理都有自己的生产目标，这与降低温室气体的努力明显冲突。莫特斯黑德表示：“我们的失败在于，我们既要求炼油厂增加产量，又要求它生产更干净的汽油，同时还让它减少温室气体排放。

这三个目标并不是孤立的，追求其中的一方面势必影响其他两方面。”

我们把这个难题称为“中层经理承受压力”。这是普遍存在的，在那些做出大胆环保承诺的公司中尤其如此。首席执行官的领导力和大胆的目标仍然是成功的关键因素，但是它们也会给中层管理者带来不可调和的冲突——这些人要实际负责公司的运营，并努力达到销售目标，降低成本，完成利润目标。如果再加上环保目标，可能会让他们不堪重负。

解决方案：激励和培训

忽视“中层经理承受压力”这一问题将会带来一系列麻烦。所以，企业需要直接处理中层经理受到的多方面压力。

这个层面的经理人通常遵循激励行事。如果他们没有得到信号，告诉他们环保方面的成功也是工作的一部分，他们就不会把环保当成主要问题来考虑。把环保目标写入管理人的工作内容，是让他们关注环保问题的一个办法。现金奖励也是个不错的办法——如果文化的压力不够，可以把环保目标纳入奖励考虑。建立环保业绩的计量指标，使之成为公司业绩考量的关键因素之一，也是一个可行的办法。让中层经理直接并公开地为团队的环保结果负责——正如通用电气公司的E类会议评估所做的那样。

上级的引导也必须纳入这个考虑范围。在英国石油公司，炼油厂的产量是不会减少的。所以公司领导者做了他们能做的唯一一件事——告诉炼油厂尽量高效地工作，不要再担心温室气体排放的总量。炼油厂的工作就是控制产品的成本，以及每单位产量排放的温室气体数量。高层管理者知道，温室气体排放的减少应该来自系统的其他部分。

培训也是一个极其重要的工具。作为17天领导力开发培训课程的一部分，3M的环保执行官传授了经理们如何面对利弊得失，并提出一些问题：如果成本最低的供应商没有达到环保标准，你会怎么做？如果要在投资一条生产线和解决一项环保问题之间选择，你将做何选择？3M 的厂长和其他公司的所有中层经理一样，要尽可能完美地解决这些矛盾冲突。他们已经深刻地认识到，必须想办法同时兼顾成本、质量和环保问题。

孤立思维

神话传说中有一个故事讲到大力士赫拉克勒斯试图杀死多头怪物海德拉。每当他砍下怪物的一个头，在同一个地方就会重新长出两个头。

当环保执行官们试图解决污染和其他环境问题时，他们有时候就会觉得自己好像可怜的赫拉克勒斯一样。为减少空气污染而加装集尘器，结果又产生了处理集尘器内部灰尘的问题。把灰尘存放在外面，又可能造成水污染问题。

“我们的错误往往发生在废弃物处理出现错误的时候。”英特尔的蒂姆·莫因告诉我们，“处理废弃物解决了一个问题，但是又造成了 4 个新的问题。”多年以来，所有的半导体公司都在努力想办法减少全氟碳化物（PFC）的使用。PFC 一般用于芯片生产的蚀刻过程，是一种温室气体，其危害是二氧化碳的一万倍。降低 PFC 的早期尝试主要是在使用之后捕捉处理这些气体。但是英特尔建立的庞大废气处理系统实际上却大大增加了能源的消耗和温室气体的排放，并且回收利用系统本身又产生了其他有毒气体。“这种副作用更加糟糕。”莫因说。

赫拉克勒斯和英特尔的管理者们都落入了孤立思维的陷阱。他们只把目光集中于运营中一个孤立的部分，而没有从整个过程中寻找答案。这种方式不仅不能完全解决原有的问题，还带来了新的麻烦。

孤立思维同样会使企业错失赢利的机会。以富士胶片公司的一次性相机为例。爵士胶片（Jazz Photo）公司，利用给用过的一次性富士相机重装胶片创造了一个利润丰厚的产业。在富士胶片以侵权的罪名把爵士胶片送上法庭之前，爵士胶片已经销售上亿部回收再用的一次性富士相机。不过，我们这里讨论的是环保战略问题：为什么富士会失掉这一市场机遇，把数十亿美元的收益拱手让人？部分原因就是孤立思维。富士做出了很好的一次性相机。不过看起来它把用过的相机只当作废品，而没有想到它还可以是下一个产品的原材料。

解决方案：环保设计和价值链思维

赫拉克勒斯最后换了一种方式看问题，最终解决了对付海德拉的难题。他不再去砍那些每次砍掉都要加倍长出的头，而是让他的侄子烧灼海德拉被砍断的颈部，使它无法长出新头来，从根源上解决了问题。

英特尔的解决方式没有这么戏剧性。它成立了一个环保项目设计小组。现在，20 位环保专业人士与产品和生产流程设计者以及基础研究科学家（他们为 6 年后或者更远的未来产品开发新点子）紧密合作。他们一起系统地找出环保问题，并且在这些问题出现之前就在设计中消除它们。有毒气体的排放仍然是个很大的问题，不过已经比原来有所下降。其他的环保问题则已通过对整个产品周期的考虑，被完全避免了。

如果污染是地球的癌症，减轻污染的尝试就如同化疗——问题出现之后的一种处理方法。 环保设计则如同戒烟与保持健康饮食。 它们是环保问题的预防药物，虽然无法消除所有风险，但是在设计产品的同时考虑环保因素将大有助益。

环保孤立

为了使环保优势成为企业的日常战略之一，公司需要热情和博学的倡导者。然而单纯地依赖那些被指派负责环保的团队会产生其他问题。正如一名高层管理人员说的，“只是说‘把问题交给那些负责环保的同事’，这样是行不通的”。我们发现这种孤立环保人员的做法会产生三个相关的问题。

第一，一些有价值的计划可能会刚开始就失败。联邦快递金考拥有一名真正的环保先锋拉里·罗杰罗。多年以来，他一直为公司的环保事业奔波，勇于承担各种环保角色，包括“发起人、激励者、会计师，有时候还做执行人”。很长时间内，他都是孤军奋战。诚然，联邦快递金考已经取得不小的成绩，包括购买大量的可再生能源和大规模使用再生纸等。但是公司实际上刚刚把环保思维融入企业的核心而已。

一些有趣的创新，例如可以使消费者使用100%回收纸的自助式环保复印机，由于缺少罗杰罗部门之外的支持，以致推广时后继乏力。在试验推广期结束之后，由分店经理负责提供这一环保商品。有些经理认识到产品对提高员工和客户忠诚度有益，就继续推广，有些人却没有这么做。

为什么一个很好的环保创意最后变成了短期推广活动？部分原因就是环保人员受到孤立。因为环保的新点子只是从孤立的环保部门产生出来的，公司并没有提供广泛的支持来确定这些点子是不是能够在公司声誉、销售、客户忠诚度方面带来长远效益，足以使环保复印机成为永久改变。把最后决定权留给每个分店经理并没有帮助。在缺乏吸引人的激励措施和目标的情况下，经理们为什么要挑一个前期费用比较高的选择呢？这种冲突就是我们前面讨论过的“中层经理承受到压力”的问题。

环保孤立的第二个方面是经费过于紧张。一些大公司给环境问题方面的拨款太少，以致环保经理什么都做不了。环保问题所需的花费很容易被低估。环保优势并不是轻易就能建立起来的。与制定其他战略一样，环保战略需要很好的数据收集与分析。要牢记：对环保问题处理失当，可能会使公司在金钱、名誉、消费者和员工士气方面遭受很大损失。环保部门的人员和经费不足使企业无法产生环保优势。实际上，在这个问题上一味节省可能会得不偿失。

最后，环保孤立可能会造成一个典型的问题："左手不知道右手在干什么。"举个例子，丰田曾经与其他汽车公司联合起来反对一项提高燃油效率标准的新法规，甚至为此把加利福尼亚州告上法庭。我们确定公司的高管层知道这次行动，但是公司内负责政府关系事务的人是否真的知道这一行为会抹杀丰田试图使自己成为环保先锋做出的种种努力？坦白地说，从丰田卓越的燃油效率来看，为什么不选择支持更高的燃油效率标准呢？

公司往往受到两种不同方向力量的牵引。有时候，他们有意识地对一些人说着一些话，又对另一些人说着完全不同的话。当两组人员各负责不同的问题并缺乏沟通时，这种情况往往会发生；如果公司没有让所有的人都看清楚其战略的全貌，这种情况也会发生。环保产品设计团队和营销人员往往与负责政府和法规事务的人员缺乏沟通。孤立可能会造成很大的损失。

解决方案：高层的投入与整合

孤独的环保先锋往往会遭遇失败。成功的企业环保战略是建立在整个公司的想法之上的。公司必须把实际运作中的考量、需求和激励引入环保计划。环保经理可以引导整个过程，但是运营经理们也必须采取主动态度。即便最好的环保优势策略，如果没有首席执行官的支持，没有与运营经理和员工联系起来，最后也一定会失败。

联邦快递金考正努力使它的环保愿景和实际运营更紧密地联系起来。在首席执行官的支持下，罗杰罗带领公司的高层管理人员进行可持续发展的培训。他还推出了一个任务设计流程，聚焦于被他称为“山上六旗”（Six Flags on a Hill）的环保问题。某位高管对他说：“这个流程听起来不只是关于回收利用，但是我已经有很多理论知识了……现在我们该怎么做呢?”这正是你想要得到的反应：积极参与和急于实践。

联邦快递金考成立了一个小组，重点研究公司的一些核心问题，诸如能源以及企业所在地的参与，并给一系列高管委派了领导任务。其中一个团队负责研究如何帮助商业伙伴朝可持续发展的方向转变。他们发现消费者希望让联邦快递金考为他们做更多的文件处理工作——降低成本，减少用纸量。当“山上六旗”小组发现有可能改变消费者价值观并扩大销售时，他们更积极地投入了环保计划。

让高管了解如何通过环保眼光来看问题，能够帮助他们激发新思维，但是更大的目标是消除环保和商业战略之间的障碍。倡导运营经理和环保经理之间的交叉换位，以及推动跨领域的计划（正如我们在宜家、3M 和杜邦公司看到的）很有帮助。这些方法都可以让组织认识到环保是商业战略的重要部分。

言过其实

因为急于树立环保形象，有时候公司会在行动之前就做出许诺。非政府组织很快就会跳出来指责公司“漂绿”、伪环保，但是这有点过于武断了。“漂绿”的真正意思是当一家公司宣称自己做出了环保行动，而其实它心知肚明自己根本就没做。我们这里所谈到的失败是关于行动的，并不是意图。

在产品还没有完成之前就承诺自己的生产线能减少对环境的影

响，这就是言过其实。它通常是由环保孤立导致的另一种失败：市场营销人员走在现实之前，环保方面的人员也未能及时制止。这种现象在企业中常常发生。目光远大，执行能力却跟不上，这种情况在环保承诺方面会带来更大的风险。

解决方案：说到做到并且熟悉自身情况

避免言过其实最直接也是最显而易见的方法，就是践行你说过的每一句话。公开的许诺必须根植于真正能改善环保状况的产品设计或流程改变。对环境影响的无知是行不通的。现在公众越来越期望公司能够提供有力的数据来证实它的说法。

我们得到的启示是：小心说话，努力做事。建立能帮助自我检查环保承诺的机制，如3M公司的营销宣传委员会。但是也不能过于谨慎，把目标定得太低，这样等于一开始就接受了失败。改变市场的产品或生产流程的创新仍然是创造环保优势的一个基本途径。继续设定大胆的目标，并且采用“阿波罗13号”原则。对于这一类重要的问题，公司不能接受“办不到”这样的回答。但是，当你面对公众的时候，一定要知道自己在说什么。

出乎意料：小问题与意外结果

赫曼米勒位于密歇根霍兰市的一个叫作“温室”的工厂，是全球最环保的制造厂之一。整个建筑很高效、多产并且美观。虽然没有人认为工厂应该是个安静舒适的场所，但“温室”做到了这一点。工厂的外部设计也传达了环保理念，周围的湿地地貌丝毫未遭破坏，西部密歇根植物和草坪也都得以保留。

但是自然生态也会带来一些挑战。这个绿色工厂投入运行不久，员工们就开始抱怨停车场里有黄蜂。后来发现环绕工厂的野花吸引了大量害虫聚集。这只是一个小故事，但是告诉了我们一个道理——做出环保决定（在本例中是指原样保留工厂周边的自然景观）有时候会出现意外的后果。不过，这个故事有一个皆大欢喜而且听起来很环保的结局：公司发现引入蜜蜂为花朵授粉可以美化原野景观、赶走黄蜂，并且减少害虫的数量。

价值链和生命周期的效应往往出人意料。一个节水系统却需要用更多的电。重新设计一个产品以消除有毒化学物质却使产品的性能发生意外的改变。不要奇怪，要对意外情况做好准备。当你面对出乎意料的后果时，看看如何能把它转化为机遇。

解决方案：要跑之前先学会走

尽管环保思维能够带来持久且广泛的竞争优势，但是从较低的期望开始是有益的。为了提高环保战略的成功率，必须注意以下三个问题。

第一，跑之前先学会走。从预演测试计划开始。联合利华在承诺推广可持续发展农业之前，先是经营了一些试验农场，种植了一些试验作物，来尝试低耗水量和低农药的耕作方式。

第二，系统化认知。在一个新计划出台之前，事先分析整个生命周期的影响。当你要改动一个环节的时候，必须了解价值链的其他部分会因此发生什么变化。在生产过程中节省了能源，是不是导致消费者必须使用更多的能源？

第三，在预测潜在收获时要谨慎。联合利华的环保农场创造了很好的成效。但是在不同的农作物和不同的地理条件下，结果也不相同。所以，公司并没有宣称在任何产品和任何地域上都能收到这样的成效。

过分追求完美

这是关于美体小铺和麦当劳的故事。美体小铺从成立之初就立意与众不同。正如它在网站上自豪宣称的，该公司反对动物试验，也激发人的自尊、拥护人权、保护地球。早在1992年，它就首次发表了环保宣言《绿皮书》。那时候，企业界还很少有人发布如此热诚而公开的环保承诺。它在产品中淘汰PVC塑料的行动也比竞争对手早了好几年。

毫无疑问，美体小铺是一家环保公司。然而，有几年，它却不是最优秀的。在追求环保和社会责任的时候没有同时兼顾经济效益的做法使美体小铺无法持续获利。现在这一切已经发生变化，但是却经过了漫长而艰难的转变。

从根本上来讲，可持续发展有赖于长期的经济成功。要想使公司做出的任何环保承诺获得资金支持，这是唯一的方法。

麦当劳也有很深的环保渊源。15年来，公司一直在努力减少包装对环境的影响，一直在寻求减少环境足迹的方法。但是麦当劳同时也一直把公司赢利目标牢记于心。

举个例子。几年前，公司在欧洲尝试三种新的麦乐鸡包装：聚苯乙烯盒、纸盒和纸袋。对新包装的评估包括成本、环境影响，以及使用者体验中的三个主要方面——功能、外观和手感。聚苯乙烯盒在使用者体验方面非常优秀（它能使鸡肉保温）而且成本较低，但是就环保来说，它是最差的选择——这是很多国家的消费者所无法接受的。

纸袋是最环保的选择，但是消费者不喜欢，因为麦乐鸡很快会变凉，而且纸袋感觉也太薄。纸盒，介于两者之间，满足了消费者的需求，但使用了更多材料，对环境的影响更大。

在找不到完美答案的情况下，麦当劳其实还可以继续寻找成本低、功能好而又环保的完美包装方式。然而，麦当劳的包装团队决定屈就于不那么完美但是已经比原来的包装好的方案。最后公司使用了一种纸基蚌壳式包装盒，使用起来和纸盒一样好，但是比纸盒节约 30% 的原材料（见表 5）。

表 5　麦乐鸡的包装选择：几个主要标准方面的表现

包装选择	标准		
	用餐者体验	成本	环保
纸袋	◔	●	●
纸盒	●	◕	◔
聚苯乙烯盒	●	●	○
蚌壳式包装盒	◕	◕	◕

很好 ●　好 ◕　一般 ◑　不好 ◔　很差 ○

这是一个完美的解决方案吗？远远不是。蚌壳盒比纸袋使用的材料更多，成本更高。如果面对同样的选择，原来的美体小铺公司一定会继续寻找完美方案，或者选择最环保的方案，即纸袋。但是有时候近乎完美已经足够了。如果只关心环保的纯粹性而忽视了商业后果，没有哪家企业能够持续发展。

解决方案：准备并接受利弊权衡

完美无缺的解决方案是非常罕见的，潮流驾驭者对此非常了解。它们并不单纯追求双赢的答案，因为它们知道过于追求完美往往一事无成。像麦当劳这样的成功企业往往寻求确实有益于环境，同时又不增加其他方面负担的渐进式解决方案。有一点进步总比毫无进步要好。

赫曼米勒的管理者告诉我们："任何事情都需要进行利弊权衡。"这是从小的意外事件中引出的结论：利弊权衡是常态，而不是例外。没有哪家公司可以把握所有机会，有时候追求环保的代价非常高，但局部的成功往往是可以获得的。广泛地审视每一个战略决策的成本和收益、在价值链上下游的影响、短期和长期的影响、实际利润的得失、无形价值的效果，有时候新的选择就会出现。正如天木蓝的特里·凯洛格所说的，"通常，利弊权衡并非商业上获益与否的问题，而是长期效益还是短期效益的问题"。

罗能纺织公司失败了吗

我们的研究表明，瑞士的纺织品企业罗能纺织公司在可持续发展公司的任何排名中都应该名列前茅。它的产品不含毒素，可生物降解，而且它的尖端生产技术产生的各种污染，如污水、废气和噪声都很少。但是从罗能开始生产世界上最环保的纺织品以后的数年来，公司从未取得重大的成功。罗能从未主宰过纺织品市场。有毒染料仍然是纺织业的常态。实际上，罗能的定价过于昂贵，这使它的规模始终很小。那么，罗能失败了吗？

答案因人而异。罗能纺织公司取得了突破创新，但发现环保织品的市场很有限。虽然公司并没有取得大规模的增长，但罗能还是有利可图的，而且它为消费者、员工、社会和地球尽了一己之力。

这种“只做能够做到的”策略看起来似乎与我们前面讨论过的“阿波罗 13 号”原则（没有“失败”这个选项）相冲突，其实不然。麦当劳不会接受一种听起来环保，但是成本太高或消费者不喜欢的包装。从这个角度来讲，它的领导团体确实遵循了“阿波罗 13 号”原则。为了达到品牌质量与环保目标，它接受一定幅度的成本增加，这虽然不完美，但也是个好的结果。

惰 性

企业文化和传统的做事方式能确保公司的稳定、优异、对质量的关注，以及其他美德。但是这些正面属性也可能导致企业出现惰性，以致很难把环保考虑纳入公司战略。正如新象集团的斯蒂芬·斯密德亨尼所说的：

> 在 1992 年的地球峰会之后……对于带领我的新公司朝可持续、环保高效的方向发展，我感到很兴奋，所以在一次高层经理会议上我对大家说明了这一切。他们都很支持，并且也很兴奋。当然，后来什么都没有发生。按照那些挖苦者的定义，地球上最强大的力量就是惯性，当然这并不是个物理学概念，而是因为“人类拒绝改变”。

环保计划往往要求大家走出自己的舒适地带。或许设计师从未被要求将环境影响最小化，工程师也从未被要求优化流程以减少废品，而不是控制成本。如果缺乏有力的推动，人们很难改用新的方式思考。

解决方案：兼顾大小愿景

战胜惰性需要分两步走。让我们听斯密德亨尼继续说下去："这并不是我的下属的错。作为一个领导者，我几乎没有做出任何促进改变的事，除了描述愿景。然而这只是第一步……然后，领导者必须把这个大的愿景细分成适合操作的小目标、行动计划，以及可衡量的结果。"

愿景很重要。一年后，公司想要变成什么样？十年后呢？公司需要达到怎样的环保目标？不过，任何愿景都必须分解成可以操作的具体步骤。如果目标是把温室气体的排放量降低 30%，我们应该从哪里做起？也许是对核心产品生命周期的评估或者是检查整个生产流程找出排放的源头。在第十一章，我们将列出一个短期、中期和长期的实战计划，开发广泛而有效的环保战略。

忽视利益相关方

1968 年，地质学家在威斯康星州的弗兰博发现了一座金矿（真正的金矿，还有铜、银等伴生矿）。力拓公司的一个下属企业立刻抓住这个机会，开始在 1993 年挖掘这些贵金属。这中间的 20 多年发生了什么事情？原来，公司一直都没有拿到采矿许可证。它把与执法机构、金矿所在地和其他利益相关方的关系搞糟了。

矿区原本的设计是 20 世纪 70 年代的标准形态：一个开放式的矿坑，有一个存放有毒废料（也就是所谓的矿渣）的区域。开矿结束之后，力拓公司会在开放的矿坑中注水，制造一个人工湖。正如力拓公司的高管戴夫·理查兹回忆这件事时所说的，“当地几乎对各方面都持反对态度”。对问题深究不舍的反对派可以使这一类项目拖延很久。最后，公司改变了策略，加入了一系列更加体贴的行动计划，包括缩小矿区规模，把矿区改建成游乐场，并跟踪监视 40 年植物和地下水的情况。开采工作在 20 世纪 90 年代展开，矿区的复原计划正在开始实行。

这一切现在看起来是理所当然的，但是我们必须重申，利益相关方是非常重要的。力拓公司碰到的问题并不是唯一的。正如我们之前讨论过的，加拿大铝业公司由于误解当地以及环保社团的反对，在修建了一半的隧道上损失了 5 亿美元的沉没成本。远近闻名的壳牌试图将布兰特斯帕海上石油钻井平台沉入海底的事件，是一个更典型的例子。

公司，尤其是跨国公司，需要取得企业所在地、员工、执法机构和其他利益相关方的认可才能成长，甚至才能生存。没有得到认可，或者我们所称的“让运营执照过期”，将会导致与一系列利益相关方有关的麻烦。星巴克在推行“受青睐供应商”以推进咖啡种植园的保护计划中就遇到了麻烦。因为最开始它的说明含糊不清，而且没有考虑小农场主的利益。在收到各利益相关方的反馈之后，星巴克开发了弹性指导原则和最佳范例，将其收录在一本长达 100 页的说明手册中。

如果没有得到整个供应链（甚至供应链外部）的认可，公司不能自行其是或者推出新产品。这是一个彼此关联、互相依赖的世界，一意孤行注定会失败。

解决方案：列出利益相关方并让他们参与进来

了解企业的利益相关方是非常重要的。正如我们在第三章中谈到的，首先要列出哪些人群关注特定问题，然后发展与非政府组织和其他团体的关系，这样才不至于在危机发生的时候临时抱佛脚。即使是面对最苛刻的批评者，也不要害怕坐下来和他们讨论问题。与他们建立联系，并了解他们所关心的问题是非常有益的。

方法很简单：倾听外界的观点。不过必须提出两点说明。第一，你不可能满足所有的利益相关方。有时候非政府组织的考虑会有偏颇，所以不要不好意思拒绝。当绿色和平组织对制鞋业施压，要求减少 PVC 的使用时，天木蓝公司对它的压制提出了质疑。这家公司已经开始逐步淘汰 PVC 在鞋子上的使用，更不用说对于 PVC 的使用来说，制鞋业其实只占很小的部分。所以天木蓝拒绝接受它的威胁。公司的高管质问绿色和平组织，既然建筑业使用的 PVC 要多得多，为什么它要把所有精力放到一家制鞋公司呢？难道它不应该分出一点精力关注一下建筑业吗？

从绿色和平组织的角度来说，制鞋业是面向大众的产业，但是建筑业则不是。正如天木蓝的特里 · 凯洛格回忆的，“它把矛头指向我们这个行业，是因为要引起公众对这个问题的注意……这一招真的奏效了”。但是如果有足够的理由，公司应该予以反驳。诚然，非政府组织的知识面很广泛，但是如果你对自己的生命周期比它们了解得更多——当然应该这样——它们也会愿意聆听。对真正的环保问题做出回应，大多数非政府组织都会了解、欣赏，甚至很可能公开地支持你。

第二，不要过于关注利益相关方的感受而忘记了真正的问题。获得认可和沟通并不是问题的全部。壳牌就是因为太在乎利益相关方，有时候反而受害。在壳牌南非的炼油厂“大幅”瞒报有害气体排放事件之后，公司一开始就把精力放在了炼油厂所在地和沟通失败上。这些问题确实存在而且很重要，但是真正的排放问题是不是更重要呢？是的，有时候感觉就是事实，但是有时候事实才更重要。

错上加错

有些公司似乎已经遗忘20世纪80年代强生泰诺恐慌事件带来的教训。当7人因服用带有毒性的药片死亡之后，公司立刻召回了上百万瓶药品，承担了这一责任。一直到开发出“防篡改”包装之前，它都拒绝让泰诺重新上架。与此相反，埃克森美孚石油为瓦尔迪兹号漏油事件在法庭上抗争了20多年。与之类似，1999年，当一艘法国石油公司的油轮沉没时，公司把公共关系处理得很糟糕。正如一家工业贸易杂志所说的，“事件刚刚发生时，道达尔菲纳埃尔夫公司似乎觉得自己不需要承担什么责任。事件发生6个月之后，公司才通过电视试图告诉人们它做了什么事。结果反响很糟糕……法国公众对它的坏印象已经形成”。即便开始还不清楚是谁的错，但是等待很久再道歉，可能比没有错却道歉要糟糕得多。

不告知实情

一家著名的公司发布了一个关于新环保政策的公开宣言，其中还包括一个大胆的主张，说从今以后，所有的员工都可以通过不同的方式做出决策。但是当我们发电子邮件给一位在该公司工作的朋友，询问她这项新政策对她的工作有什么影响时，她回答说：“我还是第一次听说这件事。”哦，天哪！

忘记告诉自己的内部员工，这是一种失败吗？没错。如果自己做了好事却忘了对公众说明呢？是的，是个较轻的错误，但是也会丧失机会。正如谚语，“树木倒在森林中”，如果你的创新计划无人知晓，它能达到多大的成效呢？环保优势来自行动，以及通过行动获得的信誉。

解决方案：说明情况和环保营销

公司需要告诉员工现在正在做什么，了解情况的员工可以找出更多建立环保优势的机会，而且他们能够启发客户。对外界进行环保营销也有一定作用，而且是很重要的工具。如果一项环保行动很有意义并且能为环境带来利益，那么你就应该让内部和外部的人都了解这件事。

很多公司告诉我们，它们不愿意公布一些事情，因为担心会带来更多的问题。还记得李维斯公司的故事吗？它悄悄地把 2% 的原材料换成了有机棉，但没有对外公布。它担心公众会对其他 98% 的原材料提出质疑。在某些情况下，这种担心不无道理，我们也再三告诫过一定要避免做出自己无法支持的承诺。但是公司要充分利用明显成功的案例。这也是我们激发士气和动力，以保持长期环保优势的方法。

环保优势的关键

没有什么策略能够保证一定有效。很多环保创新计划，无论设计和预测得多么好，都有可能遭到失败。但是如果注意我们下面重点强调的种种易犯的错误，可能会使成功最大化。我们把这 13 种错误罗列出来，并给出环保工具箱中建议的解决方案。

失败	解决方案与工具
1. 只见树木，不见森林	了解自身问题（AUDIO、生命周期评估） 数据和评估标准 合作和外部看法
2. 错误估计市场形势	锁定目标进行评估
3. 期望过高的价格	把环保属性作为产品的第三个卖点
4. 误解消费者需求	了解消费者的局限性与驱动因素
5. 中层经理承受压力	首席执行官的投入与引导 激励 参与和培训
6. 孤立思维	价值链思维 生命周期评估 环保设计
7. 环保孤立	高管层广泛的投入 运营层面的主人翁责任感 环保经理和运营经理的交叉换位
8. 言过其实	数据与验证 内部和外部目标
9. 出乎意料：小问题与意外结果	价值链思维 计划预演 保守评估效益 幽默感
10. 过分追求完美	预期并接受利弊权衡 眼光放远
11. 惰性	愿景 分段执行

（续表）

失败	解决方案与工具
12. 忽视利益相关方	列出利益相关方 合作 知道感觉就是事实
13. 不告知实情	让内部与外界都知道实情 培训

第十一章

落实到行动

如果不落实到行动，所有的操作策略、环保思维甚至创建环保优势的工具都是没有意义的。很多公司都制定了一定的环保战略，但是在把环保思维转化为商业行动上并不系统。

没有哪两家公司的情况是完全相同的，每一家公司都必须独立策划自己的环保优势之路。然而，我们发现，如果先做好一些事情，公司前进的步子可以迈得更大些。在这一章，我们会列出一个执行计划并建议一个行动方案。简略地说，其程序大致如下。

- 短期：了解自己的现状，并推动试验计划。
- 中期：跟踪绩效并建立环保优势企业文化。
- 长期：让环保思维深植于企业的经营策略。

短期行动：急需解决的问题是什么

要想把公司的环保战略提升到一个新高度，必须首先弄清企业现在的状况和需要解决的问题。

重大问题

如今的企业高管们必须应对多种多样的竞争问题。全球化、互联网的普及、外包、成本压力、随时随地都会有竞争——企业面对的问题越来越多，管理者的任期却越来越短。环保领域需要处理的问题也在日益增加。在第二章和第三章，我们列出了可能会对公司的命运产生重大影响的10个重大环境问题和20个利益相关方，这两个清单一直都有增无减。经理人如果不努力了解这些问题和利益相关方，他们很快就会不知所措。他们知道自己需要处理的问题太多，但却不知道哪些是急需解决的重大问题。

所以短期的议程是解决焦点应该放在哪里的问题。在最开始我们建议进行以下三种分析。

- 环保问题是如何影响公司业务的。
- 利益相关方认为公司在环保方面的表现如何。
- 公司是否有足够的能力应对环保挑战。

1. AUDIO 分析：找到问题

为了找到环保之路，必须先了解自身的现状。让我们重温一下第二章讨论过的 AUDIO 工具。

表6列出了主要的环保问题和5种研究的方向——状况、上游、下游、问题和机会。AUDIO 工具帮助企业“倾听”业务，并了解在价值链上下游必须管理的风险。正如传统的 SWOT[①] 分析一样，AUDIO 是一个发现潜在风险和潜在收益的工具。但是 AUDIO 分析增加了对整

① SWOT：强项（strength）、弱项（weaknesses）、机会（opportunities）和威胁（threats）。

个价值链的审视，这是对基础工具的一个明显改良。

表 6　AUDIO 框架

挑战	状况	上游	下游	问题	机会
1. 气候变化					
2. 能源					
3. 水					
4. 生物多样性					
5. 化学物质、有毒物质、重金属					
6. 空气污染					
7. 废弃物处理					
8. 臭氧层破损					
9. 海洋和渔业					
10. 森林砍伐					
11. 其他问题（行业特别问题）					

进行这项分析，需要抓住主要矛盾并快速开始行动。首先从公司各部门抽出人员组成一个小组，一起描绘公司的环境问题概况。从公司内部的环保负责人开始，同时还要包括来自运营、设计、营销、采购以及客服等各个部门的代表。尝试在一两个小时之内完成 AUDIO 表格。不要过于担心疏漏和错误，有根据的猜测也是允许的。

首先，公司需要自问，这些问题的哪些方面影响了公司的运作。我们排放温室气体吗？消耗能源过大吗？产品中需要使用濒危动植物吗？需要占用大量土地吗？然后，更加深入一些：哪条生产线含有有毒物质？哪些部门的环保问题尤其严重？等等。

其次，对于公司运营的上游询问同样的环保问题。你的供应商消耗大量的水吗？他们从上一级供应商那里主要购买什么材料，哪些环境问题会对这类材料产生压力？一直搜索到你能够达到的价值链最上游。然后审视下游，对消费者产品使用情况和产品生命周期的末端提出问题。你的产品是否很消耗能源？它会不会制造污染？消费者用完你的产品之后如何处理它？

再次，寻找你需要改进的弱点。回顾在现状、上游、下游这几部分中列出的所有条目，并自问哪些项目会给你的公司带来特别的难题和挑战。某些设备和产品是否需要稳定的水源供应？干旱会如何影响这些业务或者供应商的业务？某些业务是否对能源有很高的需求？如果法规为温室气体排放设定上限，政府开始征收碳排放税或者设立交易系统，这将会对公司的成本产生什么影响？在你的产品或生产流程中有没有使用有毒物质？如果这些物质被地方或中央政府禁止使用，会对公司产生何种影响？自问这一类问题，可以让公司免受意外伤害——有备无患。

最后，对这些压力可能会带来的机遇进行头脑风暴。你是不是市场上最节能的制造商？对温室气体排放的控制会不会给你带来机遇？你能帮助消费者处理他们面对的问题吗？记住，每一个问题与挑战都会为一些人带来机遇。在破坏臭氧层的氟利昂被禁之后，杜邦因销售氟利昂的替代品而获利。冠军纸业支持保护濒危动物斑点猫头鹰，因为它知道竞争对手因为这项保护行动需要退还的林地比它还要多。

AUDIO 并不是一个一次性的工具。公司必须定期重新检查需要密切关注的环保问题。环保问题会发生变化，那么随着问题的变化，你需要重新思考它给公司业务带来的问题。每次进行这项分析的时候，你都有可能找到新的问题或者在旧问题中找到新的情况。在某些领域中，AUDIO 发现的问题会比答案更多。如果发生了这种情况，可以再引入类似生命周期评估等具体工具。在整个价值链上审视你的主要产品，可以凸显新问题或者确认 AUDIO 分析中得到的主要论点。无论是哪一种情况，都会使你的分析更深入。

从本质上来讲，AUDIO、生命周期评估以及其他所有评估形势的工具都能帮助你建立环保优势思维。它们帮助管理者用环保视角来审视自己的工作，提高对挑战和机会两方面的敏感性。在“生产者责任延伸”的世界里，它们使公司跳出自己狭隘的圈子，把目光投向可能会产生问题和机会的价值链的上下游，使用这些工具使自己的思考得到延伸，跨越时间和界限，并超越一般的投资回报思考。

2. 检视利益相关方：外界人士如何看待公司的主要环境问题

了解实情是很好的，但是正如我们提到过的，感觉也同样非常重要。如果不考虑利益相关方的担忧，哪怕是做了所有的 AUDIO 分析和生命周期评估，你也很难抓住要点。

一些环境优先事项取决于你所在行业或公司的污染影响和对自然资源的使用，其他优先事项则取决于社会的利益和关注点。例如，即使你所在的公司不是温室气体的主要排放者，也需要对气候变化加以关注，因为这是全社会关注的焦点。

你面对的主要利益相关方是谁？找出他们是非常重要的第一步。所以我们建议画一张利益相关方图表，它将帮助你追踪：

- **规则制定者与监督者：**非政府组织、原告律师、监管部门及政客。
- **提出创意者与意见领袖：**媒体、智库、学术机构。
- **商业伙伴与竞争对手：**行业协会、B2B 买家、竞争对手、供应商。
- **消费者与企业所在地：**首席执行官和管理高层、消费者、“我们的未来”（孩子们）、企业所在地、员工。
- **投资者与风险评估者：**股东、证券分析师、资本市场、保险业者、银行。

首先，针对以上几类人，列出你目前面对的利益相关方，或者你未来可能会联系到的相关方，但是也要努力搜寻现在还没有在你的考虑范围之内的群体。接着按照这些关系的重要程度排列优先顺序。哪些群体在当今有最大的影响？哪些会在未来崛起？然后再提出以下几个重要问题：我们花了多大力气去了解这些重要的群体？这些群体里有没有哪些我们需要结识的关键人物？对于他们可能会关心的问题，我们是否已经做好准备？

其次，一定要处理好紧急问题和重要问题之间的矛盾。人们很容易对紧急的问题提起注意，但是由于对紧急问题的关注，你可能会忽视一些重要的利益相关方，如果你对他们缺乏重视，很可能会遭到突然袭击。例如，银行看起来似乎并不重要，但是等到它们由于环境考虑或责任而拒绝为你的项目提供贷款的时候，你就不会这么认为了。同样，要警惕惰性。公司与某个环保团体有关系并不意味着它们就是适合合作的非政府组织。

为了帮助大家避免这类问题，我们开发了一个工具，帮助大家为利益相关方的优先级排序（见图16）。在这个例子里，我们为一个虚拟的企业画出了利益相关方图示。首先，把利益相关方根据两个维度排序：（1）他们对公司和行业的威力和影响力，由弱到强；（2）在了解这些群体和维持与他们的关系方面，你有多少投入，也就是关注程度，由低到高。

短期行动的重点应该放在系统的分析上。在环保问题上，弄清楚谁和什么问题是你需要考虑的。最开始可以先进行差距分析——了解你不了解的事。

然后把这些群体分为4类。右上方是具有影响力同时也受到关注的群体，左下方则相反：他们的威力不大，也没有得到很多注意。这两组相关方都得到了正确的对待。另外两组是很重要的。左上方是那些渐渐变得更强势或者之前被低估的群体，他们需要比现在更多的注意。右下方的群体则被高估了，他们可能会消耗你本应花在更重要的关系上的时间和资源。

这类图示并不能为所有公司描绘完整的市场情况，但是它可以帮助你构建一个大致的印象：哪些群体关系是最紧急的，哪些是重要的，哪些可以放到不那么重要的位置。

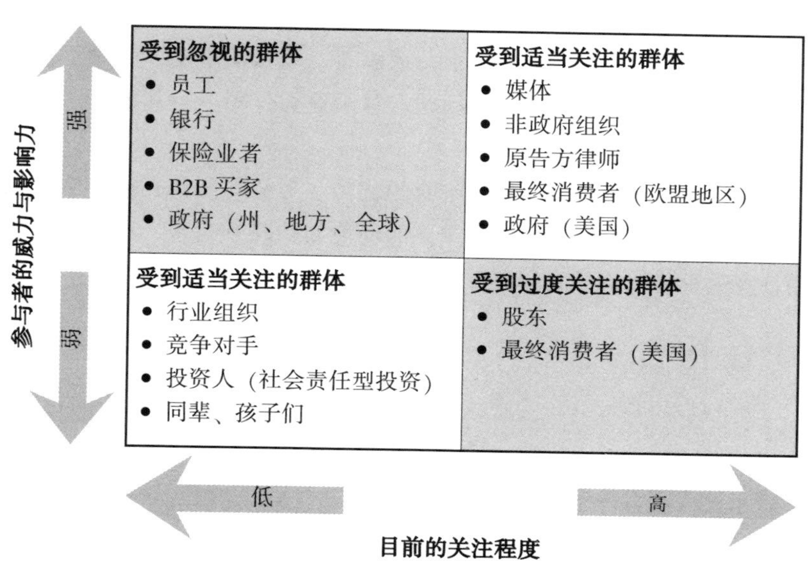

图16　利益相关方的影响力

3. 核心能力评估：我们该如何改善公司的环保形象？我们最有能力处理的问题是哪些？

当诸多环保问题都在争夺公司的注意力时，公司如何才能避免陷入千头万绪之中？通过关注那些最重要的问题，决定公司的哪些能力可以发挥作用。例如，丰田公司以其技术优势为基础，强调了对于省油车的设计。而且，丰田一直把成为全世界最“精益”的公司作为首要任务。以“丰田模式”追求卓越，就自然而然地产生了环保效益，而不必再推出任何特别的环保制造计划。

我们并不是说公司不需要解决正常业务之外的问题，但是公司应该发挥自己的优势，用更聪明的方式解决。如果一个问题不太相关，但是仍然很重要，就需要看合作者的情况。“纸品工作组”的所有成员都采购很多纸张。对于时代和史泰博这类公司，纸张政策是一个真正的业务风险。如果与其他公司合作，它们有可能改变市场运作。对于团体的其他成员，例如美国银行或惠普，纸张很重要，但对于核心业务来说，却并不是最重要的问题。对于这类公司，与其他公司合作可以节省很多时间与资源。

关键在于，了解自己做出改变的优势、劣势和所需资源，然后把你的自我评估与企业面临的最重要的环境问题联系起来，这样才能知道你在哪里能取得最大的成效。

第一步行动

第一步的基本分析完成之后，紧跟着必须快速采取明确的行动。列出公司的行动要点以取得动力是很重要的。我们建议采取以下三个步骤来使大家专注于成功的实施。

1. 首席执行官宣言

那些从来没有环保思维的公司，甚至一些有环保记录的公司也是如此，需要一个来自老板的宣言，表明公司将致力于环保价值和目标。这种早期的宣言可以为公司播下环保文化的种子，并将在中期和长期行动过程中开花结果。

在全公司传达这一信息也很重要。这个过程通常从首席执行官与高层经理们的座谈开始。成功地传播通常需要一个面向所有员工的更广泛的宣言，展示环保愿景并列出具体目标。面向公众的宣言需要等到真正的行动已经进入中期或者长期阶段的时候才能做出。如果公司把这一顺序颠倒过来，可能会使自己陷入麻烦。

2. 制订优先行动计划

如果到目前为止，你一直遵循我们的行动计划，你就知道对公司影响最大的环保问题是什么，外界对公司的环保形象是如何认识的，以及你的内部优势和劣势是什么。现在应该开始策划短期行动计划，根据公司的环保能力，应对最迫切的问题以及弥补关键性的落差。对于这个阶段制定一个不超过6个月的行动时间表，将有助于使全公司立即行动起来。

3. 项目试验

2004年，花旗集团和美国环保协会合作，推出了一个为期5周的试验，内容是有关某些新的纸品规范。在一小部分办公室里，公司为打印机采购30%的回收纸并且把双面打印设为标准。仅仅这项试验就节约了10吨纸张、10万美元，因为减少生产这些纸所需能源还减少了28吨温室气体。这类数据使环保计划更容易在整个组织中推广。

试验项目同时也为服务行业进入环保领域提供了一个很好的途径。对于它们来说，控制污染和管理自然资源等问题似乎非常遥远。但是一个设计精良的试验计划有助于凸显公司与环保挑战的联系，使人们领会环保优势精神。

我们看到很多公司在不同的规模上做了行动试验。像花旗集团的回收纸项目，这种小的创新很容易取得初步的成功。中期投资计划适用于检查需要较大财务投资的项目。比如，宜家和沃尔玛都设立了环保示范店来测试节能技术。有些试验项目可能需要数年时间。联合利华在世界各地都建立了试验农场，来种植主要的农产品，如豌豆、棕榈、西红柿等，以测试对环境影响比较小的耕作方式，结果非常鼓舞人心。一些农场在减少90%的农药使用和70%的用水量之后仍然使产量加倍。有了这些实践经验之后，联合利华就可以精确估算所需的投资和预期的回报，为更广泛地推广这一计划奠定了基础。

中期行动：植入环保优势思维

短期行动主要是了解环保风险和机遇，中期日程则是让你运用已经了解到的事实，在此基础上采取行动。在这个阶段，公司要植入环保思维，利用环保追踪工具，建立环保优势文化。还记得吉姆·柯林斯在《从优秀到卓越》一书中关于飞轮的描述吗？这个阶段就是公司开始用力推动并且开始获得动量的时候。公司在这一阶段应制定环保战略，使寻找环保优势机遇成为日常经营中更自然的一部分。

在这个关键的中期阶段，具体实施需要侧重以下5个方面：环保跟踪和管理系统、员工的投入和责任感、外部沟通、内部沟通和教育、及时了解最新动态。

1. 环保跟踪和管理系统

一旦你把环保作为工作重点之一，环保追踪和进度评估，以及开发一个好的环保管理系统，就变得很重要了。最开始必须遵循所有相关的法令。回想一下通用电气公司的PowerSuite，它跟踪全公司的所有风险问题，或是按照地区、国家、部门、工厂，甚至生产线来跟踪。确定要遵循的监管要求，然后度量自己对环境的影响，例如，温室气体排放、空气污染、水资源利用、产生的废弃物。最后，加入符合企业文化的指标，以提供基准并提高绩效。杜邦的“每磅产品的战略性附加价值”帮助该公司致力于用更少的资源创造更高的价值。

中期计划也是开始收集与供应商绩效有关的资料和为主要产品建立原材料数据库的好时机。大多数公司都知道，建立有效的大型数据库可能需要几年，而不是几个月，而且通常会超出预算，所以开始得越早越好。

以数据驱动的环保管理已经成为常规模式。使用指标和信息技术的公司在战略上比竞争对手领先一步。它们知道生命周期的真正影响在哪里，它们的优势和劣势是什么，在哪里能找到机会帮助消费者。好的数据为创造环保优势奠定了基础。

2. 投入和责任感

当我们估算一家公司在培养环保优势思维方面的进度时，我们要看的首要问题就是责任问题。公司上上下下的管理者们感到对环保目标负有责任吗？他们的环保绩效会不会影响他们的薪水？奖金和绩效评估系统会不会在某种形式上反映环保思维？正如我们在前面提到的，很多潮流驾驭者把员工的薪水和环保方面的关键绩效指标（KPI）紧密地联系起来，多达经理人奖金的25%可以靠这些关键绩效指标来决定。确切数字并不是最关键的，只要占一个明显的比例就可以。一些顶尖公司发现它们的企业文化在环保方面已经非常投入，不需要把环保绩效作为金钱奖励系统的一部分。即使在这种情况下，工作评估和职业发展也需要反映公司的价值观——只有做到了才能升职。

潮流驾驭者采用激励办法来推进环保战略。他们把环保因素加入职位描述、常规绩效评估、奖金和奖项中。

---

3. 外部沟通

定期与外部顾问和批评者沟通可以使一家公司掌握环保发展的最新情况。专家会提醒你关注一些变得日益重要，或者需要在 AUDIO 分析中提起更多注意的问题。与企业外部接触，可以让你在遭到强烈抗议或网络恶意攻击之前了解外界的不满。

非政府组织的联系和独立观点对你的帮助并不仅仅是控制潜在风险。它们可以让公司把自己的绩效与外界相对照，找到构建环保优势的机会，对环保问题提出有创意的解决办法。应考虑成立一个环保或可持续发展（或责任人或企业社会责任）顾问委员会。当可口可乐因印度的水资源利用和奥运会冷却剂问题被卷入一系列引人注目的环保风波时，丹尼尔就帮助当时的首席执行官道·达夫特为其公司成立了这样的委员会。委员会中包括能源专家埃默里·洛文斯、环保设计专家比尔·麦克多诺，以及来自各大洲的其他专家。这些成员每年召开两次会议，回顾并讨论可口可乐的环保绩效，并帮助公司检查可能出现的问题和关注点。

向外界学习可以帮助企业获得更多点子，但是公司同样需要向外界传达信息。环保报告或者企业社会责任报告是其中的一步。对于大公司来说，这样的报告非常重要，但即使是对小型或中型公司来说，试着出一份报告也会帮助企业集中注意力、凸显问题，并找到建立环保优势的机会。报告必须包括长期的关键指标，用绝对值和相对值两种形式表示。如果公司能提供网络版报告，就不需要印刷出来，网络版的好处就是能够时时更新。

最后，与某个重要的利益相关方保持定期沟通是非常重要的。戴尔公司现在每季度都要与社会责任投资团体中的关键人物会晤。董事长迈克尔·戴尔或首席执行官凯文·罗林斯每年至少会亲自参加一次会议。这些会议的形式就像上市公司为分析师召开的季度会议。与此类似，美国东北公用事业公司设立了一年一度的“非政府组织日”，邀请主要的环保组织和社会团体共进午餐，进行会谈。

4. 内部沟通和教育

在我们所列出的20类利益相关方中，最重要的可能就是员工。他们能够创造或者毁掉的不仅仅是环保计划，还有公司的未来。他们需要激励、信息及正确的工具才能发挥作用。大多数潮流驾驭者在知识管理方面都做得很好。不管是在公司内部网上宣传来自世界各地的工厂的环保收益案例，还是通过更为正规的为期数天的培训课程，他们都会向全公司宣传最佳的环保实践。像3M或美国西北电力等公司还用一种特殊的“艰难抉择”课程，来帮助中层经理应对他们面临的压力。

与公司内部的某些特定群体所做的专门沟通也会非常有效。在数年的失败经历之后，戴尔近几年开始加强与利益相关方的联系，在短时间内从毫无成效一跃成为世界领先。高层管理者发现，公司所面临的挑战中一部分源于公司员工对外界利益相关方缺乏认识。他们的解决办法是，每季度向内部部门和外界组织发送报告，描述不同利益相关方的目标、活动和策略。戴尔相信，广泛传播这些知识将会帮助员工时时想到利益相关方的需求，从而做出更好的商业抉择。

别忘了鼓励员工阅读你的环保和社会责任报告。员工乐于看到公司做正确的事，也希望看到公司对失败的坦诚看法。也可以考虑一下像沃尔玛所做的那样，通过让员工追求自己的可持续发展目标来激励员工，让员工为自己的公司感到自豪，以激发他们的工作热情与士气。

5. 及时了解最新动态

壳牌的前景小组可能是企业高瞻远瞩的最著名的例子。这些人思考大问题，询问另外一种未来的可能性，描绘出氢经济和地缘政治恶化情况下的未来图景。很少有公司需要这么大规模的团队和如此广泛的着眼点，但大多数公司都能够从了解最新动态中受益。

至少，公司应该定期召集各个部门的人一起设想宏观图景。尤其是在海外工作的经理们，往往能够了解全球市场上可能发生的监管和其他趋势的变化。市场营销经理可能会发现消费者偏好的改变，采购经理可能会对供应商的状况比较了解。所有这些重要的信息必须有人负责整合在一起，否则就是毫无用处的。

浏览最新动态的时候，应该解决所有 AUDIO 分析中凸显的问题，同时也要考虑长期的压力和市场互动情况。AUDIO 特别关注的是那些直接影响公司及其价值链的问题，了解最新动态的分析则是寻找可能改变整个行业或者重塑市场的商业驱动因素、趋势和进展。

你要寻求的是新问题的预先警示，并大致预估这些变化可能对公司的市场、财务地位和资产的影响。气候变化对公司的竞争地位会有什么影响？我们对这个问题是起了负面作用，还是我们是潜在的问题解决者？

1996 年，矿业巨头力拓召开了第一次关于商业驱动因素的计划会议（此后它又多次召开这种会议）。正如戴夫 · 理查兹所说，“如果我们忽视这些问题，它们可能给公司带来伤害，但如果我们管理好，它们就会成为我们的朋友”。这个小组找出了一系列可能限制公司发展的日渐重要的问题，包括水、人权和生物多样性，并开展对土地影响较小的采矿方式。

浏览最新动态也可能会给公司带来意想不到的发现。还记得麦当劳的汞电池案例吗？第一次有人在会议中提到汞电池是一个潜在的问题时，对于一个以巨无霸闻名的公司来说可能有点奇怪。但是，这种长期的考虑帮助麦当劳避开了一次公共关系的噩梦。再比如，戴尔的高层管理者曾因为一个激进的非政府组织对于电子垃圾的强烈抗议而焦头烂额。他们发誓再也不让类似的事情发生。于是他们开始研究看起来不太重要的环境问题，例如公司产品中所使用的贵金属在开采过程对于环境的影响。

在浏览最新动态的时候，要注意那些看起来越来越重要的公众问题，哪怕这些问题与你的业务并不直接相关。跟踪并不直接相关的问题可以帮助公司找到正在凸显出来的商业驱动因素。对如何应对这些趋势进行头脑风暴，可以激发出关于削减成本、降低风险、推出新产品或服务、提高无形价值的创新思维。

长期行动：把环保作为企业战略的核心要素之一

当环保优势思维在企业中稳固下来的时候，遵循以下三步可以使公司的思维达到一个新的层次：（1）供应链检查；（2）重新思考产品并重新检视市场；（3）与关键的外部利益相关方建立合作关系。这三个步骤会使环保考量深植于商业战略，并长期保持环保优势。

1. 供应链检查

很多大公司会因环保和社会问题而重新审查价值链，或者说它们是这么宣称的。对于很多公司来说，“检查”只是例行公事地让供应商出具一些文件，只问些基本问题，通常都局限于供应商是否符合监管要求。是的，从供应链上确认所有人都符合监管要求是件很好的事，但是仅仅关注守法与否，在现今已经不够了——当然，更不可能为企业带来环保优势。

正如我们在第七章提到的，宜家有世界上最完备的供应商检查程序。公司投入数十名员工和数百万美元，深入供应链，仔细地核查与环保和社会表现有关的问题。对于宜家来说，IWAY 项目不仅能够提醒公司那些威胁品牌的风险，同时也能使经理们对业务有更多的了解。

检查供应链是一项困难的任务。除非你在市场上有真正的威力，否则很难得到所有你想要的信息。但是因为大家已经开始对这方面越来越重视，小公司也有机会跟在大公司后面享受成果。例如，如果一家公司从一个符合 IWAY 标准的供应商那里采购，那么可以保证这个供应商是被彻底检查过的。

2. 重新思考产品并重新检视市场

从长期来看，要想在一个计较成本的世界里生存，努力提高运营的环保收益是成功的关键。要致力于提高环保收益，几乎不可避免地要询问关于市场、产品和服务的最基本的问题。如果我们在环保状况和监管要求改变的情况下取得先机，我们能够席卷市场吗？我们能够开发突破性产品，以减轻消费者的环保负担或争取到新的环保消费者群体吗？我们可以全部重新考虑日常运营方式，从而提高原材料成产率、削减成本吗？这些问题的答案就是建立环保优势的基础。

但是，我们必须面对一点——真正能让首席执行官和股东高兴的是销量的增长。带有环保特性的新产品可以吸引消费者的注意力，从而使销量提高。潮流驾驭者认识到，如果你很好地将环保意识和好的设计结合在一起，你就能把绿色变成黄金。

在这种精神的指导下，英特尔的创新战略就是把设计师和环保专家放在一起。宜家的例子则更加现实，它开发了一个简称为“eWheel”图表，把产品的生命周期分为 4 个阶段——原材料、制造、使用、报废。宜家的产品设计师针对这 4 个阶段列出了 25 个关键问题，例如，我是不是尽量少地使用了胶水和油漆？我们可以用 IWAY

系统中评价最高的供应商所提供的原料来完成这一产品吗？这个产品容易分解吗？与此类似，赫曼米勒以其简单的“红黄绿”系统，引导设计师设计出更加环保的产品。他们根据所选择的原材料，给每件产品打一个总分，越是环保的原材料得分越高，给设计师们提供了一个参照的目标。

越过重新设计，从重新构思开始，可能更激动人心。3M 著名的“花 15% 的时间做你自己想做的”规则就是这类有助益的指导方针。谷歌也仿效了这一战术，让员工把 10% 的时间投入“不相干”的项目和天马行空的点子上，这显然对他们很有效。给员工一些开放的空间来重新思考公司、行业甚至整个世界的运作，是打破疆界、激励员工士气的一个绝好方式。建立一个激励创新的企业文化需要花一些时间，但很值得。

3. 利益相关方的管理与合作

不止一个潮流驾驭者告诉我们，它们最开始对非政府组织和其他外界团体持轻蔑或者防卫的态度。然而，一旦它们开始与利益相关方接触，就会发现，从他人的视角看待自己的公司是大有裨益的。与非政府组织、社团和其他组织的合作增进了相互理解并提供了有益的反馈和学习机制。

尽管在绿色浪潮席卷的世界有各种各样的参与者，但政府始终是一个影响市场状况和制定游戏规则的强大力量。不过官员所扮演的角色也在发生改变，聪明的公司正在密切注意新的机会。

在知识经济时代，与提出创意者（学术界、智库和研究中心等）联系将会很有裨益。潮流驾驭者与各种各样的利益相关方合作，推出合资项目，利用这种关系获得新信息，了解技术的新发展，并且以顶尖的思维作为自己努力的标杆。

如果你遇到的是广泛而长期的问题，或者需要在基础设施方面进行较大投资，那么行业合作可能是最好的解决方式。有时候企业合作分享知识是很有意义的。例如，德国的企业发现它们需要共同合作建立“绿色地点系统”（Green Point system）这样一个废弃物收集设施，以满足德国严苛的包装回收法令。当企业单独处理包装问题负担过重，以致拖了整个行业的后腿时，联手合作可能是最正确的选择。联合起来力量大。

开发完整的利益相关方策略所需的步骤

我们在前面提到的规划方式，既有挑战性又很有趣。但是在完整的利益相关方战略中，这只是第一步。我们的 2×2 矩阵是对谁是相关群体和个人进行头脑风暴的一个方法，它使大家能够系统地回顾20个类别的利益相关方，并帮助找到其中的差距。

一个完整的利益相关方解决方案不止于此。它开始先提醒你所有可能会影响你业务的群体和个人，然后提供一个锁定和仔细追踪、深入接触关键群体的方法，还提供一个发现和评估潜在合作伙伴的机制。以下 6 个步骤形成一个漏斗状，使你的思维从发散到集中。

1. **头脑风暴**。我们在短期行动中提到的一个非常重要的问题就是，要找到哪些团体正在进行与你面临的问题相关的工作。你需要分辨它们中有哪些是比较友善的，又有哪些不那么友善。在网上搜索自己公司的名字，这个方法虽然听起来很傻，但能够帮你找到很多相关群体。有没有人把网站域名设为“（你的公司名）sucks. com”（某某公司糟透了）？如果有，是谁干的？他想抱怨什么？对你的公司和行业发表意见的最主要的非政府组织有哪些？

2. **给主要利益相关方分级并打分**。为了了解哪些机构或群体值得引起重视，我们建议就以下三个方面给利益相关方——特别是非政府组织打分：

- 实力和影响力。
- 可靠度和合法性。
- 问题的紧迫程度（对你和利益相关方双方而言）。

3. **利益相关方的关切度评估**。最重要的利益相关方，也就是那些你在两三个方面打分都很高的，需要更多关注。为了明确如何最好地应对它们，我们需要另外一个简单的 2×2 矩阵（见图 17）。它根据以下因素来划分利益相关方：（1）该团体的合作意愿（非相互对立）；（2）你对它们关注的问题有多大兴趣。这个矩阵清楚地告诉你，对于每个团体来说，哪类接触是最优的。你是否可以只是密切注意它们的行动？或试图联系它们？还是开始防范它们？或者主动与它们合作？

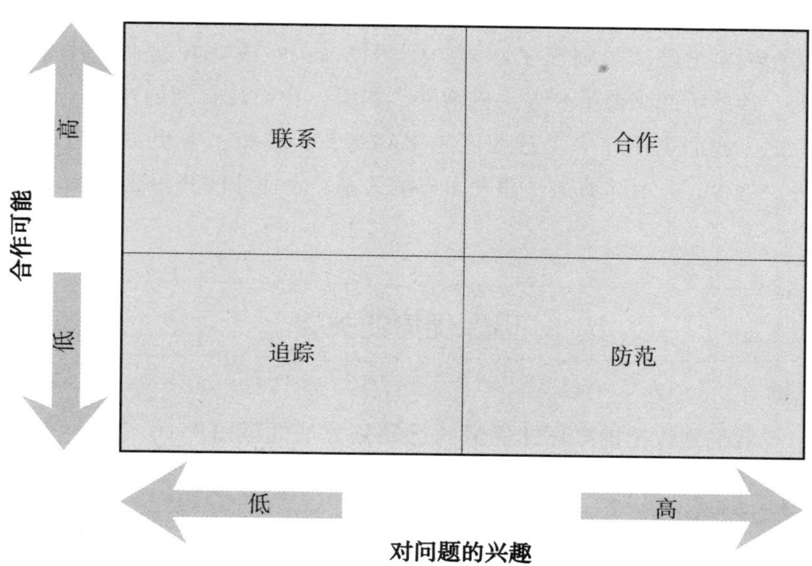

图 17　利益相关方关切度评估矩阵

资料来源：根据萨维奇（Savage）等人的研究（1991）

4. **适合度评估**。这个矩阵右上方单元里的组织和人物清单，为公司提供了一个考虑密切合作对象的很好的起点。不过在考虑全面的合作之前，最好先慎重地评估该组织和你的适应性如何。它们的长远愿景是什么？它们主要关注哪类问题？它们运作的常规模式是什么（是倾向于对抗还是合作）？它们的风格和组织文化是否与你的相适应？它们的优势是否与你的相补充？

5. **充分考察潜在合作伙伴**。一旦你选定了一个合适的合作伙伴，你需要更深地了解它。它们的领导能力强吗？它们的财务状况稳定吗？谁资助它们？它们的基金来源和管理方式透明度高吗？它们在实现自己的目标时足够有成效吗？它们看起来像是好的合作伙伴吗？

6. **决定合作策略**。在开始合作之前，你需要制订成功合作的计划。合作的目标是什么？在合作中双方的任务分别是什么？责任分工清楚吗？已经清楚列出了必要的资源投入吗？成功看起来是什么样的？这些听起来似乎令人头昏脑涨，然而，我们没有别的选择。简而言之，我们生活在一个透明度越来越高、利益相关方更加激进的世界。如今，只有认真关注多种多样的关系，企业才能获得成功。

环保优势的关键

我们建议把提高环保优势的行动划分成短期（0～6 个月）、中期（6～18 个月）和长期（18 个月以上）。

短期行动需要着重于基本分析和开发环保战略的第一步工作上：

- AUDIO 分析——发现问题。

- 列出利益相关方。
- 核心能力评估。
- 首席执行官宣言和承诺。
- 为行动计划确定优先顺序。
- 试验项目。

中期行动的目的是环保优势思维深植于企业文化：

- 建立环保追踪和环境管理系统。
- 鼓励参与和责任感。
- 与外界接触，进行外部沟通。
- 加强内部沟通和教育。
- 浏览最新动态。
- 推出员工可持续发展项目。

长期行动需要专注于使环保成为企业战略的核心要素之一。这需要更进一步的环保优势工具和行动：

- 供应链检查。
- 重新考虑产品，重新检视市场。
- 利益相关方的管理与合作。

第十二章

环保的战略优势

在迈克尔·波特备受关注的战略模型中，公司是以降低成本或产品差异化的方式来获得竞争优势的。但是在今天，传统的差异化竞争点在各个方面都受到了压力。各种企业，无论规模大小，都可以采用外包的形式，令人工成本降低。而其他一些曾一度牢不可破的优势来源，比如资金的获得或低成本的原材料等，随着市场日益全球化也都消失殆尽。与以前相比，竞争优势的建立和保持正变得越来越难。

这种背景局势的改变，要求企业必须改进经营战略。而成功的核心元素，就在于创新的能力——发挥想象力来解决问题，应对人们的需求。企业必须找到新的办法从竞争中脱颖而出，不这样做，就只能奋力挣扎以跟上市场的步伐。

环保战略恰恰就能提供这种获得竞争优势的契机。作为竞争环境中一个相对较新的变量和重塑市场的一个要素，环保战略提供了一种环保视角，可透过这个视角检视一个工厂、一家企业甚至一个行业，同时也带来了新思维。谨慎运用环保观点有助于降低成本与风险，也可以带来潜在收益，增加收入以及难以衡量但是极为重要的无形价值，如企业的声誉等。找到新市场，以新方式满足消费者的要求，做正确的事（得到很多重要的利益相关方赞赏和鼓励的事），这些都有可能增加实际价值。

在不久的将来，任何未将环保因素纳入经营战略的企业都将无法获得业界领导地位和持续赢利。

商业界正在明白一个无法回避的事实：经济和环境是密不可分的。所有商品都依赖大自然的馈赠及其所提供的服务。若无谨慎管理，自然资源的制约将会影响越来越多的公司、越来越多的行业。对这些趋势的顾虑，催生了各种法律、规定以及大众的期许，这些都将进一步限制企业。因此，和全球化、网络以及其他具有极大影响力的问题一样，环保也成为令首席执行官们夜不能寐的宏观问题之一。在当今这个更加复杂且各种问题交织关联的新世界中，环保战略成为一个至关重要的竞争差异要素。

企业战略不再掌握在关注面狭窄的规划团队手中。现在，各家企业未来的财务状况都取决于拥有全局思维能力的高层管理者。能够驾驭绿色浪潮的企业会巧妙地将环保问题融入其核心战略。对于公司如何运营，它们采取一种动态而全面的视角，并让能够塑造公司未来各个方面的利益相关方都参与其中。它们采用不同的思维方式，利用工具来了解自己的环保挑战和机遇，并将对环保责任的关注融入企业价值，从而建立持久的环保优势。

支撑环保驱动型创新的四大基本要素是：环保优势思维、环保绩效追踪、重新设计，以及企业文化。在本章中，我们将回顾如何培育这些关键性的支撑要素。我们还将探讨影响企业的各种力量，为企业提供超越竞争对手的“从绿到金”操作策略，以及在谋求竞争优势之路上要避免的种种障碍。

我们将这些元素整合成一个环保战略全景图（见图 18）。善用环保优势工具箱，可以成功实施“从绿到金”操作策略。自然力量和各种参与者会对实施过程施以极大影响。企业在谋求环保优势的过程中会面临很多障碍和风险，那些坚持下去并能够吸取经验教训的企业将找到创新、创造价值并构建竞争优势的方法。

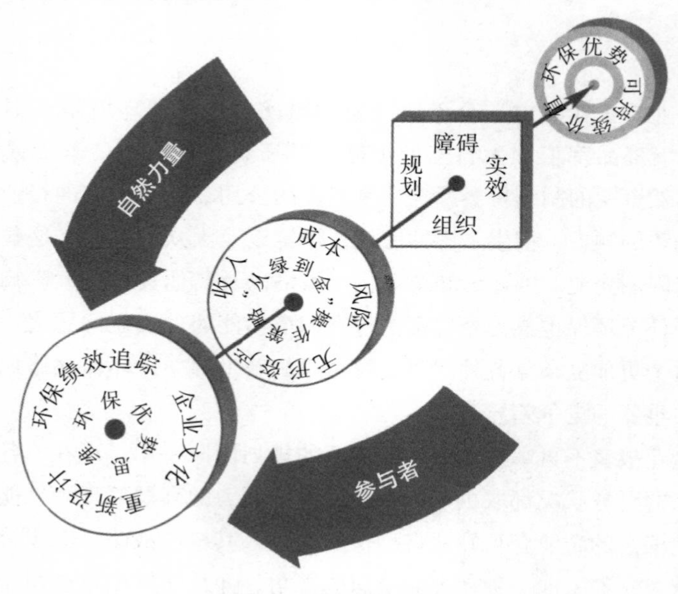

图 18　环保优势战略

压力：自然力量与参与者

在本书的开始，我们讲述了在处理环保问题方面处于各种不同阶段的企业的案例。索尼公司从其 PlayStation 游戏机事件中得到了惨痛教训，花费超过一亿美元建立了供应商系统，以便防患于未然。英国石油公司在“找碳行动”的过程中，在提高效率方面获得了很多收益，并且发现有高达 15 亿美元的惊人价值有待挖掘。沃尔玛、通用电气以及高盛也都推出了大型的环保计划，它们的行动可能被其前任领导者认为不现实。多年来被忽视的对环保问题的考虑，其重要性正在日益提高。因此让我们回到本书开篇就提出的问题：究竟正在发生什么事。

简而言之，在以下两大根本力量的推动下，绿色浪潮正在席卷商界：（1）环保压力；（2）大众坚持要求企业界响应号召，采取行动。这些驱动力量正在改变市场动态。它们使旧有的经营方式变为过去式，其所施加的压力是所有企业必须面对的，无论是跨国公司还是家庭小店都不例外，但是这种市场重组也带来了获得环保优势的契机。

自然力量

在这波绿色浪潮之下，存在各类地方性、区域性、全国性以及全球性的环保问题，它们都制约着企业的选择，需要管理层加以关注。其中一些问题，如水资源短缺和气候变化等，具有从根本上重构市场乃至整个地球的威力。其他一些问题影响则较小。但是，所有这些问题都为能够以创新方式应对的企业提供了机遇。

在第二章中，我们提出了每个企业高管都必须熟知的十大环保问题。其中有些（如臭氧层破损）已经得到了很好的管理；有些问题濒临危急状态。最紧迫的问题，如气候变化，则注定会影响所有企业，不论何种行业、规模大小；有些问题则仅在特定的情况下才具战略重要性；还有一些问题对于某些特殊行业来说非常重要的。

十大环境问题

气候变化 大气中温室气体的增加会导致全球变暖，并随之带来海平面上升、降水模式的改变与风暴强度增大等问题。

能源 在限碳的未来，必将要求改用新的发电方式和可持续能源，或者采用能够清洁燃烧化石燃料的新技术。

水 水质问题和水资源的短缺，可能威胁全球各地企业的运营，给商业活动造成限制。

生物多样性与土地使用 生态系统的作用至关重要，它是人类和自然界的生命保障。无序开发会导致生存环境被破坏、开放空间丧失、物种减少，从而损害生态系统的保障能力。

化学物质、有毒物质和重金属 这些污染物会带来致癌风险、生殖系统损伤，以及人类和动植物的其他健康问题。

空气污染 烟雾、颗粒物以及挥发性有机化合物会对公众健康带来风险，尤其是在空气污染情况日趋恶化的发展中国家。室内空气污染现在也是一个公认的问题。

废弃物处理 很多社团仍在奋力解决固体有毒废弃物的处置问题，特别是在那些日益工业化并处在城市化进程中的国家。

臭氧层破损 随着氟利昂的禁止，臭氧层的破损正在持续减缓，但一些替代成分仍继续令保护地球的臭氧层变薄。

海洋与渔业 过度捕捞、污染以及气候变化都导致鱼类资源日益枯竭，并损害了四大洋的海洋生态系统。

森林砍伐 非可持续性伐木在世界上很多地区泛滥，导致水土流失、水污染，增大洪水风险，令自然景观满目疮痍。

让这些压力成为企业战略要素的是一个简单的事实：我们的经济依赖自然界的资源，而不是其他因素。当资源受到威胁时，其影响会波及社会和整个企业界。

这些问题是错综复杂的。事实上，基础科学本身通常也是复杂的，有时甚至自相矛盾，这使得情况更加变幻不定，令环保决策备受争议。一些公共政策的选择可能让整个行业被时代淘汰。在限碳的世界里，煤炭企业还能够生存吗？我们可以肯定的是，那些受影响的企业绝不会忍气吞声。事实上，煤炭企业正在奋力抗争，抗拒所受到的针对气候变化采取行动的压力。

与之相对应的是，如果不采取措施遏制环境恶化，某些企业和行业将会陷入困境。如果全球变暖的影响像很多人恐惧的那样严重，滑雪业将不会是唯一受到冲击的行业。而随着与气候变化相关的自然灾害造成的理赔数量日益增加，如果再保险公司提高保险费率，那么所有人的保险成本都将增加。

问题和所涉及利益的多样性，以及科学的不确定性，可能令人生畏。但是企业高管们不能因此悲观失望，陷入混乱或放弃努力。无论情况多么复杂，企业都需要在面对挑战时掌控局面，降低风险，抓住机遇。

科学的不确定性

在一次关于气候变化的首席执行官研讨会后，辛辛那提能源公司的首席执行官吉姆·罗杰斯说：“别再介意那些科学上的争论了，总有一天法规会改变。到时候如果我们没有做好准备，就会陷入麻烦。”他指出了一个严酷的事实。即便在科学上没有绝对的确定性，企业无法回避的问题的清单也在不断加长。事实上，无论你是否关心环境问题，它们都会找上你。

参与者

关心这些环保问题并对企业行为施加压力的利益相关方不断发展壮大，增加了绿色浪潮背后的推动力。在传统的商学院战略中，企业由具有超凡魅力的领导者引领，他们做出大胆的决策，能够影响他们的因素只有寥寥几个：竞争对手、消费者、渠道（供应商和分销商），可能还有政府监管部门。这些因素都屈从于至高无上的股东的意志。

这种力量均衡并未完全改变，但是首席执行官们已经感觉到他们脚下的基础正在动摇。新的利益相关方正在提出关于社会效益和环保效益方面的严苛问题。公民社会，特别是环保非政府组织，都已成为不容忽视的力量。由于电子邮件、互联网及其他现代通信技术的出现，协调针对不负责任的企业的行动变得空前简单。激进型股东，包括大型主流投资公司，突然都开始发表自己的看法。不安的董事会现在必须以前所未有的审慎态度监督首席执行官的工作。

尽管做起来很难，但是忽视当今商业现状的这些驱动因素并不明智。当然，还是有若干企业巨头仍然认为，大多数环保问题都是一些环保极端主义者夸大其词编造出来的。这种讥讽会造成误导，偏离事实。对这些问题的关注已极为广泛，每位董事、高管以及经理都必须注意这股绿色浪潮。任何认为可以回避这一浪潮的人，都有因日益增多的法律要求（如《萨班斯－奥克斯利法案》）而遭灭顶之灾的风险，这些法律规定企业必须对潜在的“重大”问题予以关注，其中就包括环保挑战。

我们的研究找出了 20 种绿色浪潮参与者，其中一些目前力量还比较有限，但是更多参与者的力量和重要性都在日益增强。我们将这些利益相关方分为五大类。

规则制定者与监督者：非政府组织、监管部门、政治家及原告方律师。这类参与者在横向与纵向上都在不断扩展。在很多地区，尤其是欧盟国家，监管部门变得越发积极。而沿纵向向下的地区、州及地方政府，也正以前所未有的方式参与环保工作。例如，美国各州就在设定各自的可再生能源目标。美国的市长们自发地达成协议，以完成《京都议定书》设定的目标，减少造成气候变化的温室气体排放。沿纵向向上，则可以看到范围覆盖整个大洲的各项法规，如欧盟关于化学品和电子产品的法律。而规模最大的，关于建立针对各种环境问题的全球性法规的呼声也日益高涨。

在横向层面，我们看到一些权力中心的势力范围正在扩大。企业不仅需要跟踪政府的各项规定，还要关注无以计数的各类非政府组织和其他自发的监督者（如博客）的种种要求。这些新的参与者可以在很短的时间内对企业的信誉造成极大损害。利用在线工具，这些参与者可以更容易地将企业最微小的失误演变为国际事件。但是这对企业来说也并不全然是坏消息。合作关系的激增，令这些以往的敌手之间建立了动态的同盟关系。非政府组织正在与企业开展合作，而不再是对抗，这是前所未有的。

提出创意者与意见领袖：媒体、智库和学者。在今天以创新为驱动力的世界中，能够与这些创造知识、提出创意、塑造政治对话的机构建立联系，会为竞争带来助力。为了与顶尖人才建立联系，潮流驾驭者纷纷与世界各地的学术机构和研究中心建立合作关系。

商业伙伴与竞争对手：行业协会、竞争对手、B2B 买家及供应商。现在，企业正在寻求共同合作，以获得环保效益并及早解决问题。这一潮流肇始于 20 年前化工行业的“责任关怀”计划，并从此蓬勃发展起来。

电子企业也已经联合起来，为供应链设定标准。大型能源用户组成了“绿色电力市场发展集团”（Green Power Market Development Group）。史泰博、丰田等纸品买家，合作建立了纸品工作组，以统一协调其对其纸品供应商的要求，实际上就是推行了私定环境标准。

改变的压力通常都会先落到大品牌的头上，但是身在局中的名气不大的中型企业也感受到了其效果。数年前，家得宝公司改变了采购政策，不再购买原料来自濒危森林的产品。地板制造商罗曼诺夫公司响应这一要求，使用可再生原料麦秆代替原来所用的胶合板来生产某一种产品。公司总裁道格拉斯·罗曼诺夫说："家得宝的采购政策……产生了直接的连锁效应，其结果是我们未来使用的材料会有巨大的变化。"

消费者与企业所在地：首席执行官及级别相当的高管人员、消费者、儿童、企业所在地。环保抵制行动一旦奏效，力量是惊人的。20世纪90年代中期，布伦特斯帕石油钻井平台事件发生之后，上百万欧洲人剪碎了壳牌的信用卡。壳牌公司对此高度重视，并用10年的时间着手改善与利益相关方的关系。对企业产生影响的人越来越多。

投资者与风险评估者：员工、股东、保险公司、资本市场以及银行。每位企业高管都知道，在当今的知识经济时代，抓住最优秀、最聪明的员工，对于企业来说不再仅仅是有所助益，而是至关重要。最出色的人才在加入公司，投入其时间与精力之前，会越来越多地询问其可能的雇主立场如何。他们希望为企业价值与自身的世界观一致的公司工作。

在环保界，传统的投资人现在作为新的重量级角色出现。最初由保险公司带头，到现在各大银行纷纷加入，金融机构开始严格审视环保风险与责任。有40多家银行签署了要求在批准贷款前进行全面环保审核的赤道原则。这些原则还仅仅是一个起点。高盛、J. P. 摩根、花旗及其他多家金融机构，都以引人注目的新方式将环保考虑纳入贷款决策。

赤道原则创始者之一的荷兰银行，开发了一种新的方法来审核其贷款组合。它以经典的2×2矩阵制作借款者的图表，其中一轴表示借款者处理与减轻环保风险的能力，另一轴则表示在这些方面的投入。荷兰银行希望在不久的将来，可以依据这些标准来制作所有可能的贷款项目的图表。在图表中，右上象限的贷款项目，是借款方了解环保，并有办法解决各种环保问题，因此明显是有利可图的项目。左上象限和右下象限的那些项目，则要求借款方再多做些工作。而左下象限的贷款项目，借款者不愿也不能解决环保问题，因此不应批准。

环保优势工具箱

要想成功地将环保考虑融入经营战略，企业必须培养环保优势思维，这种意识以一组工具为后盾，即环保绩效追踪、企业文化以及重新设计。

环保优势思维

我们在访问数十家企业时，会观察它们能有效将环保考量与其他业务目标结合在一起的原因。我们发现以下五大原则指导着它们的思维。

1. **关注森林（整体），而非树木（局部）**。对于时间、回报以及界限，潮流驾驭者都会从宏观上进行考虑。它们在做决策时会做长期考虑，将企业置于更严格的法规框架、更高的消费者预期、自然资源限制带来的市场重整的情况之下。潮流驾驭者还会将无形收益计入回报。它们重视风险的降低、员工稳定性的提高、客户忠诚度的增强以及品牌价值的巩固。最后，它们的思考不仅限于本公司的运营，而是着眼于整个价值链，从原材料和供应商，到消费者的环保需要与要求，直至产品报废为止。

2. **从高层做起**。所有潮流驾驭者，对于追寻环保优势的工作都给予首席官员级别的支持，所以要从首席执行官的环保承诺开始。虽然仅凭这一点不能令企业高居榜首，但是如果没有高层的支持，没有企业能够取得大的成就。

3. **采用“阿波罗13号”原则——没有“失败”这个选项**。企业与行业在解决看似无法解决的环保难题时，一次又一次地表现出了非凡的创造力。潮流驾驭者注重创新，让大家通过环保视角以新的方式思考自己的工作。

4. **承认感觉即是事实。**领先企业都知道，它们必须应对企业所在地、非政府组织以及其他利益相关方对大型环保问题的“感觉”。它们认识到必须了解人们的立场，而不是盲目地坚持自己的观点，一味自我辩护，或者对他人关注的问题轻描淡写。它们不会让外界主导议程，但是会与友善者和敌对者开展对话。

5. **做正确的事。**令人惊叹的是，我们常常被告知潮流驾驭者决策背后的原因是坚信“做正确的事”这一原则，价值观的确很重要。

环保绩效追踪

环保优势工具箱内的下一个要素，是以系统化方法收集并运用合适的信息。潮流驾驭者使用 AUDIO 分析或生命周期评估等探查问题的工具，来了解企业对环境的影响。审视产品从上游到下游的整个价值链对环境的影响。

以准确的数据、仔细的规划及完善的环境管理系统为基础，这些工具能发挥最高效率。最出色的系统能够按地区、部门、工厂乃至特定生产线来跟踪数十个环保指标，而且它们在全球范围内都按同样的标准进行追踪。加拿大铝业集团有一个全球性的环保绩效追踪数据库。这样，所有部门都按照一致的方法行事，并按同样的衡量标准进行评估。这些通用数据帮助集团总部制定绩效基准，设定目标，并密切监督进展情况。如第七章中所提到的，我们推荐一组核心指标，用于追踪能耗、水污染与空气污染、废弃物产生以及合规性的结果。

企业还需要通过外部视点了解自身在世界上的位置。很多潮流驾驭者都与环保专家建立了联系。有些建立了顾问委员会，对环保工作进行同级评审，及早解决会对企业带来冲击的问题。有些则“请狐狸入鸡舍”——与非政府组织及其他批评者合作。没有人希望与过去总是谴责自己的人共事，但是他们的反馈却是追踪环保绩效的一种有效形式。

被衡量的事物才会被管理。知识就是力量。这些可能都是老生常谈，但是领先企业并不将这些理念视为随便之谈，而是将其当作对行动的召唤。他们利用数据和知识来建立持久的市场优势。

同样，潮流驾驭者也将触角延伸到环保团体之外，与企业所在地、政府、其他企业以及所有能够为其提供可靠环保信息和市场变动信息的利益相关方合作。

重新设计

跟踪数据有助于企业明了竞争环境，但只有做到了解环保市场的驱动因素，运用知识来激发创新，并改变产品和流程，企业才能获得环保优势。潮流驾驭者重新设计产品、周围的空间，甚至供应链。

环保设计，是环保优势工具箱的第二种工具，它帮助英特尔和赫曼米勒等企业在设计环节就将环保问题消灭于出现之前，使接下来各环节能够节约时间和资金。将环保思维纳入产品设计，还意味着能够帮助消费者减少其环境足迹。例如，在能源价格不断攀升的情况下，拥有市场上最节能的产品往往能带来市场份额的提升。

很多领先企业还着手建设绿色建筑。其原因何在？因为设计完善的节能建筑可以节约资金，提高员工生产率，并展现企业价值。

有若干企业，如宜家家居等，不仅仅局限于合规性检查，还对供应商施加压力，令其改变运营方式。这些一流的企业正在重新设计整个价值链，以减少对环境和社会的影响。

企业文化

环保优势支持架构的第三个支柱，是构建能推广环保思维和创新能力的企业文化。尽管每个企业都有其独特性，但我们还是从各个潮流驾驭者那里找到了 4 种通用的方法。

1. **设定高难度目标。**潮流驾驭者设定看似象征性甚至是无法达到的目标，就是为了激发创新，让大家都去重新审视自己做事的方法。“目标为零”就是一例。有些公司甚至发现“零”并不是一个不可能达到的数字。

2. **使用决策工具。**顶级企业改进传统的成本效益分析方式，将无形收益纳入考量。它们改变内部的门槛回报率，或者对项目进行“配对”，令形势有利于某些环保投资。它们也利用亚当·斯密的“看不见的手”的理论，通过内部市场引导决策。

3. **让管理者担当己任，提高参与度。**首席执行官的投入是行动的发端。令高级经理和所有员工参与才能保证行动的连续。潮流驾驭者使用各种工具令企业高管们开始关注环保要务。其中一些是柔性的，如安排高管负责某项环保问题。其他一些则有明确用意。最著名的就是通用电气公司的 E 类会议，要求各工厂厂长在上司与同事面前进行环保绩效述职。

潮流驾驭者还通过将负责环保问题和负责经营的经理人交叉换位，来提高其对环保的兴趣度和参与度。在宜家家居、3M、杜邦等很多公司，环保高管都来自一线业务部门。对于这些出自运营部门的资深高管，没有哪个部门的主管能以他们不懂实际业务为由搪塞敷衍。通过合适的人来传递信息，也令环保目标的可信度得以大大提升。

金钱等物质激励措施也会聚焦关注的目光。很多领先企业都将主要环保绩效指标纳入奖金的计算。而在全球最环保的一些企业，如宜家家居、3M、赫曼米勒公司等，深厚的企业文化价值，其中包括对责任的承诺，也能激发经理们的努力。

无论是通过直接的薪酬激励，还是通过企业文化的压力，潮流驾驭者都会想办法做到言行一致，并令其环保承诺与实际运营决策协调一致。

最后，精神奖励——即便只是奖牌，也能起到很大作用。很多潮流驾驭者都设有年度环保或可持续发展奖项。由于企业明确重视环保承诺，因此因环保成果而获奖确实是一种荣耀。

4. **提高表述技巧**。聪明的企业会向愿意聆听的人讲述自己的环保目标、成就以及获得的教训。这种知识共享可以是通过公司的内部网络交流最佳做法，也可以以公开报告的形式出现。这些文档可以将公司所做的正确的和错误的事通报给所有利益相关方，尤其是员工。对于内部听众，环保培训是一种更为直接的告知方式。教给业务经理们如何找到提高环保效益的机会，或者带领中层经理们经历一些假设情境，向他们展示艰难的利弊权衡可以激发创新思维和更好的决策。

“从绿到金”操作策略

有了环保优势思维，再佐以正确的追踪工具、对重新设计的重视以及注重环保责任的企业文化，就为从绿色环保中挖掘到“金子”奠定了基础。但是实际的行动还有赖于创造价值的战略——“从绿到金”操作策略。

像任何其他商业策略一样，我们的“从绿到金”操作策略也旨在减少企业所面临的潜在损失（成本和风险），或提高潜在收益（收入和无形价值）。但和很多其他策略不同的是，这些策略不会为了追逐利润而牺牲责任，也不会为了责任而牺牲利润。我们所研究的潮流驾驭者每天都在证明，做出优秀业绩与做正确的事是可以并行的。

通过对潮流驾驭者的研究，我们将 8 种“从绿到金”策略列到前面提到过的 2 × 2 矩阵中（见图 19）。不出所料，迄今为止大多数环保行动都侧重于左下象限。降低成本的风险极低，容易在内部获得认同，而且通常都可以迅速得到回报，能够带来竞争优势。但是我们的研究显示，如果单纯关注成本，很多企业都会错过获得更广泛的环保优势的机会。大多数企业都还没有执行全部策略，它们正在任由赚钱的机会白白溜走。

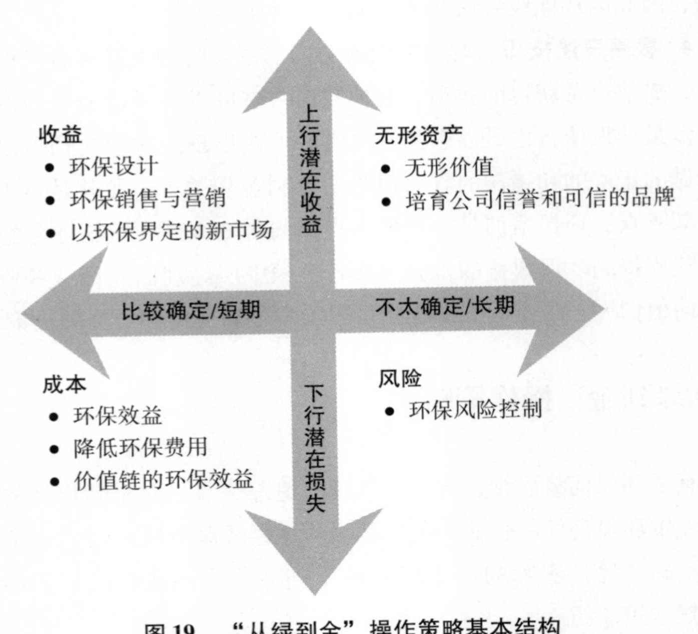

图 19 “从绿到金”操作策略基本结构

1. 环保效益

减少污染和废弃物从商业角度来看很有意义，即便最高效的企业，在发现它们过去所忽视的可节约之处时也大感震惊。30 年来，3M 公司不断通过其 3P 计划寻找削减成本的新方法。很多改变其实非常简单。例如，意法半导体公司使用更大的空调管道，从而令空气环流扇的转速减慢，使其能耗降低了 85%。仅仅一年的时间，只投资 4000 万美元进行这类改造，就为公司节约了 1.73 亿美元。

在追求环保效益时，有时候不仅可以做到减排，甚至可以做到彻底淘汰一个流程或者一种资源的使用。罗能纺织公司生产染色纺织品的方法一度与业界其他公司相同。为了使纤维纺织起来更有韧性，要在纱线上覆盖一层化学物质，然后将其冲洗掉，这就造成了废水问题。在想办法降低化学物质用量的过程中，罗能纺织公司发现湿度可以令纤维更有韧性。因此它现在省却了使用化学物质这一步，只是不再将纱线烘干到以前的程度，而是让纤维保持潮湿。罗能纺织公司删减了一个生产步骤，缩短了另一个步骤，消除了化学物质的使用，降低了能耗，并削减了成本，在环保效益上大获成功。

环保效益的实现就是依靠减少废弃物并有效地利用资源。精益运营的企业会有更高的生产力、更高的利润，而且污染也更少。

罗能纺织公司效率的提高，使每名员工的生产率在过去的 20 年中提高了 300%。在整个行业都大幅下滑的时候，罗能纺织公司不像其他公司那样光景惨淡，而是依旧保持赢利。

2. 降低环保费用

直接减少垃圾填埋费用或监管文牍等环保成本，也可以带来可观的收益。杜邦公司通过控制污染已经节约数十亿美元，而这还仅仅是可衡量的废弃物成本。其中，它将莱卡生产线上残次品的比例从总量的 25% 降低到了不足 10% 。这一重视减少废弃物的措施，不仅节约了材料，降低了垃圾填埋成本，还增加了 1.4 亿美元的可销售产品。这同时也意味着公司可以暂缓增建厂房，又节约了数百万美元的资本性支出。减少废弃物和环保成本的连锁效应会扩散开来，以多种方式节约资金。

3. 价值链的环保效益

广泛探寻环保收益并运用生命周期评估等工具的企业，通常能够找到办法削减整个价值链的成本。现在所谈的这条操作策略就是旨在把握这些价值，实施起来可能难度较大。在第四章中，我们谈到企业在配送领域非常高效。宜家家居和其他一些企业通过智慧型包装和产品设计，提高卡车装载量，从而节约资金。

4. 环保风险控制

随着信息透明度的提高，企业及其品牌的风险可能来自任何地方。企业的声望与其商誉密切相关。如果相距遥远的供应商向河中倾倒废水或雇用童工，其拥有国际性品牌的大客户可能要为此付出代价。

潮流驾驭者会找出潜在风险并尽快采取应对措施。麦当劳敦促供应商养鸡时少用抗生素，或者要求他们提供文件证明其饲养的牛未患疯牛病，就是为了降低品牌蒙受污染的风险。英特尔公司花费数百万美元将有害废弃物从一些发展中国家运回美国，以便进行妥善处置。

为什么这样做？因为它不信任其分支机构所在的某些国家的废弃物处理系统。公司高管也知道，一旦处理不当，受指责的将是英特尔。

潮流驾驭者早在法规变严之前就已先行行动。英国石油公司推出“清洁城市”计划，出售燃烧起来更清洁的低硫燃料，部分原因就是在更严格的空气质量法规出台之前摆脱污染问题。“这样做的动力是限硫法规一定会出台。”英国石油公司的克里斯·莫特斯黑德说，“我们决定，与其按规定时间表实施，还不如先行一步，力争获得市场效益。”

针对法规预先做好准备，会使企业以比竞争对手更低的成本达标。有些企业甚至通过游说当局实施更严格的控制来而获得竞争优势。要记住，法规所造成的相对负担才是关键所在。

5. 环保设计

重新设计流程和产品以减少废弃物和污染是环保优势的一大要素。同样要牢记的是，大量潜在收益可能存在于你的工厂设施之外。帮助客户减少环境问题，可以增强其忠诚度，并吸引新的客户。减少产品的能耗或所含的有毒物质也可以增加客户价值。比如，江森自控公司（Johnson Controls）就销售全套能源管理系统，像江森公司这样想办法为客户降低负担的企业都会获利。

6. 环保销售与营销

营销产品的环保品质能带动销售。当沃索纸业（Wausau Paper）推出新的延伸品牌、“出门在外”时使用的纸巾、卫生纸等产品时，首先为其生产线获得了专门从事环保产品标志的非政府组织“绿标签”（Green Seal）的认证。然后将产品的品牌改为“环保柔软绿标签”（EcoSoft Green Seal），将认证直接加入产品名。在年增长率只有

2%～3% 的纸制品业，沃索纸业最初两年在此类产品市场上的销售额猛增了44%。

事实上，沃索纸业采用了非同寻常的营销方式，直接以环保为诉求。只宣传环保性而不管其他品质的产品通常会在货架上无人问津。壳牌公司就从其 Pura 汽油的销售中得到教训：产品要首先立足于其他特质，然后再推销其环保性。我们发现，通常来说将环保作为第三诉求效果最好。

7. 以环保界定的新市场

环保愿景可以创造新的市场，推动价值创新。丰田公司着手重新定义 21 世纪的汽车，并已取得很大进展。很多消费者现在都倾向于购买混合动力车，而不是中型车。特别是普锐斯，消费者不在乎为其付出更高的价钱或者多等上几个月。对于这些消费者来说，普锐斯无可替代。

长盛不衰的企业经常对自身进行重新定义。由环保激发的创新为企业提供了令人兴奋的新方法，从而让企业以崭新的方式发挥其能力。

寻求以环保界定的市场可能看似引领企业偏离了方向。以约翰迪尔公司为例，它正尝试涉足可再生能源领域。这家拖拉机制造商成立了一个新业务部门，帮助农民利用风能。它还将提供财政援助和咨询服务。这看起来与原来的情况似乎有点格格不入，但我们认为这是一个有趣的行动。以提供农具而闻名的公司，现在正在帮助农民生存，并找到新的收入来源。这就是价值创新。

8. 无形价值

大多数企业的价值都高于其硬资产，而且有些还高出很多。品牌价值，或者更普遍意义上的公司声誉，都有可能价值数十亿美元。对这些无形价值的任何威胁都要重视。从英国石油公司到通用电气和沃尔玛，越来越多的企业都在开展行动，为品牌加入绿色环保元素。

加拿大铝业集团的“从绿到金”策略

我们将“从绿到金”策略拿出来单独看待，这是思考这些策略并找到商机的最简单的方法。这并不是说一家企业不能同时采用多种策略，比如既降低成本和风险，又提高收益。

规模达 200 亿美元的加拿大铝业集团，就取得了令人惊叹的成绩。先简单介绍一下背景：铝业生产污染严重，会造成严重的环境问题。铝业是世界上能源密集型行业之一，采矿和冶炼都会制造大量的废弃物，其中包括生产时使用的大型电解槽底部沉积的物质。这些残留物被称为槽内衬，是有毒物质，必须将其刮除。这就带来了极大的环保挑战。

这种有毒的灰浆难以回收，因此没有人确切知道如何处理，大多数时候都只是堆在那里占据空间，成为一大负累。据加拿大铝业集团的丹·加格尼尔估计，仅公司积压的槽内衬就超过 50 万吨。但是这种情况已经得到了改变。加拿大铝业集团开发了一种创新性技术，可以将槽内衬转化为惰性的可回收物质。它投资 1.5 亿美元兴建了一座示范性处理设施。这一突破解决了废弃物问题，甚至让它可以为竞争对手处理废弃物，当然，那是收费的。

集团首席执行官特拉维斯·恩金表示："如果没有可持续发展架构，我们就不会取得这样的进展。"其最初的目标是减少一项环保负担。但是，现在企业高管们预计新的流程将不仅减少废弃物、降低风险和负累，还可以带来收益。加拿大铝业集团正在构建真正的环保优势。

障　碍

执行企业环保战略从来都不是一帆风顺的。各种各样的障碍，使得即便是最老练的企业，也会因其羁绊而失败，令追寻环保优势之路充满艰辛。我们得出了环保战略失败的13种主因（见表7）。

表7　环保优势障碍

失败	
规划失当	只见树木，不见森林 错误估计市场形势 期望过高的价格 误解消费者需求 过分追求完美 忽视利益相关方
组织不力	中层经理承受压力 孤立思维 环保孤立 惰性
实效不佳	言过其实 出乎意料与意外结果 不告知实情

第一，规划失当，环保计划的重点没有经过深思熟虑，或者所抱期望不切实际。第二，组织不力，包括对中层管理者提出互相矛盾的要求，以及孤立思维，限制了协作并打击创造性，无怪乎惰性总是组织不力的副产品。第三，实效不佳的情况也非常普遍。有时问题源于没有利用环保收益的影响力，有时结果不佳则是因为诉求夸大其词。这些问题都很常见，但是通过构建环保优势架构，为员工装备适当的工具，它们都是可以克服的。

整合架构

将所有环保优势战略因素整合在一起并没有一定之规。我们提供的环保优势架构中的某些因素会完全适合某一企业，而另一些则可能不适合。有一些在产品或公司演进的任何特定时段都优于其他因素。尽管每种因素都有其独立逻辑，但重要因素都可以共同发挥作用。

整体而言，“从绿到金”的策略和工具都是相辅相成的。为展示它们之间如何互相配合，我们在附录二中进行了总结。这些策略和工具在整体上彼此加强效果，降低商业风险，提高商业价值。例如，使用生命周期评估工具来探查企业的环境足迹，可以找出减少废弃物和成本的机会，从而直接转化为商业风险的降低。向下游着眼找到办法降低消费者的环保负担，也会降低每个人的风险，提高整个价值链的绩效。找到新市场则可以创造附加值，降低自身市场流失的风险。

“从绿到金”

环保优势有双重逻辑。一方面，我们指出的战略收益都是以实际分析为基础的。在饱受自然资源限制和污染压力的今天，企业对承担环保责任的认识日益深入。企业所面对的压力已不仅来自大声疾呼的激进环保主义者，还来自传统上颇具地位的银行家，以及其他针对环保风险和责任提出实际问题的各方人士。能够为社会的环保问题提供解决方案的企业，就能够减弱可能的批评声音并扩展市场。天木蓝公司的首席执行官杰夫·施瓦茨在提到公司的一项环保计划时说："我现在可以对世界上最务实的工程师提出以事实为根据的方案……这不是富人的异想天开，不是任性放纵，而是务实的商业行为。这就是我们所寻求的创新。"

另一方面，企业关注环保也有着强大的企业价值因素。我们所研究的潮流驾驭者通过改进运营战略，纳入环保因素而获利，而且获利甚丰。但它们并不是仅仅由利润驱动的，也意识到所尽的环保责任带来的助益不仅限于财务方面。当短期收益不足以支撑环保计划获得通过时，它们愿意为企业、员工、企业所在地以及整个星球着想，着眼长期价值。它们投入绿色环保所挖掘到的"金子"，不仅仅是钱。

在商业界，越来越多的人认识到，在解决世界环保问题方面，企业扮演着重要的角色。它们知道，商业是建立功能社会，满足人们对商品和服务需求的最强有力的机制。企业能够，也应该成为推动善举的力量，承担关怀环境的责任，保护我们共享的自然资产。财务绩效和环保成功是可以兼得的。只要有正确的意识和工具，企业就可以在艰难的利弊权衡中达到平衡。

以新价值观为中心的高层管理者，正在创造同时激励员工和消费者的企业。环保优势的最终目的是找到新方法来激励企业高管、经理以及员工，建立不仅具有创新性、强大、卓越，而且积极为善的企业。

附录一

本书研究方法概述

在 2003 年开始研究时，我们提出了一个看起来非常简单的问题：哪些是环保领先公司？其实找出财务业绩方面的领先企业非常简单。只要看净收入、现金流等众所周知的硬指标或者股票的走势，选出表现优异的公司就行了。但是，在环保领域，选出领先企业却没有这样清楚明确的指标。在理想状况下，每家企业都应发布精确的、可比较的环保指标（排放量、超出许可的数量等）。但是这种数据目前根本就不可得，因此我们通过各种渠道收集现有信息，包括公开报告和学术文献等，并且查看了已有的排名资料。我们还对环保高管进行了调查，询问他们哪些企业在环保方面占据领先地位。

我们的排名采用了一些基于成果的标准，但是大部分可用信息都来自调查或者逸闻。事实上，大部分环保及可持续发展评级机构，比如纽约的创新投资战略价值咨询公司（Innovest）、苏黎世的可持续资产管理公司（Sustainable Asset Management）以及其他注重社会责任的投资机构，主要都是通过企业问卷调查获得信息。

结合现有排名以及其他数据，我们建立了自己的指标性汇总排名。我们的评分依据如下。

1. 社会责任投资排名 （25%）

- 主要指数（80%）：创新投资 AAA 或 AA 级，多米尼 400 社会指数（Domini 400，由 KLD 研究与分析公司汇编），富时社会责任环球指数（FTSE4Good Global），道琼斯可持续发展指数（Dow Jones Sustainability Index）。
- 其他指数（20%）：卡尔弗特基金（Calvert Funds，十大控股公司），可持续发展全明星 20 企（Sustainable Business All-Star 20），塞拉俱乐部共同基金（Sierra Club Mutual Fund）。

2. 参与契约或协定 （25%）

- 报告或企业社会责任（33%）：色瑞斯，全球报告倡议组织（Global Reporting Initiative），全球环境管理协会（Global Environmental Management Initiative），全球契约（Global Compact），商务社会责任协会（Business for Social Responsibility），世界可持续发展工商理事会。
- 气候变化（33%）：皮尤中心（Pew Center）的商业环境领导委员会，美国环保局的“气候领袖”计划，美国能源部的“温室气体排放自愿报告”计划，世界自然基金会的“拯救气候”计划，“应对气候变化行动合作伙伴”计划，芝加哥气候交易所（Chicago Climate Exchange），其他（地区性）协定。
- 美国环保局计划（33%）：“能源之星”，全美绩效追踪（National Performance Track）。

3. 调查 （25%）

- 对环保高管关于“从绿到金”的调查（见下）（75%）。
- 其他调查（25%）：环保创新中心（Center for Environmental Innovation）对负责环境、健康与安全高管的调查，《金融时报》

最受尊敬首席执行官和非政府组织领导者调查。

4. 其他 （25%）

- 查看环保工作文献（33%）：报道频率。
- 成果（33%）：八大主要指标的表现——能耗、耗水量、有害废弃物、总废弃物，以及温室气体、挥发性有机化合物、氮氧化物和硫氧化物的排放。
- 游说/政治行为（33%）：对美国国会的捐款，按自然保护选民联合会（League of Conservation Voters）做出的代表排名加权。

我们的调查

定义环保领先企业极具挑战性。任何排名的核心要素都应以商界和监管机构专业人士的意见为基础。我们向一些有代表性的负责环保的高管以及美国环保局的一些官员提出了若干简单的问题，其中包括：

- 你会将什么样的企业视为环保绩效及战略方面的领先者？
- 有没有哪些企业备受好评，被视为环保领先者，但你认为实际上该企业名不副实？
- 有没有哪些企业是你认为其环保行动受到了不公正批评，实际上它们的环保绩效和战略是很出色的？

这些都是开放性问题，因此答案完全取决于被调查者的知识和感受。在这三个问题上得票最多的企业被列在下面的表中，按得票高低排序，我们分别将其称为“环保领先者”“被高估者”“被低估者”。

所得出的结果基本上都不出所料，而且也印证了其他数据来源。

环保领先者清单与第一章中我们最终的潮流驾驭者清单非常接近（当然，这项调查仅占整个排名权重的 19%，即权重为 25% 的第三类指标的 75%，因此清单并不完全相同）。但从中我们也有一些有趣的发现。有相当数量的企业在全部三个清单上都出现了，比如杜邦公司、壳牌公司和因特菲斯公司。这意味着什么？这在一定程度上表明，对领先者的定义真的是见仁见智。另外这也显示出，没有任何一家企业在所有环保战略方面都居于领先地位，都有可能在某些领域是落后的。一些被调查者会着眼于企业落后的方面，而另一些则更关注领先的方面。

被低估的企业清单可能未引起公众注意。例如通用电气公司排名靠前，这反映出尽管杰克·韦尔奇与美国环保局的抗争有损公众对公司的环保印象，但是很多环境、健康与安全专家仍然认为它有先进的环境管理系统。

为什么在环保上成为众矢之的埃克森美孚公司反而被选为最被低估的企业？这一结果显示出，企业环保高管们都认为埃克森美孚运营非常高效，减少了废弃物，从而降低了排放量。此外，很多受访者认为埃克森美孚公司拥有顶级的环境管理系统。即便如此，也没有受访者将其直接选为环保领先者。

数据问题与排名误差

排名总会伴有很多挑战与局限。为克服数据缺口问题，采用假设和快捷方式是不可避免的。因此我们的清单不应被视为企业环保领先者的最终权威排名。下面是一些其他应注意的说明。

- 排名更注重（超出我们所愿）公众认知和环保措施，而不是结果。在业界及评级机构中较为高调的公司更易于引人注目。而低调经营的公司则得分不高，比如赫曼米勒，而宜家家居这样的私人企业就更不用说了。实际上，尽管在我们的国际潮流驾驭者名单上宜家家居仅名列第 24，但它可以说是世界上在可持续发展方面做得最好的大公司。

- 对于私人企业，我们在社会责任投资部分填入的是其他顶尖企业在这方面的平均得分。
- 我们也认识到自己的分析和其他所有分析一样，可能都过于注重环保工作投入的明显证据，而不是实际的环保绩效，因此我们特别找出一些被低估的公司和低调却抱负远大的公司，它们都有有趣的案例值得分享。
- 主要数据付之阙如或不尽可靠。尤其是实际环保成果方面的数据，如排放量或能耗等，无法进行跨公司的比较。如果有按一致标准收集的数据和可比较的指标，排名就可以依据实际的业绩，而不是衡量各企业的努力程度和公众认知度。
- 社会责任投资团体评级机构主要是根据企业调查来进行排名的。对自我申报的信息的依赖，会导致研究方法文献中常见的一系列缺陷和误差。
- 在所分析的因素中存在某些重复的情况。我们采用的很多元素与社会责任投资团体所用的相同，因此有加重计分的情况。例如，那些在创新投资公司的排名中领先的公司，很有可能在我们的其他排名上也得到较高的分数。

我们相信，尽管在众多方法中显得有些简单原始，但是我们所用的这种“排名中的排名”方法可以得出很有用的结果。通过整合多种数据来源和计分系统，可以消除一些干扰信息，令更清晰的“信号”浮现出来。当然，排名仅仅为我们的访谈和分析提供了一个起点。

表 8 “从绿到金”调查结果——按得票数排列

环保领先者	被高估者	被低估者
英国石油	福特	埃克森美孚
陶氏化学	英国石油	耐克
杜邦	家得宝	壳牌
因特菲斯	3M	星巴克
丰田	壳牌	英国石油
壳牌	因特菲斯	麦当劳
强生	麦当劳	通用电气
IBM	孟山都	杜邦
耐克	耐克	美国国防部
3M	通用汽车	孟山都
惠普	肖氏（Shaw）	美国铝业
巴塔哥尼亚	科诺（Knoll）	巴斯夫
联合利华	美体小铺	联合太平洋铁路
福特汽车	安大略电力	CSX 运输
庄臣	雪佛龙 - 德士古	史泰博
诺和诺德	金吉达	花旗集团
宝洁	墨累 - 达令河流域委员会（MDBC）	雪佛龙 - 德士古
百特	巴塔哥尼亚	丰田
百时美施贵宝	惠好（Weyerhaeuser）	因特菲斯
安豪泽布施（Anheuser-Busch）	朗讯	拜耳
艾凡达（Aveda）	施乐	陶氏化学
巴斯夫	康柏	惠好
赫曼米勒	苹果	戴尔
挪威海德鲁	阿彻丹尼斯米德兰（ArcherDaniels）	通用汽车
理光	陶氏化学	科氏工业集团
史东尼菲尔德农场（Stonyfield Farms）	李维斯	福特汽车

（续表）

环保领先者	被高估者	被低估者
伊莱克斯	杜邦	芬欧汇川（UPM-Kymmene）
美国铝业	大众汽车	
金考	意法半导体	
索尼	泰克涅（Teknion）	
施乐	不列颠哥伦比亚省水电（BC Hydro）	
星巴克	加福林产品（Canfor）	
本杰里	加拿大铝业	
嘉吉陶氏（Cargill-Dow）	美国铝业	
合作银行（Cooperative Bank）	百时美施贵宝	
通用电气	埃克森美孚	
汉高	力拓	
本田汽车	拉法基	
宜家家居	IBM	
英特尔	西门子	
JM	藤仓化成株式会社（Fujikura Kasei）	
墨累－达令河流域委员会	瓦腾福能源集团（Vattenfall）	
美利肯（Milliken）		
摩托罗拉		
登山装备（Mtn Equip Coop）		
诺姆汤普森（Norm Thompson）		
诺华		
飞利浦		
必能宝（Pitney Bowes）		
桑科		
瑞士再保险		
UPS		
H&M		

附录二

“从绿到金”操作策略的相关工具

我们将本书的主要理念归纳在此表中。对于每一条“从绿到金”操作策略，我们都推荐了最能发挥其作用的思想原则和工具。

表 9　“从绿到金”策略相关原则与工具

“从绿到金”策略	思想原则	环保绩效跟踪工具	重新设计工具	企业文化建设工具
1. 环保效益	• 宏观思维（回报）	• 生命周期评估	• 设计：环保	• 高难度目标
2. 降低环保费用	• “阿波罗 13 号”原则 • 做正确的事	• 数据/衡量标准 • 系统	• 设计、循环使用	• 决策：门槛回报率、配对、内部污染“市场” • 视为己任：激励、奖励 • 告知实情：培训
3. 价值链的环保效益	• 宏观思维（界限或整个价值链）	• 追踪环境足迹：生命周期评估	• 设计：环保设计、循环使用	• 高难度目标 • 告知实情：培训

（续表）

“从绿到金”策略	思想原则	环保绩效跟踪工具	重新设计工具	企业文化建设工具
4. 环保风险控制	• 宏观思维（时间、回报、界限） • 感觉即是事实	• 前景分析 • 数据/衡量标准：材料数据库 • 管理系统：应急程序 • 合作	• 供应链检查	• 告知实情：培训 • 奖励
5. 环保设计	• “阿波罗13号”原则（满足消费者需求和环保目标）	• 追踪环境足迹：生命周期评估	• 设计：环保设计	• 高难度目标 • 视为己任：激励、奖励、人员交叉换位
6. 环保销售和营销	• “阿波罗13号”原则（了解消费者需求）	• 数据/衡量标准（用于合理的广告宣传）		• 告知实情：培训
7. 以环保界定的新市场	• 宏观思考回报 • 首席执行官承诺（高风险投资） • 做正确的事	• 追踪环境足迹：生命周期评估 • 前景分析	• 设计：环保设计	• 决策：门槛回报率 • 视为己任：激励、奖励

（续表）

“从绿到金”策略	思想原则	环保绩效跟踪工具	重新设计工具	企业文化建设工具
8. 无形价值	• 宏观思维（回报） • 首席执行官承诺（高风险投资） • 做正确的事	• 合作：非政府组织、企业所在地	• 绿色建筑	• 视为己任：激励、管理角色、任务审核 • 告知实情：企业社会责任报告

附录三

更多参考资料

对于那些致力于将环保考虑纳入经营战略的公司来说，有很多资源可为其提供帮助。在此列出的著作和其他参考文献就是一个起点。我们的网站（www. eco-advantage. com）也提供了一些资料，包括商学院案例研究和常见缩略语。

精选绿色商业图书

Anderson, Ray. *Mid-Course Correction: Toward a Sustainable Enterprise: The Interface Model*. White River Junction, VT: Chelsea Green Publishing, 1998.

Bendell, Jem, editor. *Terms for Endearment*. Sheffield, UK: Greenleaf Publishing, 2000.

Benyus, Janine. *Biomimicry: Innovation Inspired by Nature*. New York: HarperCollins, 1997.

Cairncross, Frances. *Costing the Earth*. London: Economist Books, 1992.

Elkington, John. *Cannibals with Forks: The Triple Bottom Line of 21st Century Business*. Oxford: Capstone Publishing, 1997.

———. *The Chrysalis Economy: How Citizen CEOs and Corporations Can Fuse Values and Value Creation*. Oxford: Capstone Publishing, 2001.

Elkington, John, and Julia Hailes. *The Green Consumer Guide*. London: Gollancz, 1988 (U.S. edition with co-author Joel Makower. New York: Penguin, 1990).

Epstein, Marc J. *Measuring Corporate Environmental Performance: Best Practices for Costing and Managing an Effective Environmental Strategy*. Burr Ridge, IL: Institute for Management Accounting and Irwin Professional Publishing, 1996.

Epstein, Marc J., and B. Birchard. *Counting What Counts: Turning Corporate Accountability Into Competitive Advantage*. Reading, MA: Perseus Books, 1999.

Gunningham, Neil A., Robert A. Kagan, and Dorothy Thornton. *Shades of Green: Business, Regulation, and Environment*. Palo Alto, CA: Stanford University Press, 2003.

Hart, Stuart L. *Capitalism at the Crossroads: The Unlimited Business Opportunities in Solving the World's Most Difficult Problems*. Upper Saddle River, NJ: Wharton Publishing School, 2005.

Hawken, Paul. *Ecology of Commerce: A Declaration of Sustainability*. New York: HarperCollins, 1993.

Hawken, Paul, Amory Lovins, and L. Hunter Lovins. *Natural Capitalism: Creating the Next Industrial Revolution*. Boston: Back Bay Books, 1999.

Hoffman, Andrew J. *From Heresy to Dogma: An Institutional History of Corporate Environmentalism*. Stanford, CA: Stanford University Press, 2001.

Holliday, Charles O., Jr., Stephan Schmidheiny, and Philip Watts. *Walking the Talk: The Business Case for Sustainable Development*. Sheffield, UK: Greenleaf Publishing, 2002.

McDonough, Bill, and Michael Braungart. *Cradle to Cradle: Remaking the Way We Make Things*. New York: North Point Press, 2002.

Prakash, Aseem. *Greening the Firm*. Cambridge, UK: Cambridge University Press, 2000.

Reinhardt, Forest. *Down to Earth: Applying Business Principles to Environmental Management*. Cambridge, MA: Harvard Business School Press, 2000.

Schmidheiny, Stephen, with the Business Council for Sustainable Development. *Changing Course: A Global Business Perspective on Development and the Environment*. Cambridge, MA: MIT Press, 1992.

Schmidheiny, S., F. J. Zorraquin, and World Business Council for Sustainable Development. *Financing Change: The Financial Community, Eco-Efficiency, and Sustainable Development*. Cambridge, MA: MIT Press, 1996.

Taylor, J. Gary, and Patricia Scharlin. *Smart Alliance: How a Global Corporation and Environmental Activists Transformed a Tarnished Brand*. New Haven, CT: Yale University Press, 2004.

Vogel, David. *The Market for Virtue: The Potential and Limits of Corporate Social Responsibility*. Washington, D.C.: The Brookings Institute, 2005.

von Weizacker, Ernst, Amory B. Lovins, and L. Hunter Lovins. *Factor Four: Doubling Wealth—Halving Resource Use: A Report to the Club of Rome*. London: Earthscan Publications, 1998.

Winsemius, Peter, and Ulrich Guntram. *A Thousand Shades of Green: Sustainable Strategies for Competitive Advantage*. London: Earthscan Publications, 2002.

精选绿色商业文章

Gladwin, Thomas N. "Environmental Policy Trends Facing Multinationals." *California Management Review* 20, no.2 (1977): 81–93.

Hart, Stuart L. "Beyond Greening: Strategies for a Sustainable World." *Harvard Business Review* 75, no.1 (1997): 66–76.

Hoffman, Andrew J. "Climate Change Strategy: The Business Logic Behind Voluntary Greenhouse Gas Reductions." *California Management Review* 47, no.3 (2005): 21–46.

Lovins, Amory B., L. Hunter Lovins, and Paul Hawken. "A Road Map for Natural Capitalism." *Harvard Business Review* 77, no.3 (1999): 145–159.

Packard, Kimberly O'Neill, and Forest Reinhardt. "What Every Executive Needs to Know About Global Warming." *Harvard Business Review* 78, no.4 (2000): 129–135.

Porter, Michael. "America's Green Strategy." *Scientific American* 264 (1991): 168.

Porter, Michael E., and Claas Van Der Linde. "Green and Competitive: Ending the Stalemate." *Harvard Business Review* 73, no.5 (1995): 120–134.

Reinhardt, Forest L. "Bringing the Environment Down to Earth." *Harvard Business Review* 77, no.4 (1999): 149.

Repetto, Robert, and Duncan Austin. "An Analytical Tool for Managing Environmental Risks Strategically." *Corporate Environmental Strategy* 7, no.1 (2000): 72–84.

Steger, Ulrich. "Corporations Capitalize on Environmentalism." *Business and Society Review* 75, no.3 (1990): 72–73.

Thornton, Dorothy, Robert A. Kagan, and Neil Gunningham. "Sources of Corporate Environmental Performance." *California Management Review* 46, no.1 (2003): 127–141.

Vogel, David J. "Is There a Market for Virtue? The Business Case for Corporate

Social Responsibility." *California Management Review* 47, no.4 (2005): 19–45.
———. "The Low Value of Virtue." *Harvard Business Review* 83, no.6 (2005).
Walley, Noah, and Bradley Whitehead. "It's Not Easy Being Green." *Harvard Business Review* 72, no.3 (1994): 46–51.

关注环境的杂志

Audubon
Conservation International e-news updates (at www.conservation.org)
Ethical Corporation
Friends of the Earth eNews (at www.foe.org)
Green Futures (UK)
Green@Work
E/The Environmental Magazine
Nature Conservancy
On Earth (Natural Resources Defense Council)
Rainforest Alliance newsletter (at www.ra.org)
Sierra Magazine
This Green Life (quarterly newsletter from Natural Resources Defense Council)
World Wildlife Fund newsletter (at www.wwf.org)

关注环境的网站和博客

www.commonsblog.org (free-market environmentalism)
www.csrwire.com
www.eco-advantage.com
www.enn.com/business_news_main_d.html (Environmental News Network)
www.env-econ.net (Environmental Economics)
http://feeds.feedburner.com/greenthinkers
www.gemi.org
www.greenbiz.com and www.climatebiz.com
www.gri.org
http://gristmill.grist.org
www.makower.typepad.com/joel_makower
www.sustainability.com
www.sustainabilitydictionary.com
www.sustainablebusiness.com
www.sustainablemarketing.com
www.sustainablog.blogspot.com

www.treehugger.com
www.triplepundit.com
www.wbcsd.org
www.worldchanging.com

致 谢

我们有幸得到了与数十位企业高层管理人员接触的机会，还有多位环保专家、厂长、部门主管、董事会成员、首席运营官及首席执行官拨冗与我们会面，在此深表感谢。我们还采访了一些与企业界密切相关的环保团体的工作人员。有来自100余家企业的300多位人士与我们进行了会谈。

各位高管以极为坦诚而幽默的语言，与我们分享了他们在环保方面经历的挑战和取得的成功，很遗憾我们无法一一致谢。但在此，我们还是要特别感谢一些人，他们给予我们的帮助并不仅限于其工作范围，还为我们打通了很多关节。在他们的安排下，我们得以走访了大量公司，接触到企业各个层级的人员，并保证我们能够进入“第一线”。而且，很多时候他们还要数日陪同我们参加会议，倾听他们早已熟知的那些故事。为此，我们要感谢以下诸位：3M公司的基斯·米勒和凯西·里德、AMD公司的沙耶·霍金森、英国石油公司的克里斯·莫特斯黑德、戴尔公司的帕特·内森、杜邦公司的道恩·里顿豪斯和保罗·特博、通用电气公司的史蒂夫·拉姆齐和马克·斯托勒、宜家家居的托马斯·伯格曼、英特尔公司的蒂姆·莫因、联邦快递金考的拉里·罗杰罗、麦当劳的鲍勃·兰杰特、罗能纺织的艾尔宾·凯林、壳牌的马克·温特劳布、天木蓝公司的特里·凯洛格，以及联合利华公司的克莱夫·巴特勒。

仅凭我们两位作者自身的力量是无法完成这样一部书的。我们必须感谢很多人的鼎力支持。

耶鲁大学为我们提供了极大的帮助。来自耶鲁大学森林与环境学院、耶鲁大学商学院和耶鲁大学法学院的研究助理团队，孜孜不倦地投身于数据的提供、分析及深入研究的工作，为我们的理论与想法提供支持。我们要特别感谢以下诸位所做出的贡献：帕特·伯蒂斯、帕米拉·卡特、吉纳维芙·埃希格、乔丹娜·费什、凯西·弗林、詹妮弗·弗兰科尔－里德、雷切尔·戈德瓦瑟、凯特琳·格雷格、安·格罗德尼克、劳伦·哈雷特、劳拉·赫斯、安德鲁·科恩、关周逸、埃米莉 ·莱文、杰西卡·马斯登、蒂法尼·波特、玛尼·拉帕波特、卡洛·罗杰斯、埃琳娜·萨沃斯蒂安诺娃、曼纽尔·索摩萨、格雷森·沃克、奥斯汀·惠特曼，以及雷切尔·威尔逊。

耶鲁大学环境法律与政策中心的梅丽莎·古德尔和克里斯汀·金参与了项目的全过程，并在压力之下始终保持从容镇定。还要特别感谢耶鲁法学院的马吉·卡莫拉，她是通读本书的第一人，并帮助我们将难以计数的编辑内容转换为电子文档。

还要感谢：我们的图书代理雷夫·萨格林，感谢他保证了本书按部就班地完成；我们的公共关系顾问芭芭拉·亨里克斯，她引导我们如何与媒体打交道。特别感谢我们的编辑顾问霍华德·米恩斯，他帮我们确定了整部书的正确基调。我们更要深深感谢来自耶鲁的编辑迈克·奥麦利，以及耶鲁大学出版社和温彻斯特图书出版社的其他团队成员，包括史蒂夫·科尔卡、杰西·汉尼卡特、黛比·马西、切尔·保罗、利兹·佩尔顿，以及玛丽·巴伦西亚，是他们将我们的设想变成了现实。

很多企业高层管理人员、学者和咨询顾问，从一开始就发挥其聪明才智，他们的精辟见解令本书的内容大大增色。我们特别要感谢哈佛商学院的迈克尔·波特，他从本项目开始的第一天起就一直帮助我们，让我们厘清了将环保战略提升到一个新高度所面临的诸多挑战。此外，还有很多人的意见和建议也令我们受益匪浅：安东尼·伯格曼斯、尚塔尔－莱恩·卡班蒂埃、伯特德·克伦伯、丹尼尔·加格尼尔、布拉德·詹特利、戴安娜·戈拉斯曼、汉克·哈比希特、查德·霍利戴、罗伯特·雅各布森、哈里·卡里莫、奈特·基欧汉、弗兰克·卢瓦、帕特·麦库罗、雷蒙德·奈西、麦德斯·厄夫利森、罗伯特·雷佩托、杰夫·斯布莱特、杰夫·索南菲尔德、戴维·沃格尔、丹尼斯·韦尔奇、理查德·韦尔斯以及特恩西·维兰。我们也要特别感谢戈登·宾德、玛丽安·切尔特、比尔·埃利斯、拉里·林登，以及作者之一安德鲁的父亲扬·温斯顿，他们都仔细阅读了我们的初稿，并关注了每个细小之处，帮助推敲我们的概念和想法应如何在书中布局。还要在此向马特·布鲁姆伯格致以诚挚感谢，他为我们提供了从物质到精神的无私帮助，不仅解决了我们在纽约市的办公地点，还在如何营销本书，如何令其更吸引中小企业客户方面为我们出谋划策。

还有很多基金会及其负责环保方面的领导者在财力和思想方面都对我们的工作给予了巨大支持，在这里也要深表谢意，他们是：约翰逊基金会的杰西·约翰逊，苏德纳基金会的埃德·斯科鲁特与胡珀·布鲁克斯，欧文布鲁克基金会的丹尼尔·凯兹，弗莱彻资产管理公司的小阿方斯·弗莱彻。此外，还要特别感谢贝茜与杰西·芬克基金会的大力协助，感谢杰西在此项目的初期帮我们制定了学术日程。

最后，感谢我们的太太——伊丽莎白和克里斯汀，感谢她们以如此大的耐心为我们提供了最根本的支持，聆听我们的想法与理论，对我们写作时的作息不定予以包容。